科技部科技基础性工作专项资助

项目名称：青藏高原低涡、切变线年鉴的研编

项目编号：2006FY220300

中国气象局成都高原气象研究所基本科研业务费专项资助

项目名称：高原低涡年鉴研编

项目编号：BROP201706

青藏高原低涡 切变线年鉴 2016

中国气象局成都高原气象研究所　编著
中国气象学会高原气象学委员会

主　编：彭　广

副主编：李跃清　郁淑华

编　委：彭　骏　徐会明　肖递祥　向朔育　罗　清

科 学 出 版 社

北　京

内 容 简 介

青藏高原低涡、切变线是影响我国灾害性天气的重要天气系统。本书根据对2016年高原低涡、切变线的系统分析，得出该年高原低涡、切变线的编号，名称，日期对照表，概况，影响简表，影响地区分布表，中心位置资料表及活动路径图，高原低涡、切变线移出高原的影响系统；计算得出该年影响降水的各次高原低涡、切变线过程的总降水量图、总降水日数图。

本书可供气象、水文、水利、农业、林业、环保、航空、军事、地质、国土、民政、高原山地等方面的科技人员参考，也可作为相关专业教师、研究生、本科生的基本资料。

审图号：GS(2018)2957号

图书在版编目(CIP)数据

青藏高原低涡切变线年鉴. 2016 / 中国气象局成都高原气象研究所，中国气象学会高原气象学委员会编著；彭广主编. —北京：科学出版社，2018.7
ISBN 978-7-03-055870-1

Ⅰ.①青… Ⅱ.①中… ②彭… Ⅲ.①青藏高原–灾害性天气–天气分析–2016–年鉴 Ⅳ.①P44-54

中国版本图书馆CIP数据核字(2017)第304656号

责任编辑：罗 吉 许 瑞
责任校对：刘小梅 / 责任印制：肖 兴

科 学 出 版 社 出版
北京东黄城根北街 16 号
邮政编码：100717
http://www.sciencep.com
中国科学院印刷厂 印刷
科学出版社编务公司排版制作
科学出版社发行 各地新华书店经销
*
2018年7月第 一 版 开本：A4 (880×1230)
2018年7月第一次印刷 印张：16 1/2
字数：560 000

定价：598.00元
（如有印装质量问题，我社负责调换）

■ 前　言

　　高原低涡、切变线是青藏高原上生成的特有的天气系统，其发生、发展和移动的过程中，常常伴随有暴雨、洪涝等气象灾害。我国夏季多发暴雨洪涝、泥石流滑坡灾害，在很大程度上与高原低涡、切变线东移出青藏高原密切相关。高原低涡、切变线的活动不仅影响青藏高原地区，而且还东移影响我国青藏高原以东下游广大地区。高原低涡、切变线是影响我国的主要灾害性天气系统之一。

　　新中国成立以来，随着青藏高原观测站网的建立，卫星资料的应用，以及我国第一、第二次青藏高原大气科学试验的开展，关于高原低涡、切变线的科研工作也取得了一定的成绩，使我国高原低涡、切变线的科学研究、业务预报水平不断提高，为防灾减灾、公共安全做出了很大的贡献。

　　为进一步适应农业、工业、国防和科学技术现代化的需要，满足广大气象台（站）及科研、教学、国防、经济建设等部门的要求，更好地掌握高原低涡、切变线的活动规律，系统地认识高原低涡、切变线发生、发展的基本特征，提高科学研究水平和预报技术能力，做好主要气象灾害的防御工作，在国家科技部的支持下，由中国气象局成都高原气象研究所负责，四川省气象台参加，组织人员，开展了青藏高原低涡、切变线年鉴的研编工作。

　　经过项目组的共同努力，以及有关省、市、自治区气象局的大力协助，高原低涡、切变线年鉴顺利完成。并且，它的整编出版，将为我国青藏高原低涡、切变线研究和应用提供基础性保障，推动我国灾害性天气研究与业务的深入发展，发挥对国家经济繁荣、社会进步、公共安全的气象支撑作用。

　　本年鉴由中国气象局成都高原气象研究所、中国气象学会高原气象学委员会完成。

　　本册《青藏高原低涡、切变线年鉴（2016）》的内容主要包括高原低涡、切变线概况、路径、东移出青藏高原的影响系统以及高原低涡、切变线引起的降水等资料图表。

Foreword

The Tibetan Plateau Vortex (TPV) and Shear Line (SL) are unique weather systems generated over the Qinghai-Xizang Plateau. The rain storms, floods and other meteorological disasters usually occur during the generation, development and movement of the TPV. In China, the regular happening mud-rock flow and land-slip disaster in summer has close relationship with the TPV which moved out of the Plateau. The movements of the TPV and SL not only influence the Qinghai-Xizang Plateau region, but also influence the east vast region of the Plateau. The TPV and SL are two of the most disastrous weather systems that influence China.

After the foundation of P.R.China, the researches on TPV and SL and the operational prediction works have gotten obvious achievements along with the establishment of the observatory station net, the applying of the satellite data, and the development of the first and the second Tibetan Plateau experiment of atmospheric sciences. All these have great contributions to preventing and reducing the happening of the weather disaster and to the public safety.

In order to satisty the modernization demands of the agriculture, industry, national defence and scientific technology, and to meet the requirements of the vast meteorological stations, colleges, national defence administrations and economic bureaus, the Chengdu Institute of Plateau Meteorology did the researches on the yearbook of vortex and shear over Qinghai-Xizang Plateau under the support from the Ministry of Science and Technology of P.R.China. Also,this task is achieved with the helps from the researchers in Sichuan Provincial Meteorology Station. This task improves the understanding of the characteristics of the moving TPV and SL, get thorough recognition of the generation and development of TPV and SL, and improve abilities of the research works and operational predictions to prevent the meteorological disasters.

With the research group's efforts and the great support from related meteorological bureaus of provinces, autonomous region and cities, the *TPV and SL Yearbook* completed successfully. The yearbook offers a basic summary to TPV and SL research works, improves the catastrophic weather research and operational prediction.Also, it is useful to the economy glory, advance of society and public safety.

The *TPV and SL Yearbook 2016* is accomplished by Institute of Plateau Meteorology, CMA, Chengdu and Plateau Meteorology Committee of Chinese Meteolological Society.

The *TPV and SL Yearbook 2016* is mainly composed of figures and charts of survey, tracks, weather systems that move out of the Plateau Vortex and influenced rainfall of TPV and SL.

■ 说　明

本年鉴主要整编青藏高原上生成的低涡、切变线的位置、路径及青藏高原低涡、切变线引起的降水量、降水日数等基本资料。分为两大部分，即高原低涡和高原切变线。

高原低涡指500hPa等压面上反映的生成于青藏高原，有闭合等高线的低压或有三个站风向呈气旋式环流的低涡。

高原切变线指500hPa等压面上反映在青藏高原上，温度梯度小、三站风向对吹的辐合线或二站风向对吹的辐合线长度大于5个经（纬）距。

冬半年指1~4月和11~12月，夏半年指5~10月。

本年鉴所用时间一律为北京时间。

高原低涡

● 高原低涡概况

高原低涡移出高原是指低涡中心移出海拔≥3000m的青藏高原区域。

高原低涡编号是以字母"C"开头，按年份的后两位数与当年低涡顺序两位数组成。

高原低涡移出几率指某月移出高原的高原低涡个数与该年高原低涡个数之比。

高原低涡月移出率指某月移出高原的高原低涡个数与该年移出高原的高原低涡个数之比。

高原东（西）部低涡移出几率指某月移出高原的高原东（西）部低涡个数与该年高原东（西）部低涡个数之比。

高原东（西）部低涡月移出率指某月移出高原的高原东（西）部低涡个数与该年移出高原的高原东（西）部低涡个数之比。

高原东、西部低涡指低涡中心位置分别在≥92.5°E、<92.5°E。

高原低涡中心位势高度最小值频率分布指按各时次低涡500hPa等压面上位势高度（单位为位势什米）最小值统计的频率分布。

● 高原低涡编号、名称、日期对照表

高原低涡出现日期以"月.日"表示。

● 高原低涡路径图

高原低涡出现日期以"月.日"表示。

● 高原低涡中心位置资料表

"中心强度"指在500hPa等压面上低涡中心位势高度，单位为位势什米。

● 高原低涡纪要表

"生成点"指高原低涡活动路径的起始点，因资料所限，故此点不一定是真正的源地。

高原低涡活动的生成点、移出高原的地点，一般精确到县、市。

"转向"指路径总的趋向由偏东方向移动转为偏西方向移动。

"内折向"指高原低涡在青藏高原区域内转向；"外折向"指高原低涡在青藏高原区域以东转向。

● 高原低涡降水

高原低涡和其他天气系统共同造成的降水，仍列入整编。

"总降水量图"指一次高原低涡活动过程中在我国引起的降水总量分布图。一般按0.1mm、10mm、25mm、50mm、100mm等级，以色标示出，绘出降水区外廓线，一般标注其最大的总降水量数值。

"总降水量图"中高原低涡出现日期以"月.日"表示。

"总降水日数图"指一次高原低涡活动过程中在我国引起的降水总量≥0.1mm的降水日数区域分布图。

高原切变线

● 高原切变线概况

高原切变线移出高原是指切变线中点移出海拔高度≥3000m的青藏高原区域。

高原切变线编号是以字母"S"开头，按年份的后两位数与当年切变线顺序两位数组成。

高原切变线移出几率指某月移出高原的高原切变线个数与该年高原切变线个数之比。

高原切变线月移出率指某月移出高原的高原切变线个数与该年移出高原的高原切变线个数之比。

高原东（西）部切变线移出几率指某月移出高原的高原东（西）部切变线个数与该年高原东（西）部切变线个数之比。

高原东（西）部切变线月移出率指某月移出高原的高原东（西）部切变线个数与该年移出高原的高原东（西）部切变线个数之比。

高原东、西部切变线指切变线中点位置分别在≥92.5°E、＜92.5°E。

高原切变线两侧最大风速频率分布指按各时次分别在切变线附近的南、北侧最大风速统计的频率分布。

● 高原切变线编号、名称、日期对照表

高原切变线出现日期以"月.日"表示。

● 高原切变线路径图

高原切变线出现日期以"月.日^{时}"表示。

● 高原切变线位置资料表

高原切变线位置一般以起点、中点、终点的经/纬度位置表示。

"拐点"指高原切变线上东、西或北、南二段的切线的夹角≥30°的切变线上弯曲点。

● 高原切变线纪要表

"生成位置"指高原切变线活动路径的起始位置，因资料所限，故此位置不一定是真正的源地。

高原切变线活动的生成位置、移出高原的位置，一般精确到县、市。

"移向"以高原切变线中点连线的趋向。

"多次折向"指路径出现在两次以上由偏东方向移动转为偏西方向移动。

"内向反"指高原切变线在青藏高原区域内由偏东方向移动转为偏西方向移动。

"外向反"指高原切变线在青藏高原区域以东由偏东方向移动转为偏西方向移动。

● 高原切变线降水

高原切变线和其他天气系统共同造成的降水，仍列入整编。

"总降水量图"指一次高原切变线过程中在我国引起的降水总量分布图。一般按0.1mm、10mm、25mm、50mm、100mm等级，以色标示出，绘出降水区外廓线，一般标注其最大的总降水量数值。

"总降水量图"中高原切变线出现日期以"月.日^{时}"表示。

"总降水日数图"指一次高原切变线过程中在我国引起的降水总量≥0.1mm的降水日数区域分布图。

目　录
Contents

目 录
Contents

目 录
Contents

目 录
Contents

目 录
Contents

第一部分

高原低涡

Tibetan Plateau
Vortex

2016年
高原低涡概况

2016年发生在青藏高原上的低涡共有49个，其中在青藏高原东部生成的低涡共有29个，在青藏高原西部生成的低涡共有20个（表1~表3）。

2016年初生成高原低涡出现在2月下旬，最后一个高原低涡生成在12月上旬（表1）。从月季分布看，主要集中在4~6月和9月，约占61%（表1）。移出高原的高原低涡也主要集中在4月，约占36%（表4）。本年度高原低涡生成在2~12月，且各月生成高原低涡的个数差异大，具体见表1。

2016年青藏高原低涡源地大多数在青藏高原东部。移出高原的青藏高原低涡共有11个，其中7个高原低涡生成于青藏高原东部（表4~表6）。移出高原的地点主要集中在甘肃、宁夏、四川和陕西，其中甘肃4个，宁夏2个，四川3个，陕西2个（表7）。

本年度高原低涡中心位势高度最小值以576~587位势什米的频率最多，约占67%（表8）。夏半年，高原低涡中心位势高度最小值以576~587位势什米的频率最多，占86%（表9）。冬半年，高原低涡中心位势高度最小值在564~571位势什米的频率最多，约占61%（表10）。

全年除影响青藏高原外对我国其余地区有影响的高原低涡共有27个。其中12个高原低涡造成过程降水量在50mm以上，造成过程降水量在100mm以上的高原低涡有6个，它们是C1619、C1626、C1628、C1631、C1632和C1633，分别在江西莲花、云南巧家、四川邻水、四川洪雅、四川梓潼和四川名山，造成过程降水量分别为111.1mm、106.5mm、137.1mm、197.3mm、108.8mm和177.8mm，降水日数分别是1天、1天、1天、1天、1天和3天。2016年对我国降水影响较大的高原低涡主要是C1619和C1628低涡，其中C1619高原低涡引起的降水是影响我国省份最多、范围最广的一次过程。5月17日20时在高原中部沱沱河生成的C1619高原低涡，中心位势高度为575位势什米，低涡形成后渐东行，中心强度维持。19日08时，低涡东南移移出高原进入甘肃，之后低涡继续向东南移，19日20时，低涡移入陕西，中心强度维持在576位势什米。20日20时，低涡东移入河南，中心位势高度为577位势什米，21日20时，低涡东移入安徽，低涡减弱，中心位势高度为579位势什米，22日08时，低涡东移入江苏，中心位势高度为580位势什米，20时低涡东移入海，之后逐渐

消失。受其影响，重庆、贵州、湖北、湖南、江西、安徽、上海、江苏和浙江等部分地区降了大到暴雨，局部地区出现大暴雨，降水日数为2~3天。西藏、青海、四川、陕西、河南和山东等部分地区降了小到中雨，降水日数为1~3天。6月29日20时生成在高原东部色达的C1628高原低涡，是2016年对我国长江上游地区降水影响最大的高原低涡。低涡形成初期中心位势高度为585位势什米，高原低涡形成后向东南移，中心强度增强，30日08时低涡中心强度为583位势什米，之后减弱消失。受其影响，四川和重庆等部分地区降了大到暴雨，局部地区出现大暴雨，在四川盆地和重庆交界出现两个100mm以上的大暴雨中心，降水日数为1天。西藏和云南部分地区降了中到大雨，降水日数为1天。青海和甘肃等部分地区降了小雨，降水日数为1天。

5月29日08时生成在高原西部改则的C1622高原低涡，是2016年对我国青藏高原地区降水影响最大的高原低涡。低涡形成初期中心位势高度为576位势什米，高原低涡形成后向东北行，低涡强度增强。30日08时，低涡移入青海，低涡中心位势高度为570位势什米，之后低涡继续东北行，低涡强度开始减弱。31日08时低涡转为南移，低涡中心位势高度为574位势什米，之后低涡继续减弱。31日20时低涡中心位势高度为576位势什米，转为东行，低涡中心位势高度为576位势什米维持到6月1日08时，之后减弱消失。受其影响，青海和甘肃等部分地区降了中到大雨，降水日数为1~2天。西藏部分地区降了小到中雨，降水日数为1~3天，四川部分地区降了小到中雨，降水日数为1天。

表1 高原低涡出现次数

年＼月	1	2	3	4	5	6	7	8	9	10	11	12	合计
2016	0	1	5	8	8	7	5	4	7	2	1	1	49
几率 / %	0.00	2.04	10.20	16.33	16.33	14.29	10.20	8.16	14.29	4.08	2.04	2.04	100

表2 高原东部低涡出现次数

年＼月	1	2	3	4	5	6	7	8	9	10	11	12	合计
2016	0	0	3	5	2	4	3	2	6	2	1	1	29
几率 / %	0.00	0.00	10.34	17.24	6.90	13.79	10.34	6.90	20.69	6.90	3.45	3.45	100

表3 高原西部低涡出现次数

年＼月	1	2	3	4	5	6	7	8	9	10	11	12	合计
2016	0	1	2	3	6	3	2	2	1	0	0	0	20
几率 / %	0.00	5.00	10.00	15.00	30.00	15.00	10.00	10.00	5.00	0.00	0.00	0.00	100

表4 高原低涡移出高原次数

年 \ 月	1	2	3	4	5	6	7	8	9	10	11	12	合计
2016	0	0	1	4	1	1	2	0	2	0	0	0	11
移出几率 / %	0.00	0.00	2.04	8.16	2.04	2.04	4.08	0.00	4.08	0.00	0.00	0.00	22.44
月移出率 / %	0.00	0.00	9.09	36.36	9.09	9.09	18.18	0.00	18.18	0.00	0.00	0.00	99.99

表5 高原东部低涡移出高原次数

年 \ 月	1	2	3	4	5	6	7	8	9	10	11	12	合计
2016	0	0	1	3	0	0	1	0	2	0	0	0	7
移出几率 / %	0.00	0.00	3.45	10.34	0.00	0.00	3.45	0.00	6.90	0.00	0.00	0.00	24.14
月移出率 / %	0.00	0.00	14.29	42.85	0.00	0.00	14.29	0.00	28.57	0.00	0.00	0.00	100

表6 高原西部低涡移出高原次数

年 \ 月	1	2	3	4	5	6	7	8	9	10	11	12	合计
2016	0	0	0	1	1	1	1	0	0	0	0	0	4
移出几率 / %	0.00	0.00	0.00	5.00	5.00	5.00	5.00	0.00	0.00	0.00	0.00	0.00	20.00
月移出率 / %	0.00	0.00	0.00	25.00	25.00	25.00	25.00	0.00	0.00	0.00	0.00	0.00	100

表7　高原低涡移出高原的地区分布

地区 年	青海	甘肃	宁夏	四川	陕西	重庆	贵州	云南	内蒙古	合计
2016		4	2	3	2					11
出高原率 / %		36.36	18.18	27.27	18.18					99.99

表8　高原低涡中心位势高度最小值频率分布

中心位势高度 / 位势什米	587 | 584	583 | 580	579 | 576	575 | 572	571 | 568	567 | 564	563 | 560	559 | 556	555 | 552	551 | 548	合计
2016年 / %	21.99	21.28	24.11	13.47	9.93	9.22	0.00	0.00	0.00	0.00	100

表9　夏半年高原低涡中心位势高度最小值频率分布

中心位势高度 / 位势什米	587 | 584	583 | 580	579 | 576	575 | 572	571 | 568	567 | 564	563 | 560	559 | 556	555 | 552	551 | 548	合计
2016年 / %	31.00	30.00	25.00	12.00	2.00	0.00	0.00	0.00	0.00	0.00	100

表10　冬半年高原低涡中心位势高度最小值频率分布

中心位势高度 / 位势什米	587 | 584	583 | 580	579 | 576	575 | 572	571 | 568	567 | 564	563 | 560	559 | 556	555 | 552	551 | 548	合计
2016年 / %	0.00	0.00	21.95	17.07	29.27	31.71	0.00	0.00	0.00	0.00	100

高原低涡纪要表

序号	编号	名称	起止日期 (月.日)	中心最小 位势高度 /位势什米	发现点 经纬度	移出高原 的地点	移出高原 的时间	移出高原中 心位势高度 / 位势什米	路径趋向	影响低涡移出 高原的天气 系统
1	C1601	拉孜, Lazi	2.26	575	29.6°N,87.0°E				原地生消	
2	C1602	冷湖, Lenghu	3.18～3.20	564	38.7°N,93.8°E	玉门	3.19[08]	564	东北行移出高原	低槽
3	C1603	玛多, Maduo	3.21～3.22	566	35.3°N ,96.8°E				东北行转北行	
4	C1604	安多, Anduo	3.22～3.23	566	33.0°N ,92.4°E				东南行转东行	
5	C1605	沱沱河, Tuotuohe	3.28～3.29	568	32.8°N ,93.1°E				东行	
6	C1606	当雄, Dangxiong	3.31～4.1	575	90.8°N ,90.8°E				东南行转东行	
7	C1607	曲麻莱, Qumalai	4.7～4.8	569	34.4°N ,95.0°E	西吉	4.8[20]	569	东北行移出高原	低槽
8	C1608	沱沱河, Tuotuohe	4.14	566	34.1°N ,91.5°E				原地生消	
9	C1609	冷湖, Lenghu	4.21～4.23	565	38.3°N ,93.2°E	中宁	4.23[08]	565	渐东南行移出高原	低槽
10	C1610	沱沱河, Tuotuohe	4.23～4.25	567	34.3°N ,91.0°E	吴起	4.25[20]	570	西行转东北行再转东南行 后转东北行移出高原	低槽
11	C1611	玉树, Yushu	4.25	572	34.2°N ,96.3°E				原地生消	
12	C1612	德格, Dege	4.28～4.30	576	32.3°N ,98.9°E	梓潼	4.29[20]	576	东南行转东行移出高原	切变线

高原低涡纪要表（续-1）

序号	编号	名称	起止日期(月.日)	中心最小位势高度/位势什米	发现点经纬度	移出高原的地点	移出高原的时间	移出高原中心位势高度/位势什米	路径趋向	影响低涡移出高原的天气系统
13	C1613	兴海，Xinghai	4.29	576	35.4°N ,100.0°E				原地生消	
14	C1614	尼木，Nimu	4.30～5.1	577	29.4°N ,90.1°E				东北行	
15	C1615	安多，Anduo	5.5～5.6	576	33.1°N ,91.2°E				北行转东南行	
16	C1616	囊谦，Nangqian	5.8	578	32.0°N ,96.2°E				原地生消	
17	C1617	沱沱河，Tuotuohe	5.12～5.13	573	34.2°N ,91.0°E				东行转东北行	
18	C1618	安多，Anduo	5.15～5.17	573	32.7°N ,91.0°E				北行转渐东北行	
19	C1619	沱沱河，Tuotuohe	5.17～5.22	575	34.0°N ,91.2°E	岷县	5.19^{08}	576	渐东行转东南行移出高原	低槽
20	C1620	改则，Gaize	5.25～5.26	571	33.6°N ,86.4°E				东南行转东北行转东南行	
21	C1621	刚察，Gangcha	5.28	576	36.9°N ,100.9°E				原地生消	
22	C1622	改则，Gaize	5.29～6.1	570	33.3°N ,85.0°E				渐东北行转南行再转东行	
23	C1623	改则，Gaize	6.5～6.6	583	32.0°N ,86.9°E				东北行转东南行	
24	C1624	噶尔，Gaer	6.6～6.9	580	32.8°N ,81.9°E				渐东南行	

高原低涡纪要表（续-2）

序号	编号	名称	起止日期（月.日）	中心最小位势高度/位势什米	发现点经纬度	移出高原的地点	移出高原的时间	移出高原中心位势高度/位势什米	路径趋向	影响低涡移出高原的天气系统
25	C1625	贡觉，Gongjue	6.11	582	29.8°N, 98.3°E				原地少动	
26	C1626	安多，Anduo	6.13~6.15	580	33.0°N, 90.4°E	宝兴	6.15[08]	580	东南行移出高原	切变线
27	C1627	杂多，Zaduo	6.20	584	32.8°N, 95.0°E				东南行	
28	C1628	色达，Seda	6.29~6.30	583	32.4°N,99.2°E				东南行	
29	C1629	隆子，Longzi	6.30~7.1	583	28.6°N, 92.5°E				东北行转东南行	
30	C1630	普兰，Pulan	7.1	583	30.9°N, 83.5°E				东南行	
31	C1631	曲麻莱，Qumalai	7.4~7.5	579	34.5°N, 95.5°E				东南行转东北行	
32	C1632	贵南，Guinan	7.7~7.10	582	35.3°N, 100.1°E				南行转西行后内折向再转西北行	
33	C1633	雅江，Yajiang	7.22~7.24	584	30.0°N,101.0°E	天全	7.23[08]	584	南行转东北行移出高原	切变流场
34	C1634	班戈，Bange	7.22~7.24	579	36.0°N, 88.5°E	玉门	7.23[20]	579	渐东北行移出高原	低槽
35	C1635	久治，Jiuzhi	8.1~8.2	585	33.9°N, 101.8°E				北行转西北行	
36	C1636	改则，Gaize	8.11	584	32.4°N, 86.2°E				原地生消	

高原低涡纪要表（续-3）

序号	编号	名称	起止日期（月.日）	中心最小位势高度/位势什米	发现点经纬度	移出高原的地点	移出高原的时间	移出高原中心位势高度/位势什米	路径趋向	影响低涡移出高原的天气系统
37	C1637	改则, Gaize	8.14	584	32.0°N, 86.2°E				原地生消	
38	C1638	果洛, Guoluo	8.30	584	34.0°N,98.3°E				原地生消	
39	C1639	石渠, Shiqu	9.3	581	32.5°N, 99.1°E				原地生消	
40	C1640	乌图美仁, Wutumeiren	9.4	581	37.0°N, 92.7°E				东南行	
41	C1641	申扎, Shenzha	9.6	584	31.8°N, 87.8°E				原地生消	
42	C1642	嘉黎, Jiali	9.11~9.12	584	30.5°N, 93.2°E				西北行	
43	C1643	玛多, Maduo	9.13~9.14	583	35.0°N,96.4°E	宝鸡	9.14[20]	584	东南行移出高原	低槽
44	C1644	理塘, Litang	9.19	584	29.7°N, 100.7°E				原地生消	
45	C1645	杂多, Zaduo	9.23~9.24	577	32.8°N, 93.5°E	岷县	9.24[08]	577	东北行移出高原	低槽
46	C1646	石渠, Shiqu	10.12	579	33.3°N, 98.5°E				原地生消	
47	C1647	曲麻莱, Qumalai	10.13~10.14	576	34.8°N, 94.8°E				稍北行	
48	C1648	沱沱河, Tuotuohe	11.1	579	33.5°N, 93.3°E				原地生消	
49	C1649	工布江达, Gongbujiangda	12.2	576	29.3°N, 92.8°E				原地生消	

高原低涡对我国影响简表

序号	编号	简述活动的情况	高原低涡对我国的影响			
			项目	时间（月.日）	概　况	极值
1	C1601	高原西南部原地生消	降水	2.26	西藏西南部个别地区降水量为0.1~1mm，降水日数为1天	西藏聂拉木0.4mm（1天）
2	C1602	高原北部东北行移出高原	降水	3.18~3.20	青海东北部、西部个别地区，甘肃中、东南部，内蒙古西南部，宁夏和陕西西、北部地区降水量为0.1~10mm，降水日数为1天	内蒙古乌审旗10.0mm（1天）
3	C1603	高原东北部东北行转北行	降水	3.21~3.22	西藏东北部，青海南部、东半部，甘肃中、西部，内蒙古西部和四川西北部地区降水量为0.1~24mm，降水日数为1~2天	青海贵南23.3mm（1天）
4	C1604	高原中部东南行转东行	降水	3.22~3.23	西藏东北、东、东南部，青海东南、南部，甘肃南部和四川西北部地区降水量为0.1~21mm，降水日数为1~2天	四川炉霍20.3mm（1天）
5	C1605	高原中部东行	降水	3.28~3.29	西藏东北部，青海东南、南部，甘肃西南部和四川西、北、西北部地区降水量为0.1~20mm，降水日数为1~2天	青海久治19.5mm（1天）
6	C1606	高原南部东南行转东行	降水	3.31~4.1	西藏南、中、东部和四川西部、中部地区降水量为0.1~17mm，降水日数为1天	四川甘孜16.9mm（1天）
7	C1607	高原东部东北行移出高原	降水	4.7~4.8	西藏东、北部，青海东南、南、西南部，甘肃南部，宁夏南部个别地区，陕西南、西南部和四川西、西北部地区降雨水为0.1~18mm，降水日数为1~2天	青海同德17.7mm（1天）
8	C1608	高原中部原地生消	降水	4.14	西藏中、东北部和青海中、南部地区降水量为0.1~2mm，降水日数为1天	西藏嘉黎1.8mm（1天）
9	C1609	高原北部渐东南行移出高原	降水	4.21~4.23	青海大部，甘肃、宁夏南部，陕西大部，山西西南、南部，河南西、北部，重庆东北部个别地区和四川北半部地区降水量为0.1~30mm，降水日数为1~3天	青海循化29.1mm（2天）

高原低涡对我国影响简表（续-1）

序号	编号	简述活动的情况	高原低涡对我国的影响			
			项目	时间（月.日）	概况	极值
10	C1610	高原中部西行转东北行再转东南行后转东北行移出高原	降水	4.23~4.25	西藏东、东北、中部，青海东、东南、南、西南部，甘肃南部，内蒙古西南部个别地区，宁夏大部，陕西西南部和四川中、西、西北、北部地区降水量为0.1~25mm，降水日数为1~2天	青海贵南24.9mm（1天）
11	C1611	高原东部原地生消	降水	4.25	西藏东、东北部，青海东南、南部和四川西北部地区降水量为0.1~19mm，降水日数为1天	西藏波密18.6mm（1天）
12	C1612	高原东南部东南行转东行移出高原	降水	4.28~4.30	西藏东、东北部，青海南部，贵州北部个别地区，重庆大部和四川西、西北、中、东部地区降水量为0.1~29mm，降水日数为1~2天	重庆开州28.6mm（1天）
13	C1613	高原东北部原地生消	降水	4.29	西藏东、东北部，青海东南、南部和四川西北部地区降水量为0.1~10mm，降水日数为1天	四川炉霍9.4mm（1天）
14	C1614	高原南部东北行	降水	4.30~5.1	西藏东、东北、东南、南部，青海西南部个别地区和四川西部地区，降水量为0.1~14mm，降水日数为1天	西藏米林13.5mm（1天）
15	C1615	高原中部北行转东南行	降水	5.5~5.6	西藏北部，青海西南、东南、东、中部，甘肃西南部和四川西北部地区降水量为0.1~9mm，降水日数为1天	青海河南8.6mm（1天）
16	C1616	高原东南部原地生消	降水	5.8	西藏东北、中、南部，青海南部和四川西北部地区降水量为0.1~27mm，降水日数为1天	西藏嘉黎26.8mm（1天）
17	C1617	高原中部东行转东北行	降水	5.12~5.13	青海东、中、西南、南部和甘肃西南部地区降水量为0.1~14mm，降水日数为1~2天	青海湟源13.6mm（1天）
18	C1618	高原中部北行转渐东北行	降水	5.15~5.17	西藏东半部，青海西南、东南、南、东部，甘肃南部，陕西西南部个别地区和四川西、北、西北部地区降水量为0.1~23mm，降水日数为1~2天	西藏尼木23.0mm（2天）

高原低涡对我国影响简表（续-2）

序号	编号	简述活动的情况	高原低涡对我国的影响				
			项目	时间（月.日）	概　况	极值	
19	C1619	高原中部渐东行转东南行移出高原	降水	5.17~5.22	西藏东北、北部，青海西南、南、东南、东部，甘肃、陕西、山东南部，河南南半部，上海、江苏，安徽，湖北，重庆，四川北半部、东部，贵州北半部，湖南中、北半部，江西北部、浙江大部和云南东北部个别地区降水量为0.1~115mm，降水日数为1~3天。其中重庆，贵州，湖北，湖南，江西，安徽，江苏、上海和浙江有成片降水量大于25mm的降水区，降水日数为1~3天	江西莲花111.1mm（1天）	
20	C1620	高原西部东南行转东北行转东南行	降水	5.25~5.26	西藏中、北部，青海西南、南、东南、东部和四川西北部个别地区降水量为0.1~26mm，降水日数为1~2天	青海清水河25.1mm（2天）	
21	C1621	高原东北部原地生消	降水	5.28	青海东部和甘肃西南部地区降水量为0.1~12mm，降水日数为1天	青海湟源11.2mm（1天）	
22	C1622	高原西部渐东北行转南行再转东行	降水	5.29~6.1	西藏南、中、东北、北部，青海、甘肃大部和四川西北、北部地区降水量为0.1~55mm，降水日数为1~3天。其中甘肃、青海有成片降水量大于25mm的降水区，降水日数为1~3天	甘肃玉门50.8mm（2天）	
23	C1623	高原西南部东北行转东南行	降水	6.5~6.6	西藏东、东北、东南、北部，青海西南、南、东南部，甘肃西南部和四川西、西北、中、北部地区降水量为0.1~60mm，降水日数为1~2天	四川雅安56.5mm（1天）	
24	C1624	高原西部渐东南行	降水	6.6~6.9	新疆西南部个别地区，西藏东半部、南部和西部个别地区，青海西南、南、东北、东、东南部，甘肃、宁夏南部，陕西西南部，湖北西部，重庆北半部，云南东北部和四川大部地区降水量为0.1~80mm，降水日数为1~3天。其中四川有成片降水量大于25mm的降水区，降水日数为1~2天	四川简阳76.5mm（2天）	
25	C1625	高原东南部原地少动	降水	6.11	西藏中、东南、南部地区降雨量为0.1~31mm，降雨日数为1天	西藏米林31.0mm（1天）	

高原低涡对我国影响简表（续-3）

序号	编号	简述活动的情况	高原低涡对我国的影响			
			项目	时间（月.日）	概　况	极值
26	C1626	高原中部东南行移出高原	降水	6.13~6.15	西藏东半部、南部，青海西南、南、东南部，云南北部，重庆西南部和四川大部地区降水量为0.1~110mm，降水日数为1~2天。其中四川和云南有成片降水量大于25mm的降水区，降水日数为1~2天	云南巧家106.5mm（1天）
27	C1627	高原东南部东南行	降水	6.20	西藏中、北、东部，青海中、东南、南部和四川中、西北、西部地区降水量为0.1~31mm，降水日数为1天	西藏米林30.4mm（1天）
28	C1628	高原东部东南行	降水	6.29~6.30	西藏东北部，青海南、东南部，甘肃西南部个别地区，云南东北部，重庆西、西南部和四川大部地区降水量为0.1~140mm，降水日数为1~2天。其中四川和重庆有成片降水量大于50mm的降水区，降水日数为1天	四川邻水137.1mm（1天）
29	C1629	高原南部东北行转东南行	降水	6.30~7.1	西藏东北、东南、中、南、东部，青海南、东南部，云南北部和四川西半部、中部地区降水量为0.1~75mm，降水日数为1~2天。其中西藏、云南和四川有成片降水量大于25mm的降水区，降水日数为1~2天	云南华坪73.7mm（1天）
30	C1630	高原西南部东南行	降水	7.1	西藏南部地区降水量为0.1~27mm，降水日数为1天	西藏隆子26.2mm（1天）
31	C1631	高原东部东南行转东北行	降水	7.4~7.5	西藏东半部，青海西南、南、东南部，甘肃南部和四川大部地区降水量为0.1~200mm，降水日数为1~2天。其中四川有成片降雨量大于50mm的降水区，降水日数为1天	四川洪雅197.3mm（1天）
32	C1632	高原东北部南行转西行后内折向再转西北行	降水	7.7~7.10	西藏东、东北、东南部，青海西南、南、东南、东北、中部，甘肃西、南部，陕西西南部，云南西北部和四川大部地区降水量为0.1~110mm，降水日数1~4天。其中四川有成片降水量大于50mm的降水区，降水日数为1~2天	四川梓潼108.8mm（1天）

高原低涡对我国影响简表（续-4）

序号	编号	简述活动的情况	高原低涡对我国的影响			
			项目	时间（月.日）	概　况	极值
33	C1633	高原东南部南行转东北行移出高原	降水	7.22~7.24	西藏东、东南部，青海东南部个别地区，云南西、西北、北、东北部、重庆西南部和四川大部地区降水量为0.1~180mm，降水日数为1~3天。其中四川有成片降水量大于50mm的降雨区，降水日数为1~3天	四川名山177.8mm（3天）
34	C1634	高原北部东北行移出高原	降水	7.22~7.24	青海西、北、西北部，甘肃中、北部和内蒙古西部个别地区降水量为0.1~29mm，降水日数为1~2天	青海天峻28.9mm（1天）
35	C1635	高原东北部北行转西北行	降水	8.1~8.2	青海东、东北、东南部，甘肃西部和四川北部地区降水量为0.1~11mm，降水日数为1~2天	青海祁连10.7mm（1天）
36	C1636	高原西南部原地生消	降水	8.11	无降水	无
37	C1637	高原西南部原地生消	降水	8.14	西藏北、中、南部地区降水量为0.1~24mm，降水日数为1天	西藏定日23.9mm（1天）
38	C1638	高原东部原地生消	降水	8.30	青海南部和四川西北部个别地区降水量为0.1~21mm，降水日数为1天	四川石渠20.4mm（1天）
39	C1639	高原东部原地生消	降水	9.3	西藏东北部，青海南部和四川西北部地区降水量为0.1~15mm，降水日数为1天	青海曲麻莱14.3mm（1天）
40	C1640	高原北部东南行	降水	9.4	西藏东北部，青海东北、东南、南、西南、中部，甘肃西南部和四川西北、北部地区降水量为0.1~20mm，降水日数为1天	四川德格19.3mm（1天）
41	C1641	高原南部原地生消	降水	9.6	西藏中、南部地区降水量为0.1~11mm，降水日数为1天	西藏日喀则10.2mm（1天）

高原低涡对我国影响简表（续-5）

序号	编号	简述活动的情况	高原低涡对我国的影响			
			项目	时间（月.日）	概　况	极值
42	C1642	高原南部西北行	降水	9.11~9.12	西藏北、中、南部和青海西南部地区降水量为0.1~17mm，降水日数为1~2天	西藏嘉黎 16.9mm（2天）
43	C1643	高原东部东南行移出高原	降水	9.13~9.14	青海西南、南、东南部，甘肃南部，宁夏南部个别地区，陕西西南、南部，重庆北部和四川北半部、中部地区降水量为0.1~65mm，降水日数为1天	四川盐亭 60.4mm（1天）
44	C1644	高原东南部原地生消	降水	9.19	云南东北、西北部、贵州西北部，重庆西南部和四川中、西、南部地区降水量为0.1~95mm，降水日数为1天	四川合江 94.9mm（1天）
45	C1645	高原中部东北行移出高原	降水	9.23~9.24	西藏北、东北、东部，青海西南、南、东南部，甘肃、宁夏南部，陕西西南、南部和四川北、西北部地区降水量为0.1~42mm，降水日数为1~2天	陕西南郑 41.1mm（1天）
46	C1646	高原东部原地生消	降水	10.12	西藏东北部，青海南部和四川西北部地区降水量为0.1~19mm，降水日数为1天	四川色达 18.3mm（1天）
47	C1647	高原中部稍北行	降水	10.13~10.14	青海西、西南部地区降水量为0.1~6mm，降水日数为1~2天	青海五道梁 5.1mm（2天）
48	C1648	高原中部原地生消	降水	11.1	青海南部个别地区降水量为0.1~1mm，降水日数为1天	青海治多 0.8mm（1天）
49	C1649	高原南部原地生消	降水	12.2	无降水	无

2016年高原低涡编号、名称、日期对照表

未移出高原的高原东部涡	未移出高原的高原西部涡	移出高原的高原低涡
③ C1603玛多，Maduo	① C1601拉孜，Lazi	② C1602冷湖，Lenghu
3.21~3.22	2.26	3.18~3.20
⑤ C1605沱沱河，Tuotuohe	④ C1604安多，Anduo	⑦ C1607曲麻莱，Qumalai
3.28~3.29	3.22~3.23	4.7~4.8
⑪ C1611玉树，Yushu	⑥ C1606当雄，Dangxiong	⑨ C1609冷湖，Lenghu
4.25	3.31~4.1	4.21~4.23
⑬ C1613兴海，Xinghai	⑧ C1608沱沱河，Tuotuohe	⑩ C1610沱沱河，Tuotuohe
4.29	4.14	4.23~4.25
⑯ C1616囊谦，Nangqian	⑭ C1614尼木，Nimu	⑫ C1612德格，Dege
5.8	4.30~5.1	4.28~4.30
㉑ C1621刚察，Gangcha	⑮ C1615安多，Anduo	⑲ C1619沱沱河，Tuotuohe
5.28	5.5~5.6	5.17~5.22
㉕ C1625贡觉，Gongjue	⑰ C1617沱沱河，Tuotuohe	㉖ C1626安多，Anduo
6.11	5.12~5.13	6.13~6.15
㉗ C1627杂多，Zaduo	⑱ C1618安多，Anduo	㉝ C1633雅江，Yajiang
6.20	5.15~5.17	7.22~7.24
㉘ C1628色达，Seda	⑳ C1620改则，Gaize	㉞ C1634班戈，Bange
6.29~6.30	5.25~5.26	7.22~7.24

2016年高原低涡编号、名称、日期对照表（续1）

未移出高原的高原东部涡	未移出高原的高原西部涡
㉙ C1629隆子，Longzi	㉒ C1622改则，Gaize
6.30~7.1	5.29~6.1
㉛ C1631曲麻莱，Qumalai	㉓ C1623改则，Gaize
7.4~7.5	6.5~6.6
㉜ C1632贵南，Guinan	㉔ C1624噶尔，Gaer
7.7~7.10	6.6~6.9
㉟ C1635久治，Jiuzhi	㉚ C1630普兰，Pulan
8.1~8.2	7.1
㊳ C1638果洛，Guoluo	㊱ C1636改则，Gaize
8.30	8.11
㊴ C1639石渠，Shiqu	㊲ C1637改则，Gaize
9.3	8.14
㊵ C1640乌图美仁，Wutumeiren	㊶ C1641申扎，Shenzha
9.4	9.6

2016年高原低涡编号、名称、日期对照表（续2）

未移出高原的高原东部涡	移出高原的高原低涡
㊷ C1642嘉黎，Jiali	㊸ C1643玛多，Maduo
9.11~9.12	9.13~9.14
㊹ C1644理塘，Litang	㊺ C1645杂多，Zaduo
9.19	9.23~9.24
㊻ C1646石渠，Shiqu	
10.12	
㊼ C1647曲麻莱，Qumalai	
10.13~10.14	
㊽ C1648沱沱河，Tuotuohe	
11.1	
㊾ C1649工布江达，Gongbujiangda	
12.2	

高原低涡路径图

2016年2月

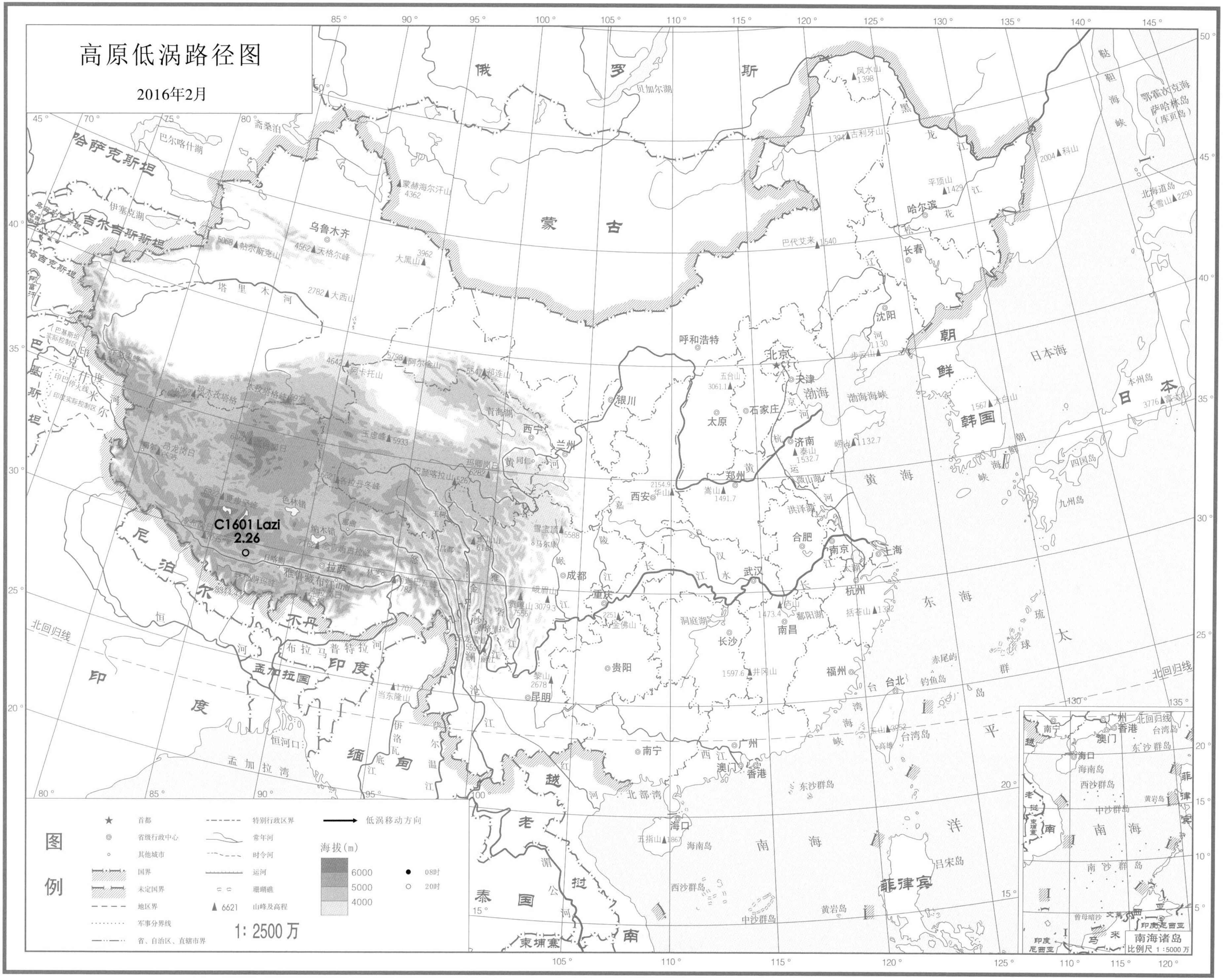

C1601 Lazi
2.26

图例

★ 首都
◎ 省级行政中心
○ 其他城市
—·—·— 特别行政区界
~~~~ 常年河
----- 时令河
═══ 运河
= = 珊瑚礁
▲ 6621 山峰及高程
—— 国界
—— 未定国界
----- 地区界
········· 军事分界线
—·—·— 省、自治区、直辖市界

→ 低涡移动方向

海拔(m)
6000
5000
4000

● 08时
○ 20时

1:2500万

南海诸岛 1:5000万

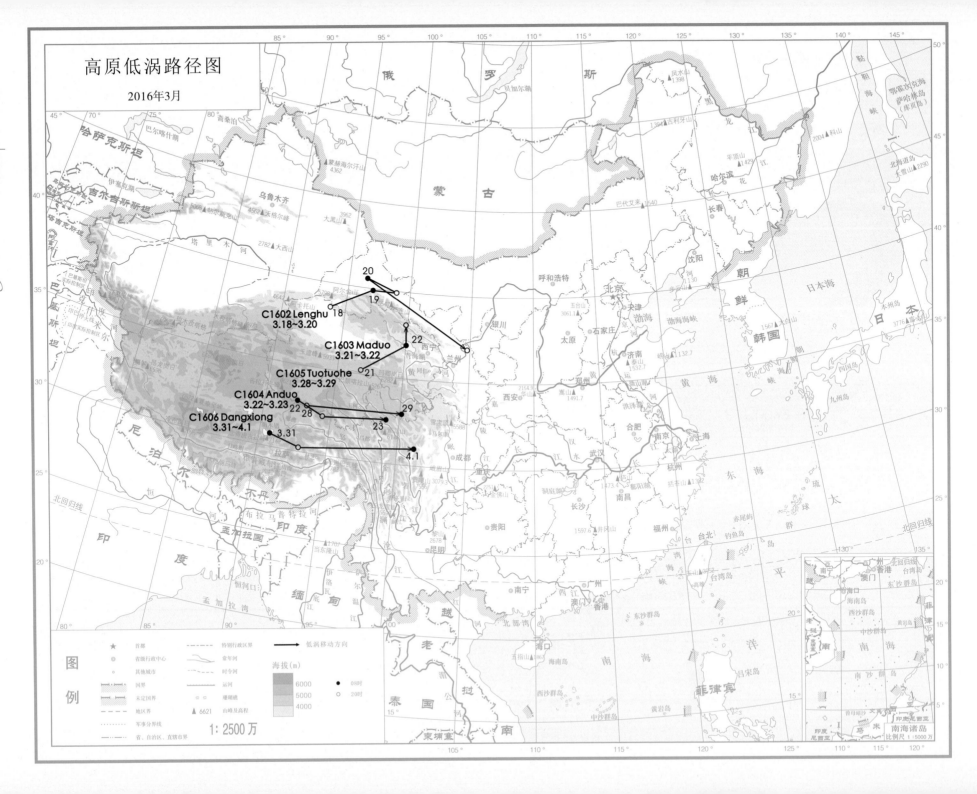

高原低涡路径图

2016年3月

C1602 Lenghu
3.18~3.20

C1603 Maduo
3.21~3.22

C1605 Tuotuohe
3.28~3.29

C1604 Anduo
3.22~3.23

C1606 Dangxiong
3.31~4.1

1 : 2500万

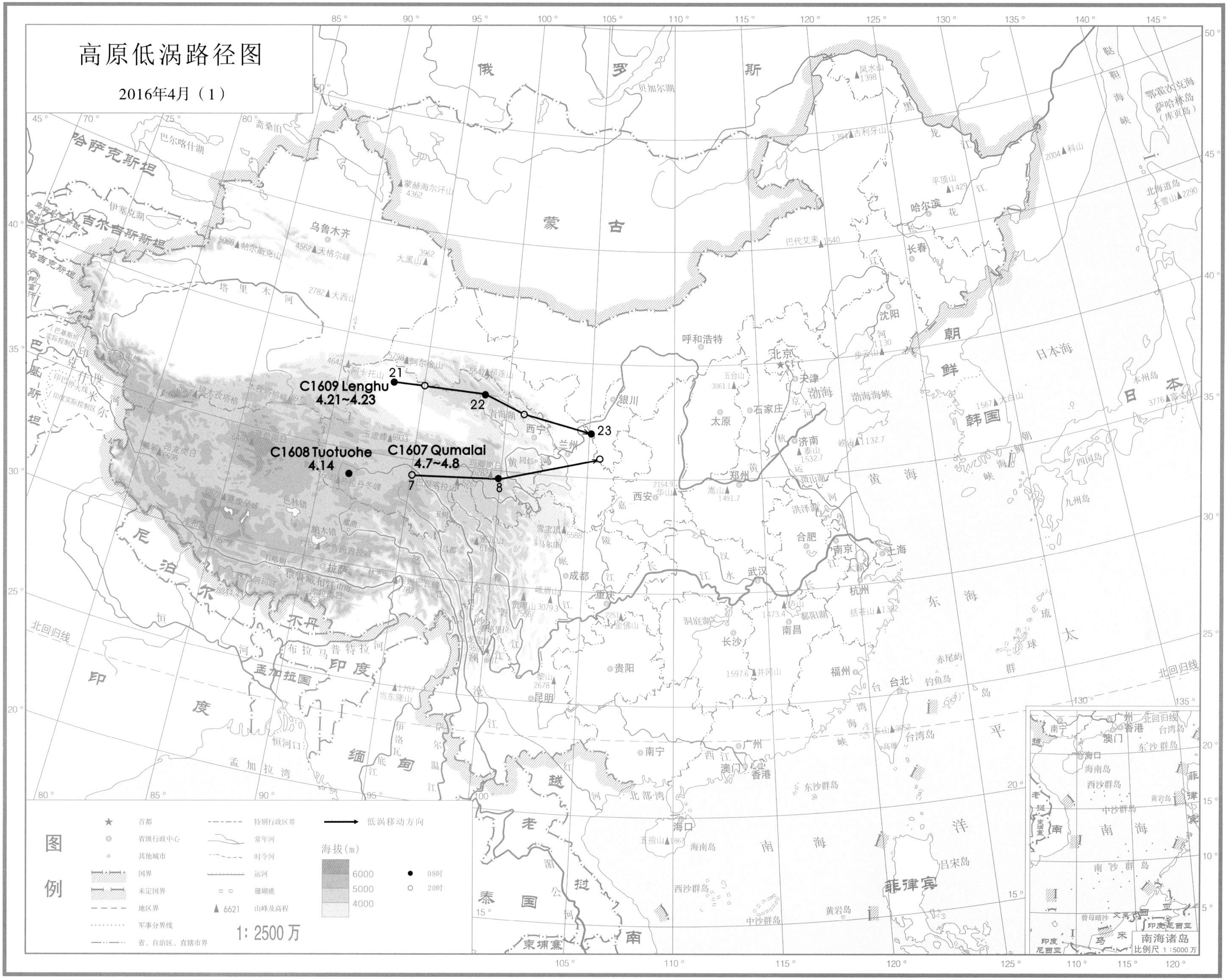

高原低涡路径图

2016年4月（1）

C1609 Lenghu
4.21~4.23

C1608 Tuotuohe
4.14

C1607 Qumalai
4.7~4.8

高原低涡 第 1 部分

图例

★	首都		特别行政区界
◎	省级行政中心		常年河
○	其他城市		时令河
	国界		运河
	未定国界		珊瑚礁
	地区界		
	军事分界线		
	省、自治区、直辖市界	▲6621	山峰及高程

海拔(m)

6000
5000
4000

● 08时
○ 20时

→ 低涡移动方向

1:2500万

南海诸岛
比例尺 1:5000万

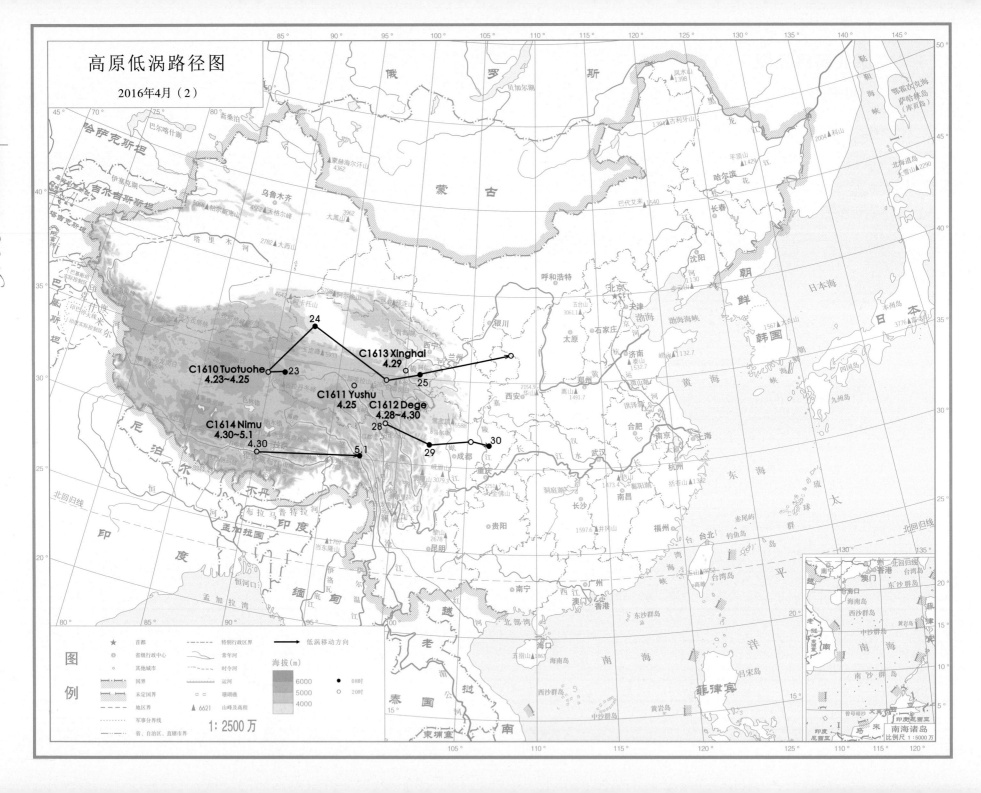

高原低涡路径图

2016年4月（2）

C1610 Tuotuohe
4.23~4.25

C1613 Xinghai
4.29

C1611 Yushu
4.25

C1612 Dege
4.28~4.30

C1614 Nimu
4.30~5.1

图例

★ 首都
◎ 省级行政中心
○ 其他城市
国界
未定国界
地区界
军事分界线
省、自治区、直辖市界

特别行政区界
常年河
时令河
运河
珊瑚礁
▲ 6621 山峰及高程

低涡移动方向

海拔(m)
● 08时
○ 20时

6000
5000
4000

1：2500万

南海诸岛
比例尺 1：5000万

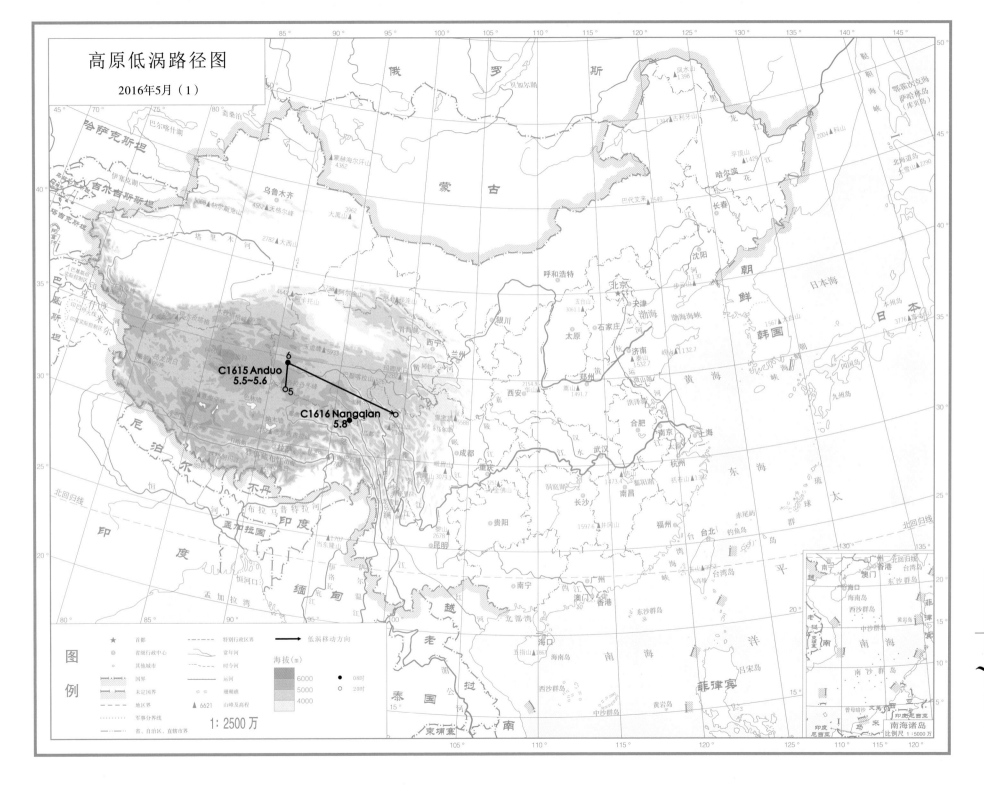

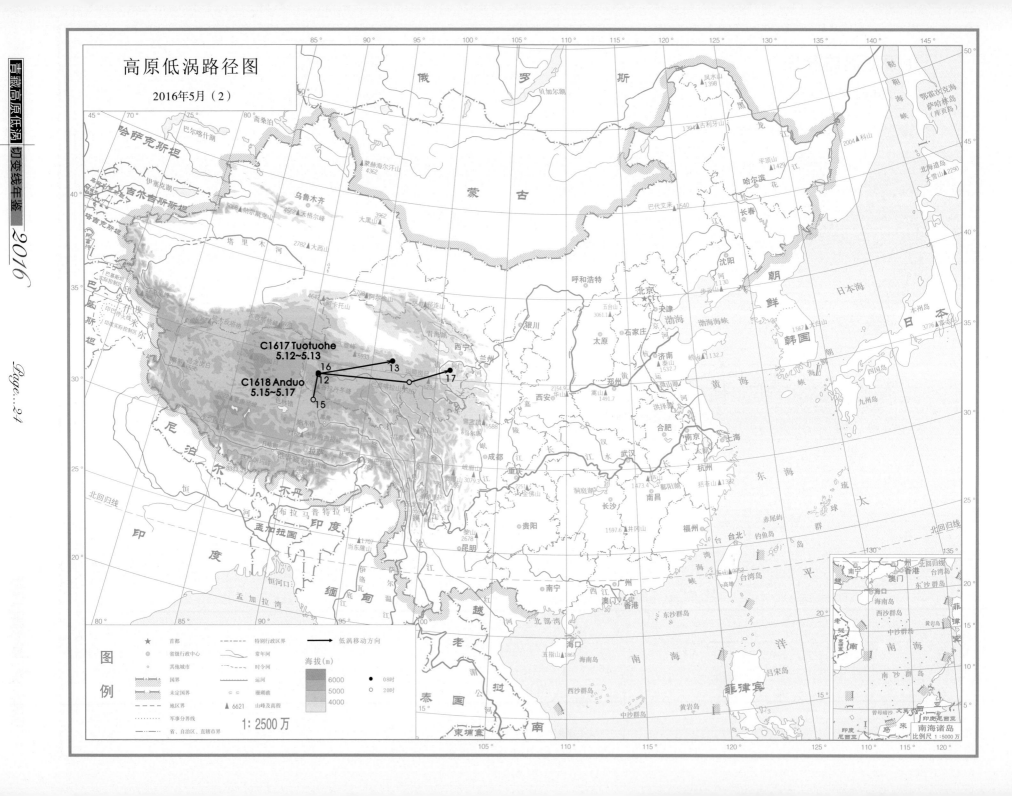

高原低涡路径图

2016年5月（2）

C1617 Tuotuohe
5.12~5.13

C1618 Anduo
5.15~5.17

1:2500万

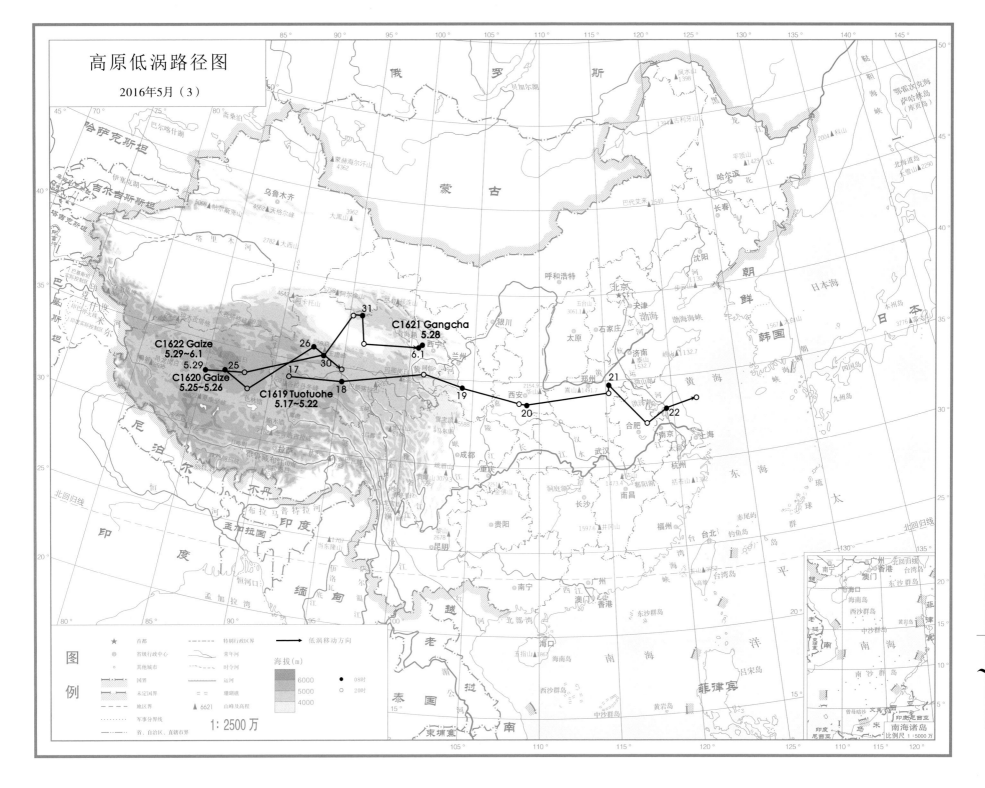

高原低涡路径图

2016年5月（3）

C1622 Gaize
5.29~6.1
C1620 Gaize
5.25~5.26
C1619 Tuotuohe
5.17~5.22
C1621 Gangcha
5.28

1 : 2500 万

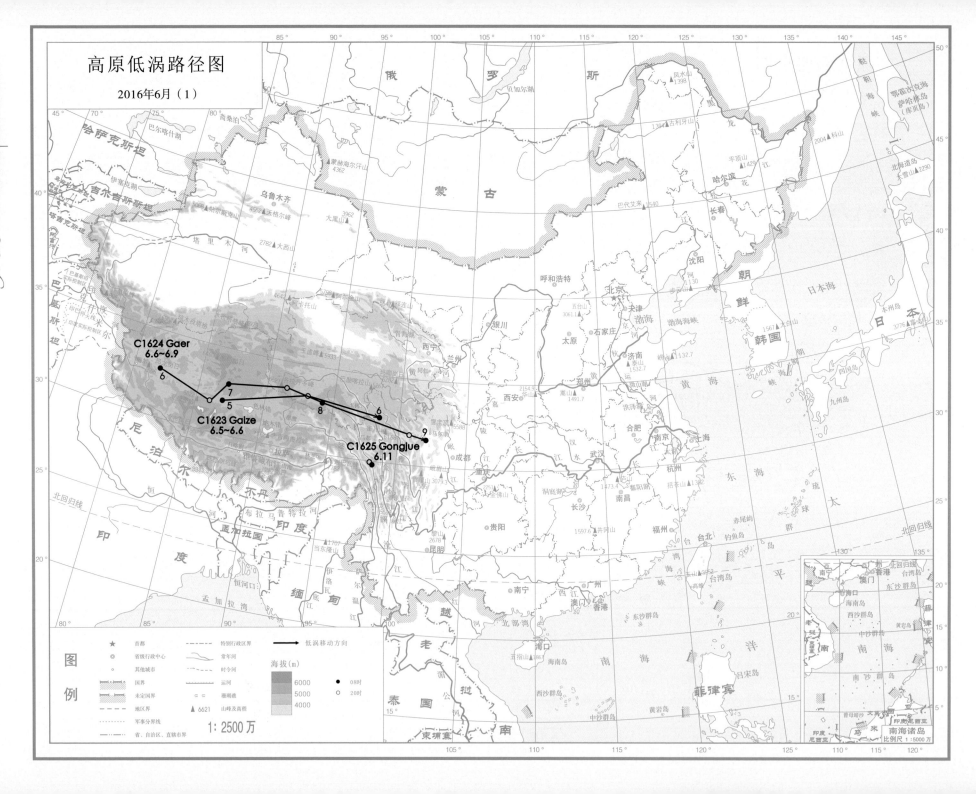

高原低涡路径图

2016年6月（1）

C1624 Gaer
6.6~6.9

C1623 Gaize
6.5~6.6

C1625 Gongjue
6.11

图例

★ 首都
◎ 省级行政中心
○ 其他城市
　国界
　未定国界
　地区界
　军事分界线
　省、自治区、直辖市界

------ 特别行政区界
　常年河
　时令河
　运河
　珊瑚礁
▲ 6621 山峰及高程

→ 低涡移动方向

海拔(m)
6000
5000
4000

● 08时
○ 20时

1: 2500 万

南海诸岛
比例尺 1:5000万

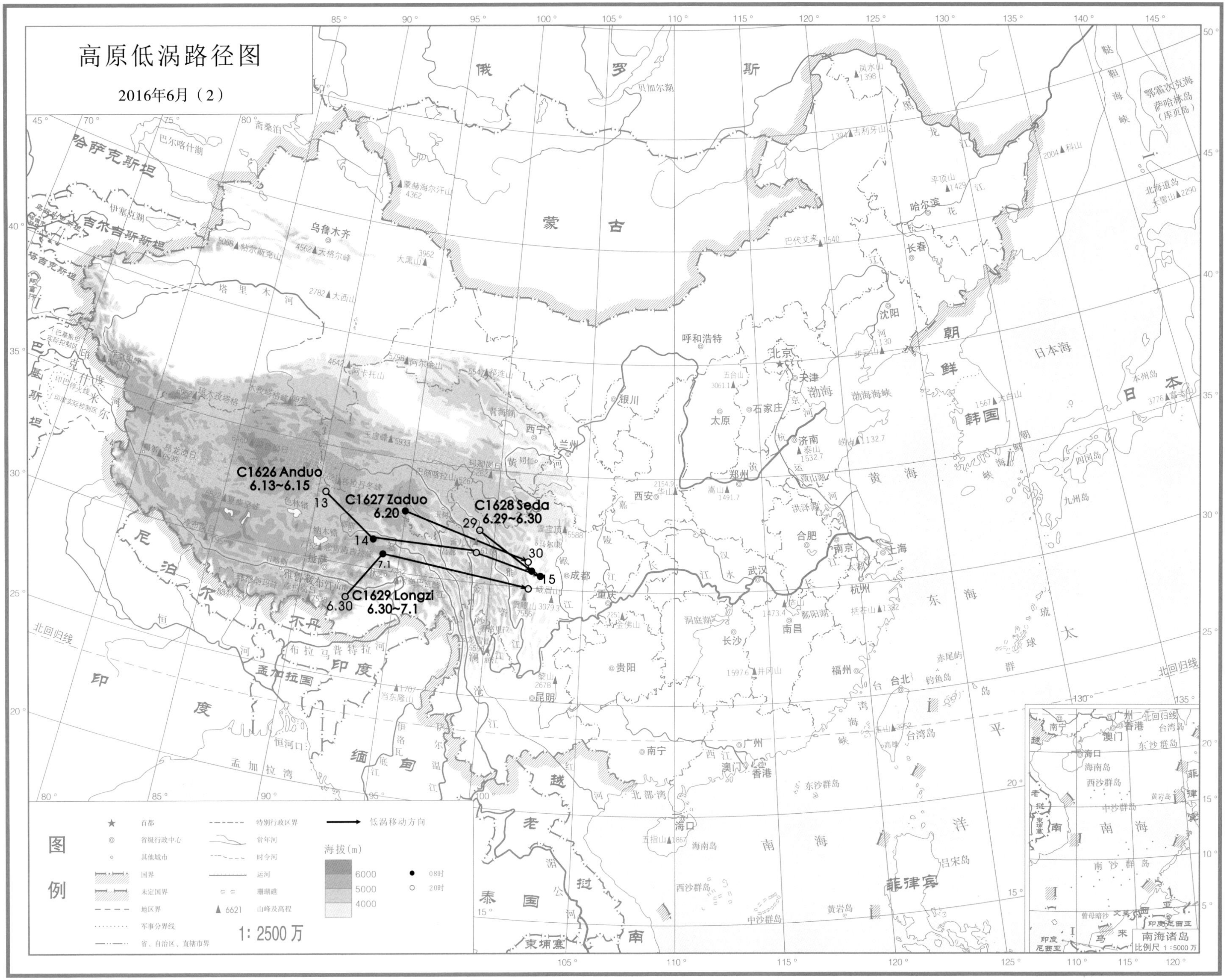

高原低涡路径图

2016年6月（2）

C1626 Anduo
6.13~6.15

C1627 Zaduo
6.20

C1628 Seda
6.29~6.30

C1629 Longzi
6.30~7.1

13
14
7.1
6.30
29
30
15

图例

★ 首都
◎ 省级行政中心
○ 其他城市
国界
未定国界
地区界
军事分界线
省、自治区、直辖市界
特别行政区界
常年河
时令河
运河
珊瑚礁
▲ 6621 山峰及高程

海拔（m）
6000
5000
4000

● 08时
○ 20时

→ 低涡移动方向

1 : 2500万

南海诸岛
比例尺 1 : 5000万

高原低涡 第一部分

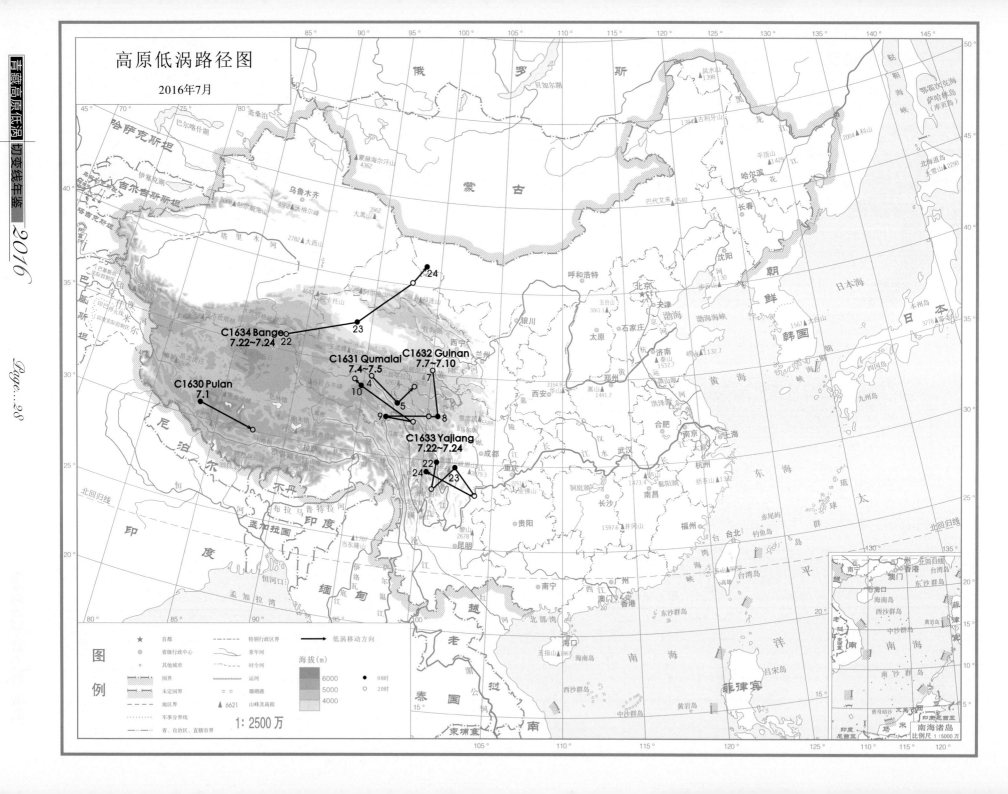

高原低涡路径图

2016年7月

C1634 Bange
7.22~7.24

C1631 Qumalal
7.4~7.5

C1632 Guinan
7.7~7.10

C1630 Pulan
7.1

C1633 Yajiang
7.22~7.24

图例

	首都		特别行政区界		低涡移动方向
◎	省级行政中心		常年河		
○	其他城市		时令河		
	国界		运河		
	未定国界		珊瑚礁		
	地区界	▲ 6621	山峰及高程		
	军事分界线				
	省、自治区、直辖市界				

海拔(m)

6000
5000
4000

● 08时
○ 20时

1：2500万

南海诸岛
比例尺 1：5000万

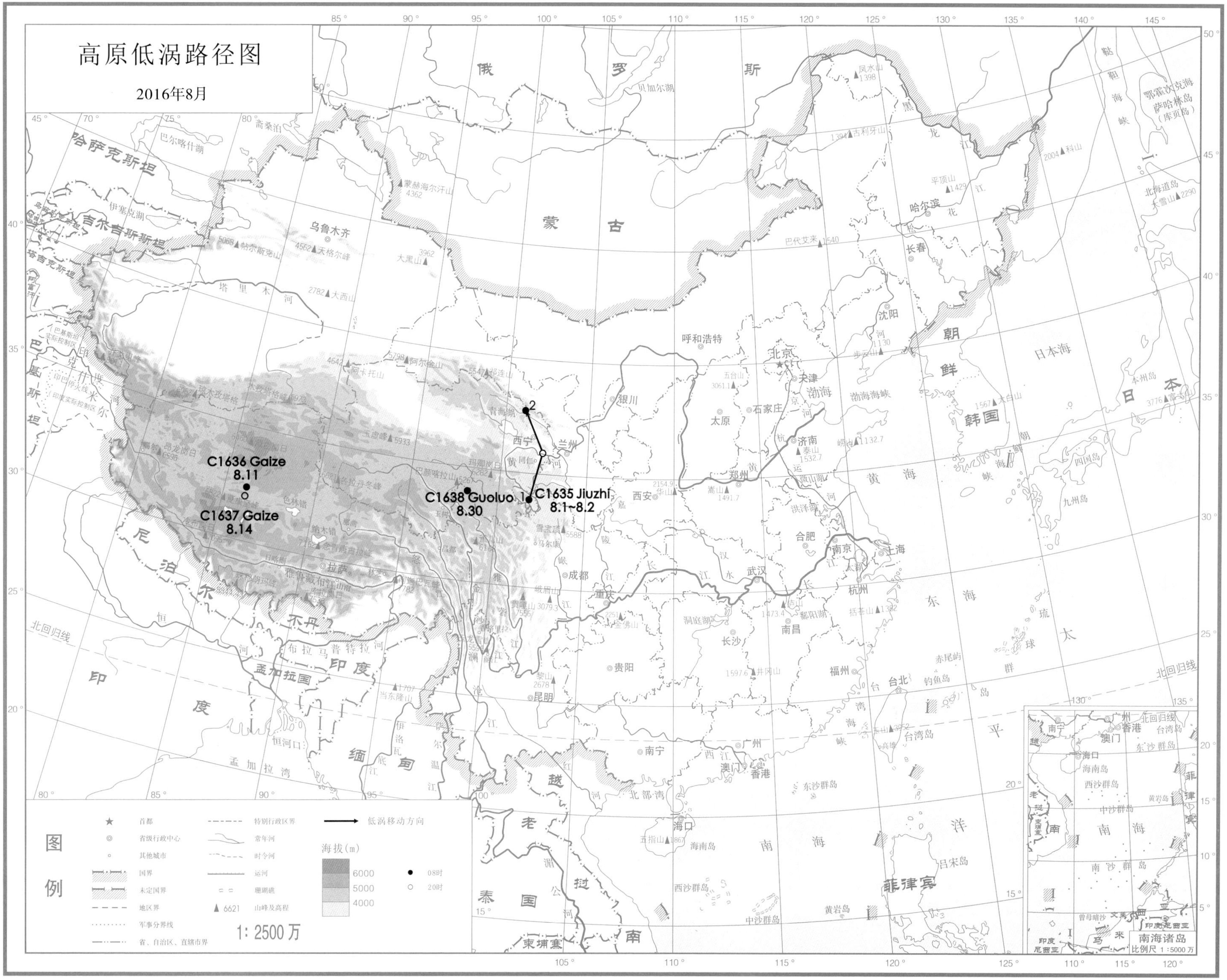

高原低涡路径图

2016年8月

C1636 Gaize
8.11

C1637 Gaize
8.14

C1638 Guoluo 1
8.30

C1635 Jiuzhi
8.1~8.2

2

图例

符号	说明	符号	说明
★	首都	—·—·—	特别行政区界
◎	省级行政中心		常年河
○	其他城市		时令河
	国界		运河
	未定国界		珊瑚礁
	地区界	▲ 6621	山峰及高程
	军事分界线		
	省、自治区、直辖市界		

海拔(m)
6000
5000
4000

● 08时
○ 20时

→ 低涡移动方向

1:2500万

南海诸岛
比例尺 1:5000万

高原低涡 第一部分

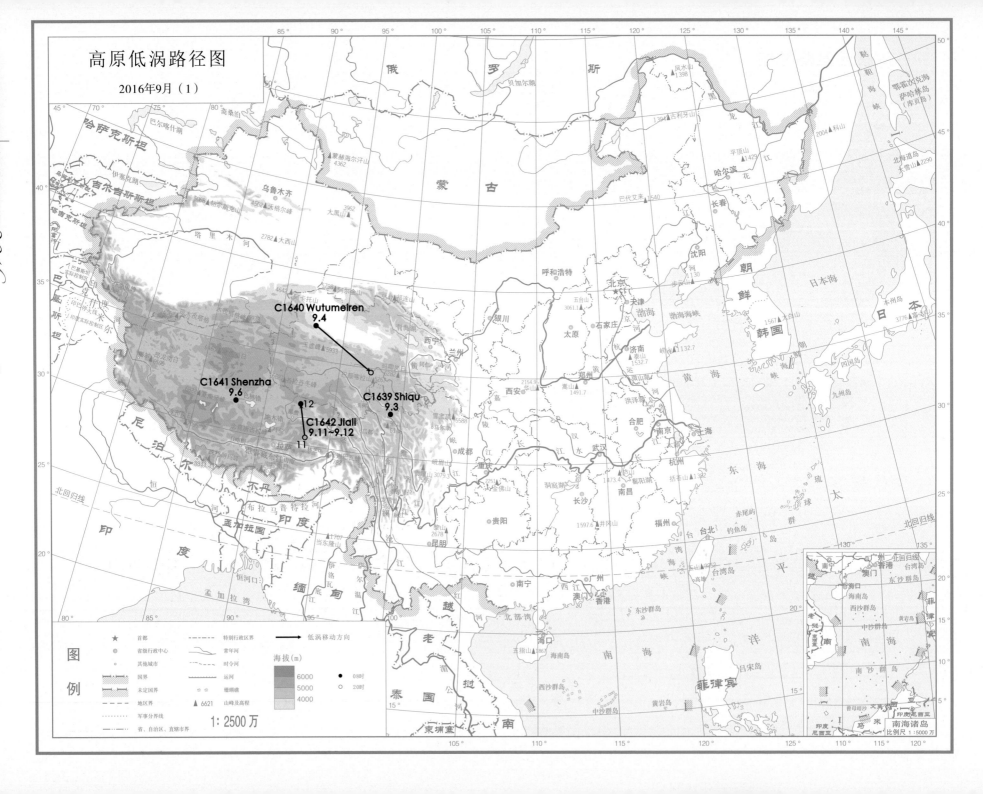

高原低涡路径图

2016年9月（1）

C1640 Wutumeiren
9.4

C1641 Shenzha
9.6

C1639 Shiqu
9.3

12

C1642 Jiali
9.11~9.12

11

青藏高原低涡　切变线年鉴 2016

图例

★ 首都
◎ 省级行政中心
○ 其他城市
国界
未定国界
地区界
军事分界线
省、自治区、直辖市界

特别行政区界
常年河
时令河
运河
珊瑚礁
▲6621 山峰及高程

→ 低涡移动方向

海拔(m)
6000
5000
4000

● 08时
○ 20时

1:2500万

南海诸岛
比例尺 1:5000万

高原低涡路径图

2016年9月（2）

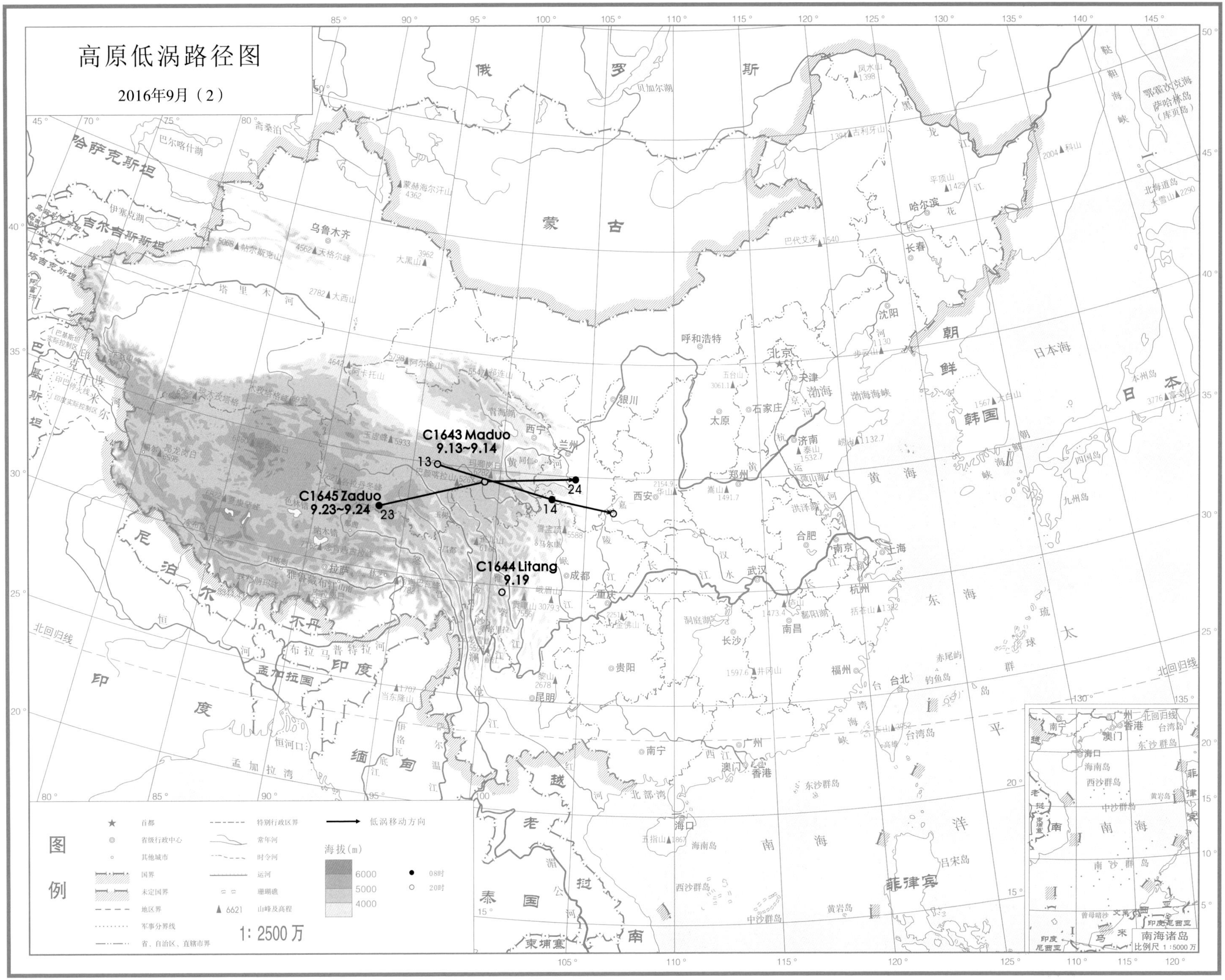

C1643 Maduo
9.13~9.14

13

C1645 Zaduo
9.23~9.24

23

24

14

C1644 Litang
9.19

图例

★ 首都
◎ 省级行政中心
◎ 其他城市
国界
未定国界
地区界
军事分界线
省、自治区、直辖市界

特别行政区界
常年河
时令河
运河
珊瑚礁
▲ 6621 山峰及高程

低涡移动方向

海拔（m）

6000
5000
4000

● 08时
○ 20时

1：2500万

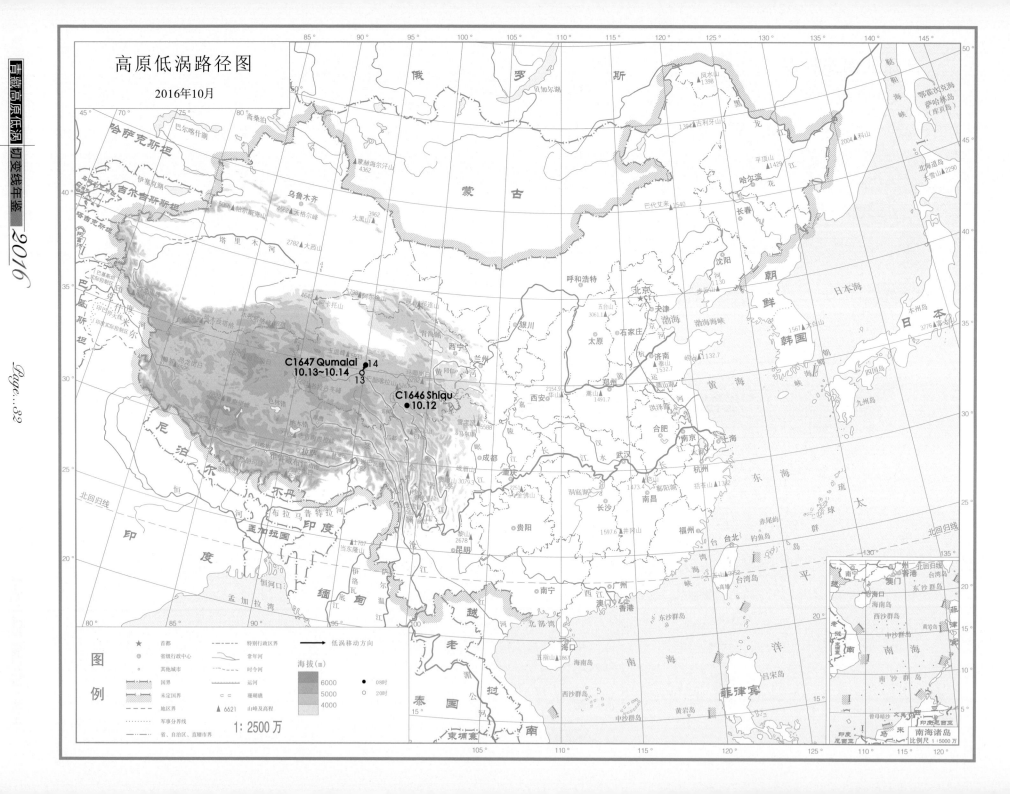

高原低涡路径图

2016年11月

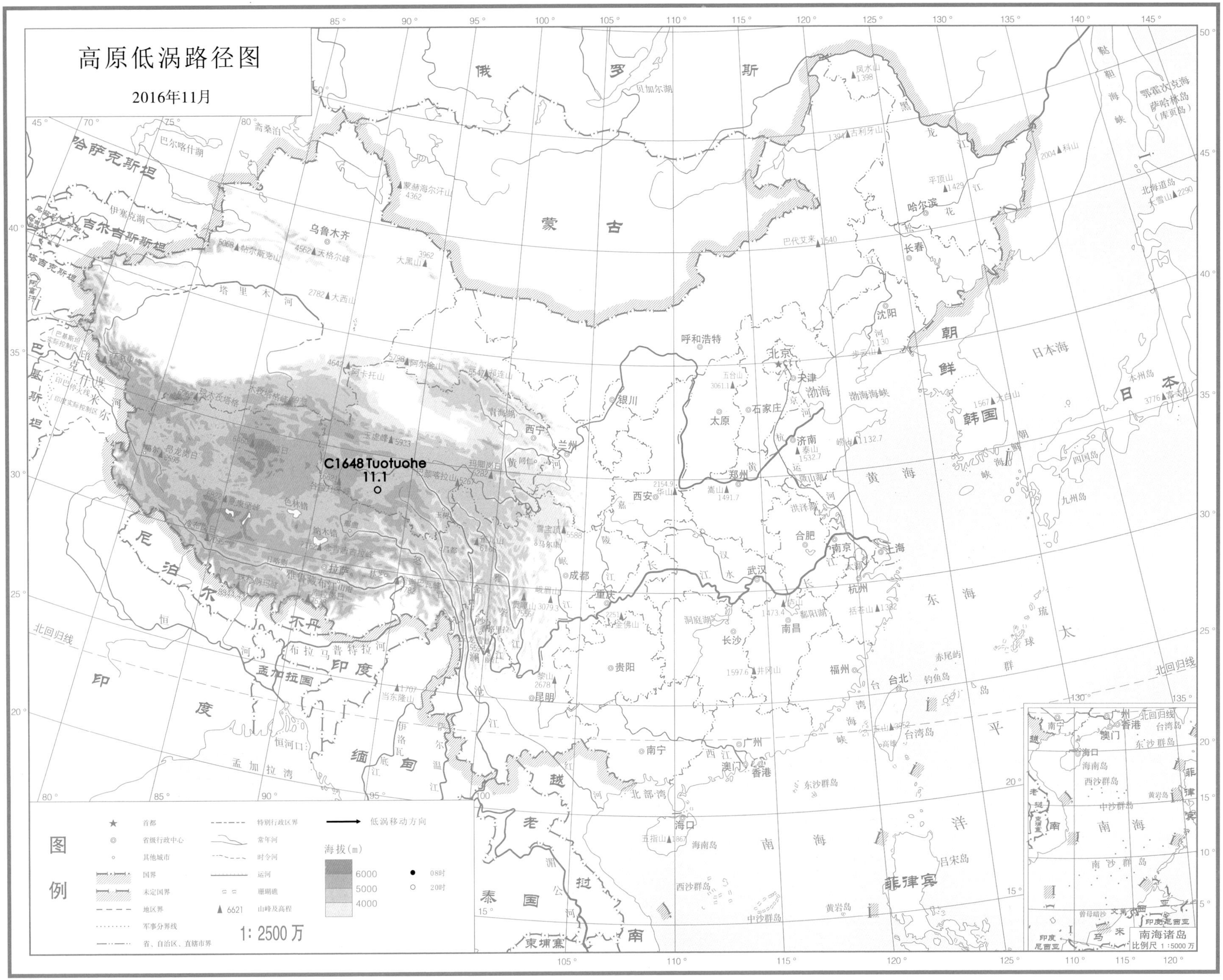

C1648 Tuotuohe
11.1

图例

★	首都
◎	省级行政中心
○	其他城市

- - - 特别行政区界
- - - 常年河
- - - 时令河
- - - 运河
○ ○ 珊瑚礁

→ 低涡移动方向

海拔 (m)

● 08时
○ 20时

▲ 6621 山峰及高程

1:2500万

南海诸岛
比例尺 1:5000万

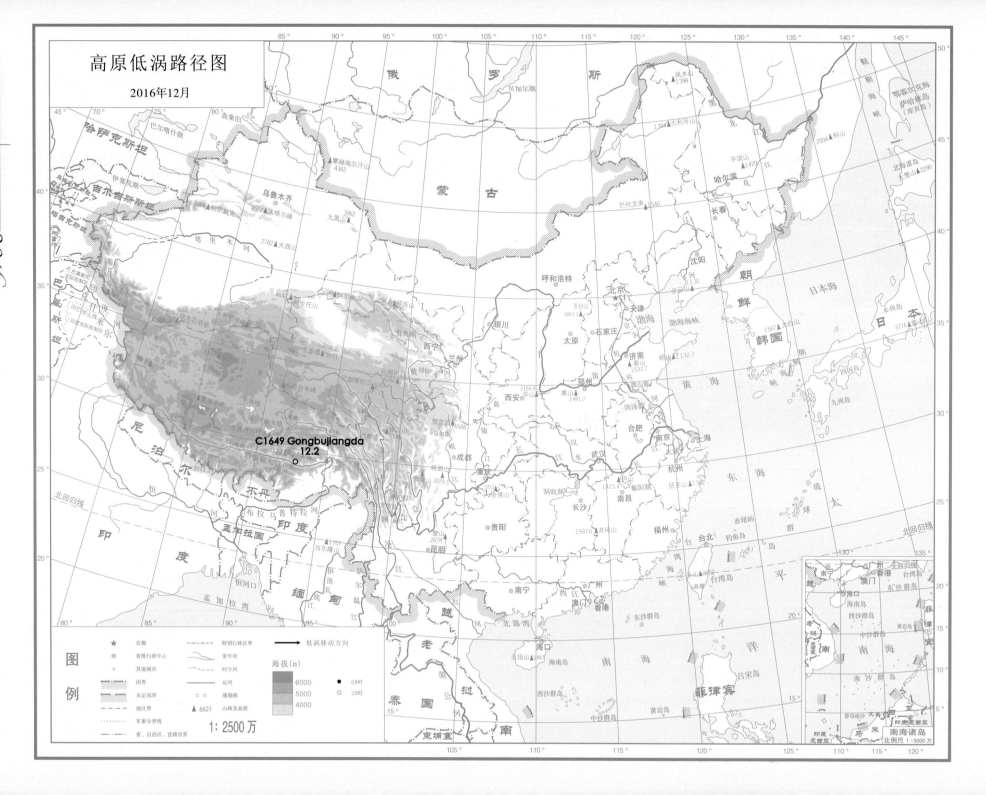

高原低涡路径图

2016年12月

C1649 Gongbujiangda
12.2

青 藏 高 原 低 涡 降 水 资 料

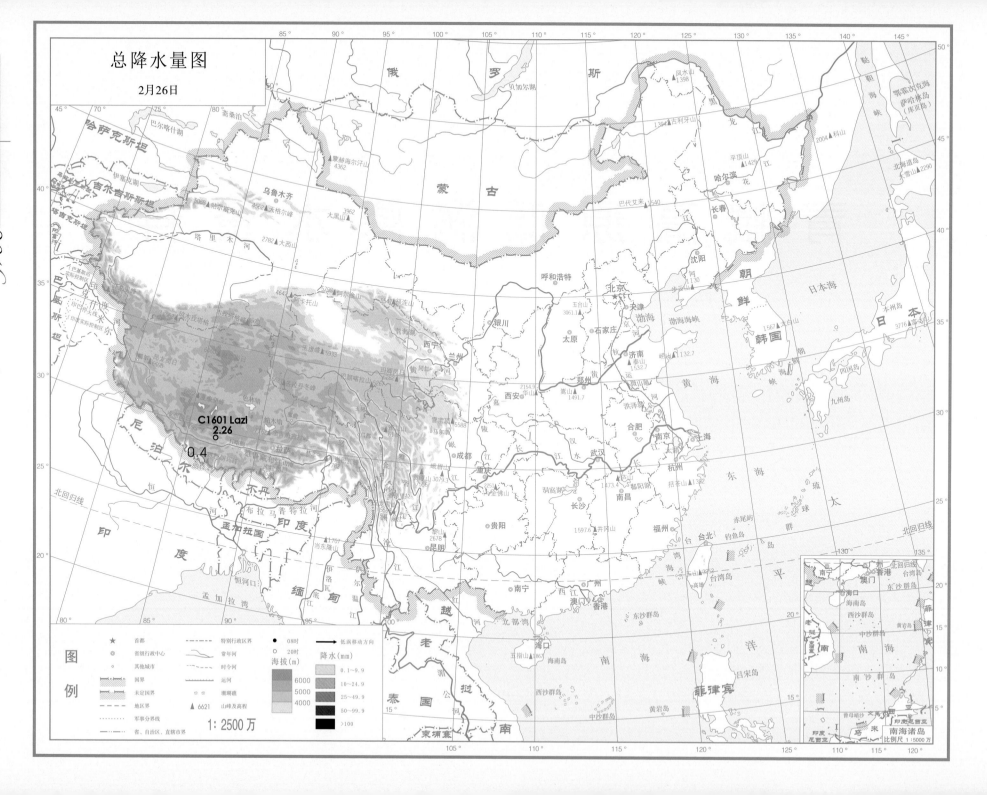

总降水日数图

2月26日

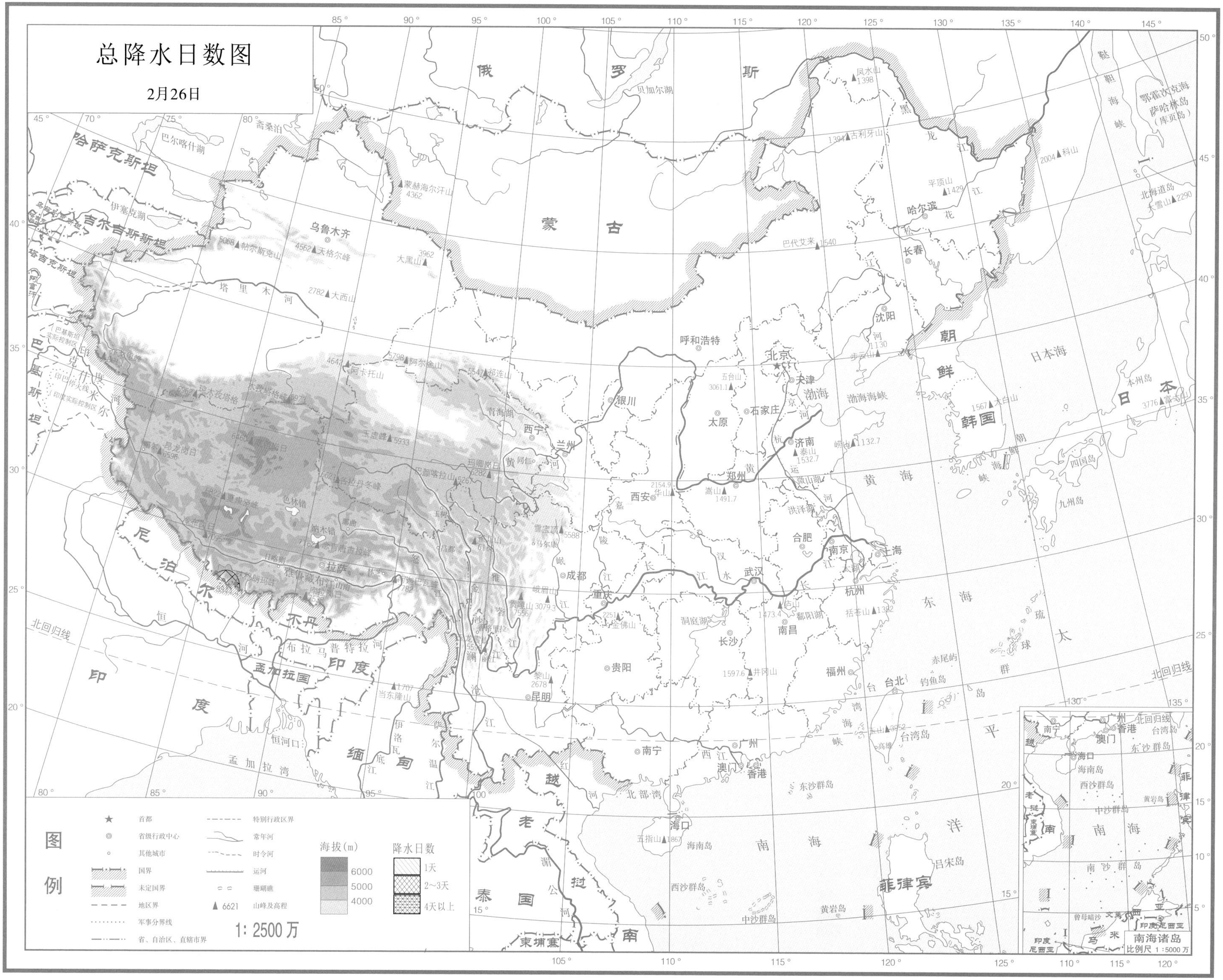

图例

★	首都	
◎	省级行政中心	
○	其他城市	
	国界	
	未定国界	
	地区界	
	军事分界线	
	省、自治区、直辖市界	

	特别行政区界
	常年河
	时令河
	运河
◠◠	珊瑚礁
▲ 6621	山峰及高程

海拔(m)
6000
5000
4000

降水日数
1天
2～3天
4天以上

1:2500万

南海诸岛
比例尺 1:5000万

高原低涡 第一部分

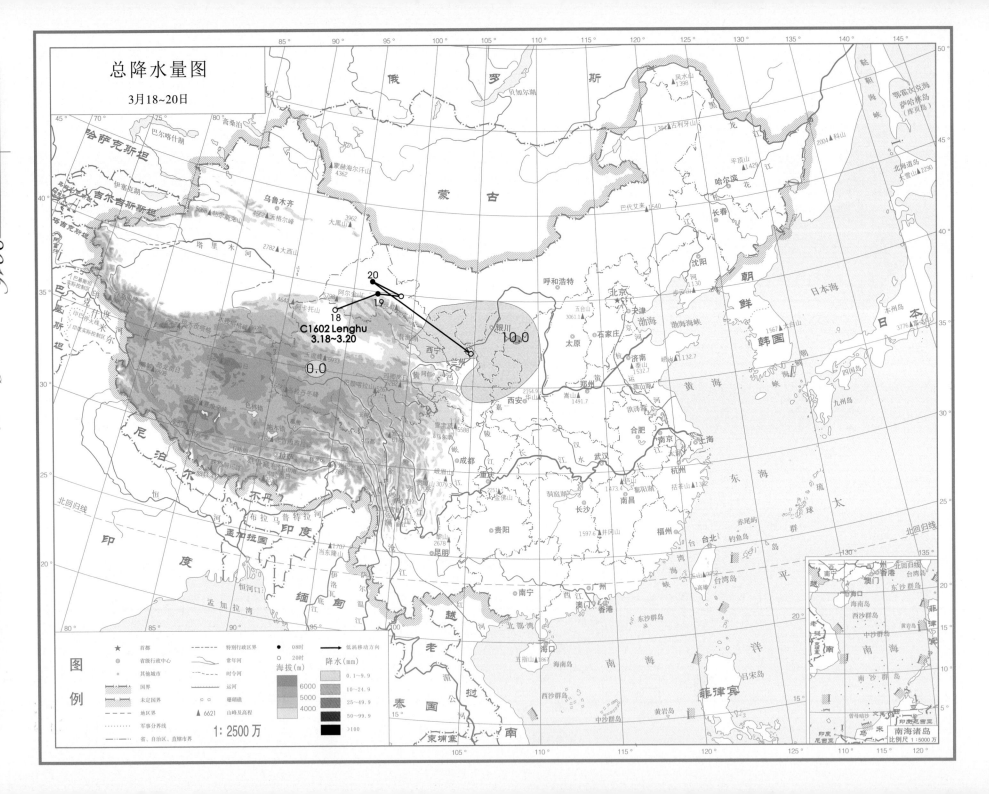

总降水量图

3月18~20日

C1602 Lenghu
3.18~3.20

青藏高原低涡切变线年鉴 2016

Page...88

总降水日数图

3月18~20日

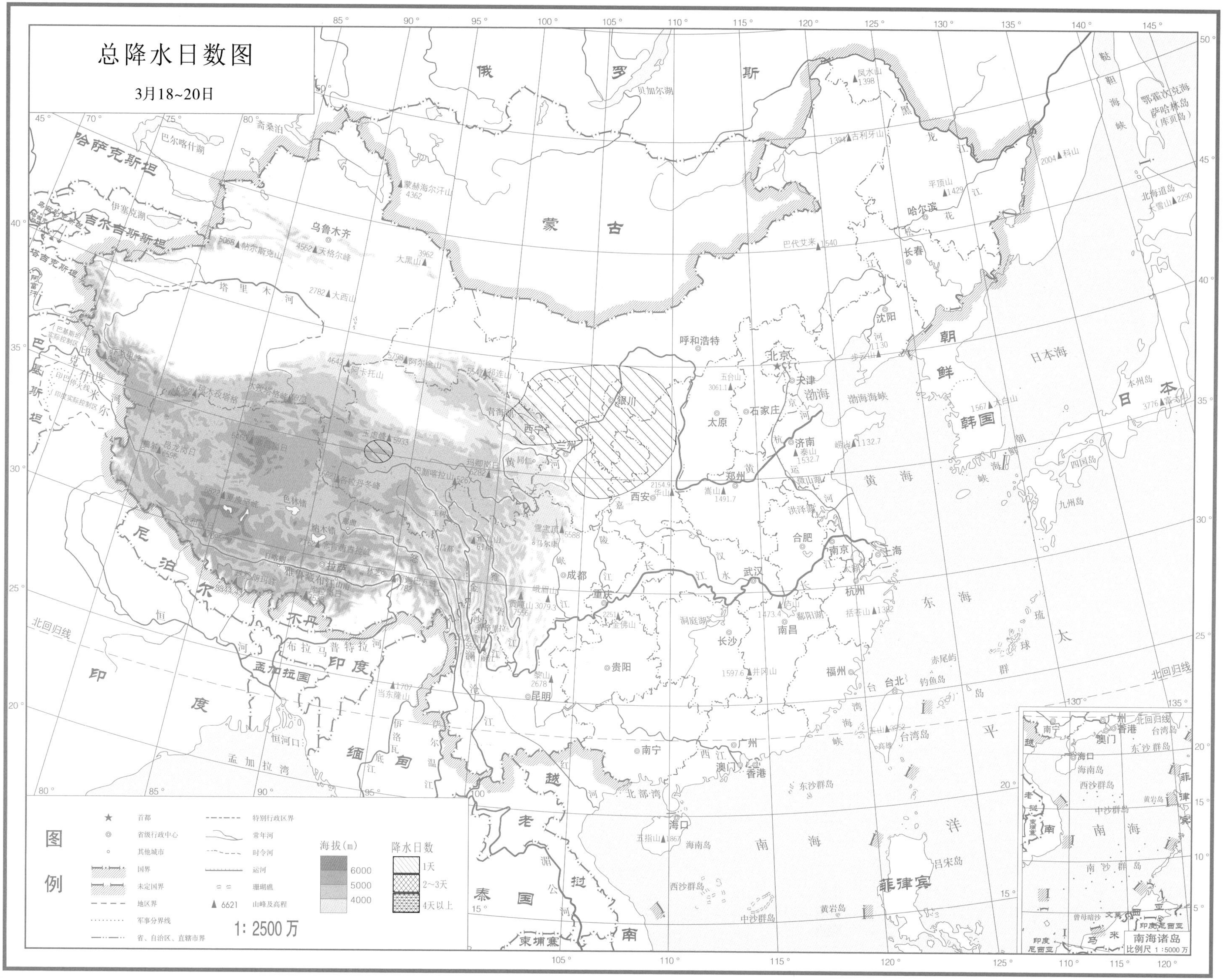

图例

★ 首都	特别行政区界
◎ 省级行政中心	常年河
○ 其他城市	时令河
国界	运河
未定国界	珊瑚礁
地区界	▲6621 山峰及高程
军事分界线	
省、自治区、直辖市界	

海拔(m)
6000
5000
4000

降水日数
1天
2~3天
4天以上

1:2500万

南海诸岛
比例尺 1:5000万

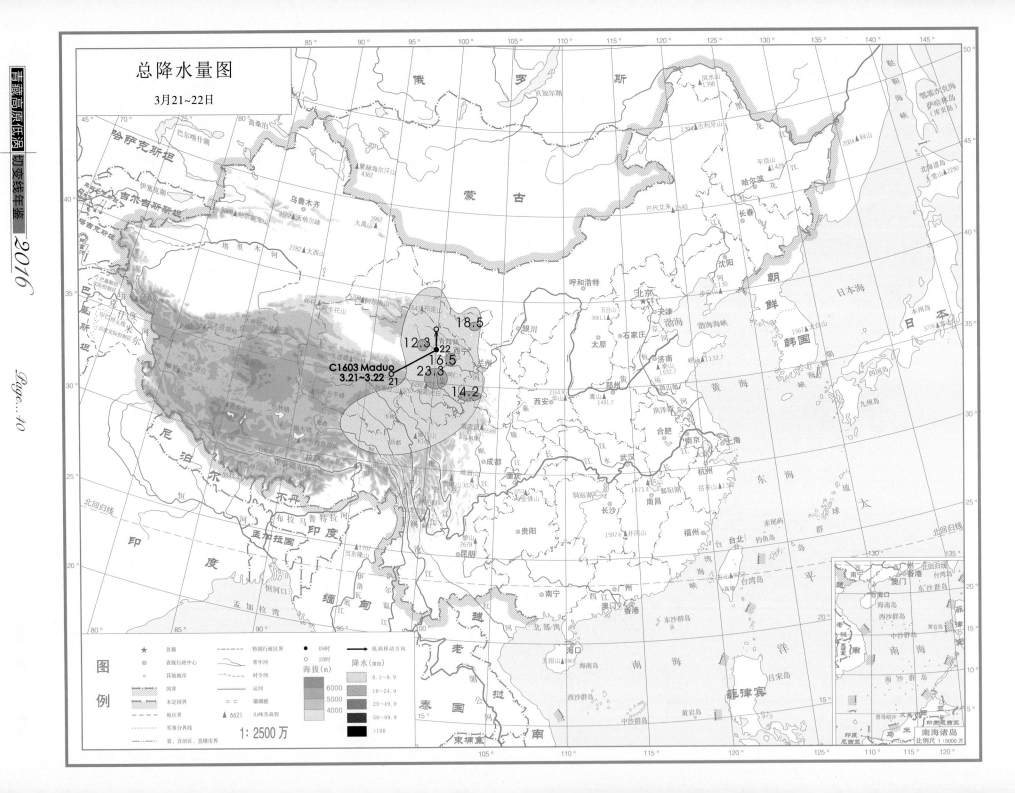

总降水日数图

3月21~22日

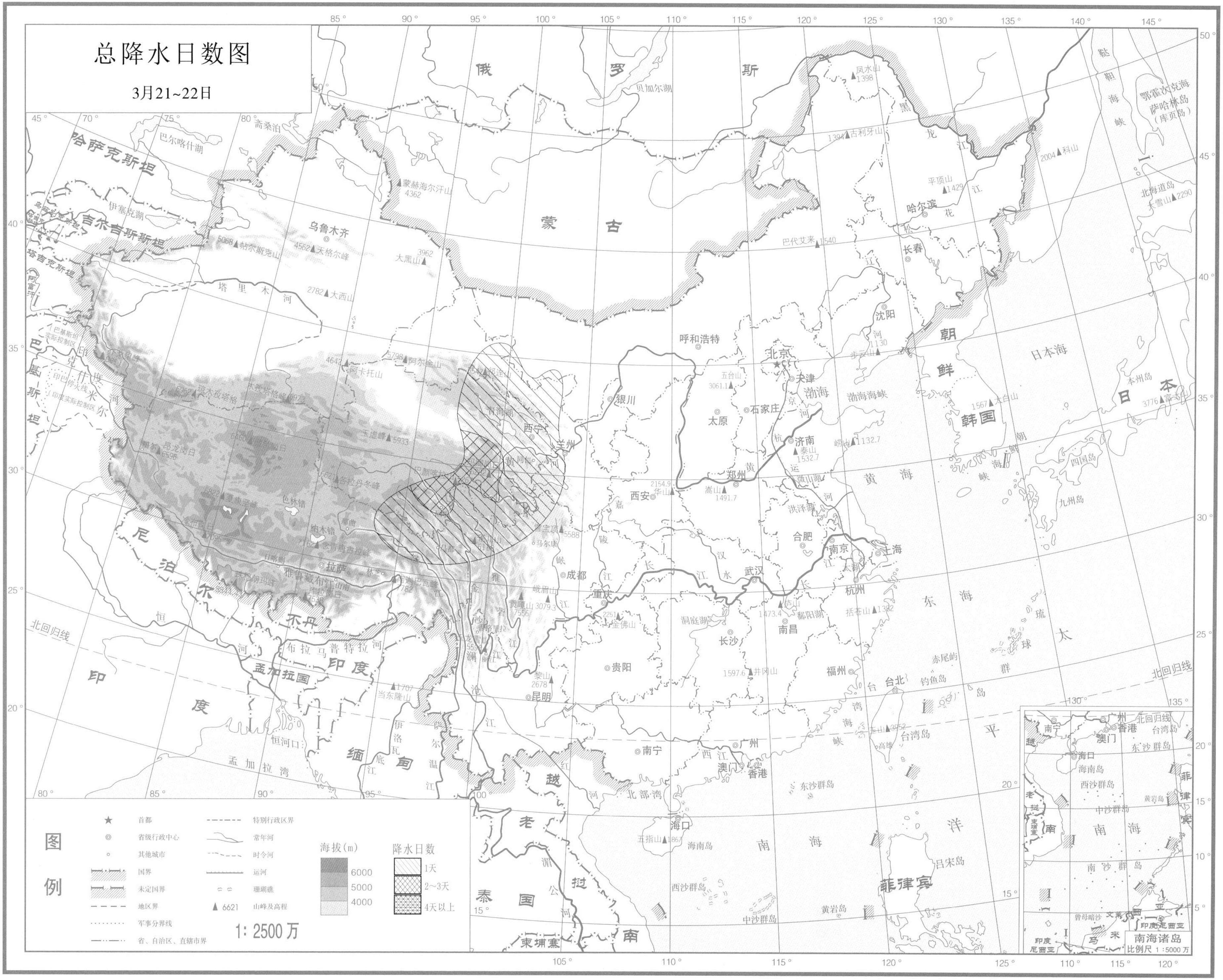

图例

★ 首都	- · - · - 特别行政区界
◎ 省级行政中心	常年河
○ 其他城市	时令河
国界	运河
未定国界	== 珊瑚礁
- - - 地区界	▲ 6621 山峰及高程
军事分界线
省、自治区、直辖市界

海拔(m)
6000
5000
4000

降水日数
1天
2~3天
4天以上

1:2500万

南海诸岛
比例尺 1:5000万

哈萨克斯坦
吉尔吉斯斯坦
塔吉克斯坦
巴基斯坦
印度
尼泊尔
不丹
孟加拉国
缅甸
老挝
越南
泰国
柬埔寨
菲律宾

俄罗斯
蒙古
朝鲜
韩国
日本

乌鲁木齐
北京
天津
呼和浩特
银川
太原
石家庄
济南
郑州
西安
兰州
西宁
沈阳
哈尔滨
长春
成都
重庆
武汉
合肥
南京
上海
杭州
长沙
南昌
福州
台北
贵阳
昆明
南宁
广州
澳门
香港
海口

北回归线

蒙赫海尔汗山 4362
天格尔峰 4562
博格达峰 5068
大黑山 3962
大西山 2782
阿尔金山
卡托山 4642
玉虚峰 5933
布喀达坂峰
色林错
纳木错
当东隆山
泰山 1532.7
嵩山 1491.7
黄山 1873.4
井冈山 1597.6
五指山 1867

东海
黄海
南海
渤海
日本海
太平洋
孟加拉湾
北部湾

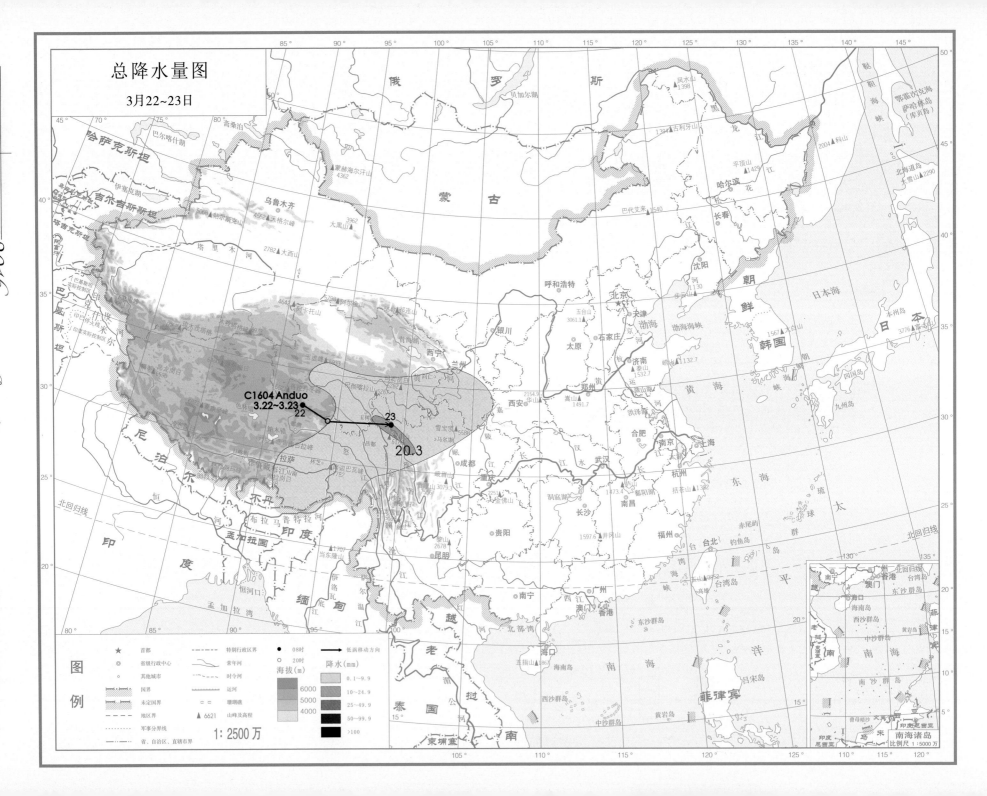

总降水日数图

3月22~23日

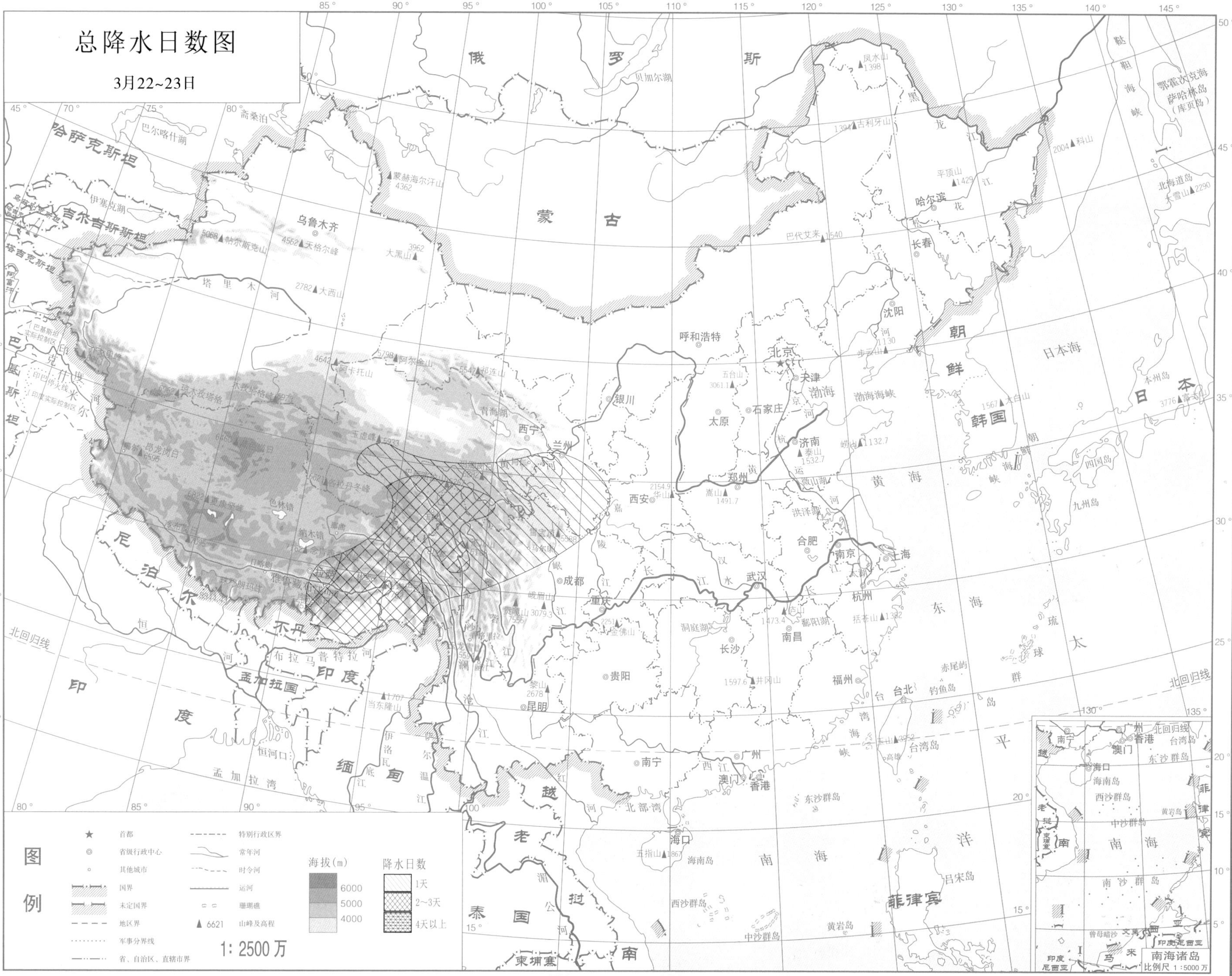

图例

★	首都	-----	特别行政区界
◎	省级行政中心		常年河
○	其他城市		时令河
	国界		运河
	未定国界		礁滩
	地区界	▲ 6621	山峰及高程
	军事分界线		
	省、自治区、直辖市界		

海拔(m)
6000
5000
4000

降水日数
1天
2~3天
4天以上

1 : 2500 万

南海诸岛
比例尺 1 : 5000 万

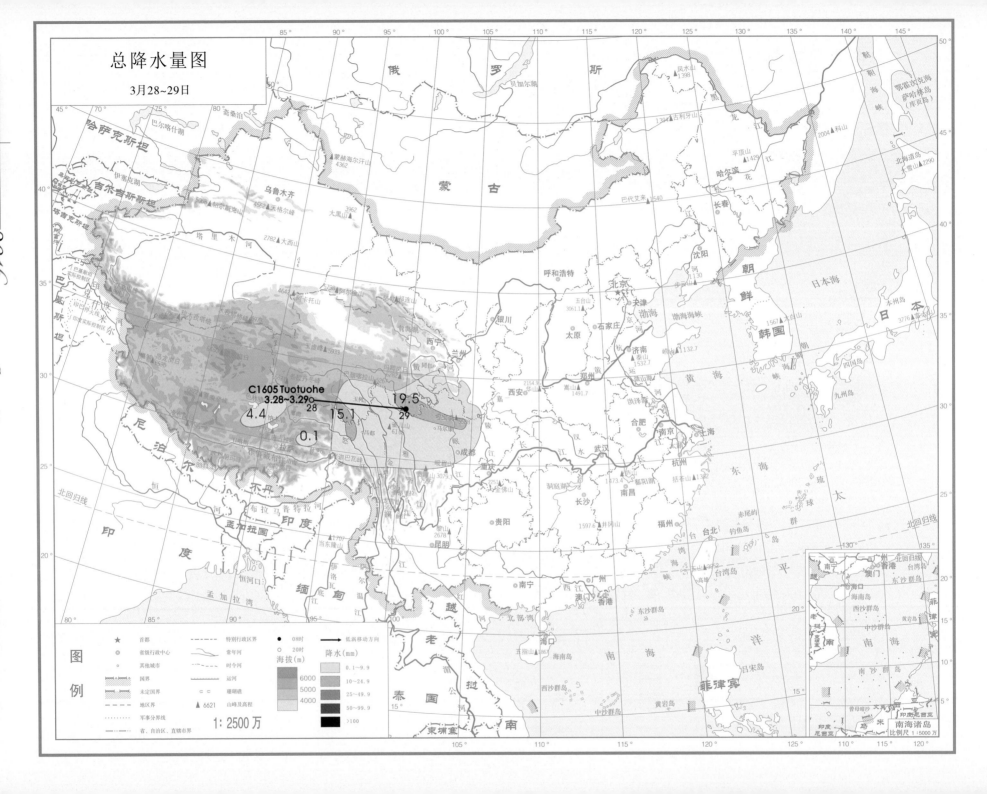

总降水量图

3月28~29日

C1605 Tuotuohe
3.28~3.29

4.4

0.1

28

15.1

19.5

29

图例

★	首都		
◎	省级行政中心		
◦	其他城市		

特别行政区界
常年河
时令河
运河
珊瑚礁
▲6621 山峰及高程

国界
未定国界
地区界
军事分界线
省、自治区、直辖市界

● 08时
○ 20时
海拔(m)
6000
5000
4000

→ 低涡移动方向

降水(mm)
0.1~9.9
10~24.9
25~49.9
50~99.9
>100

1:2500万

南海诸岛
比例尺 1:5000万

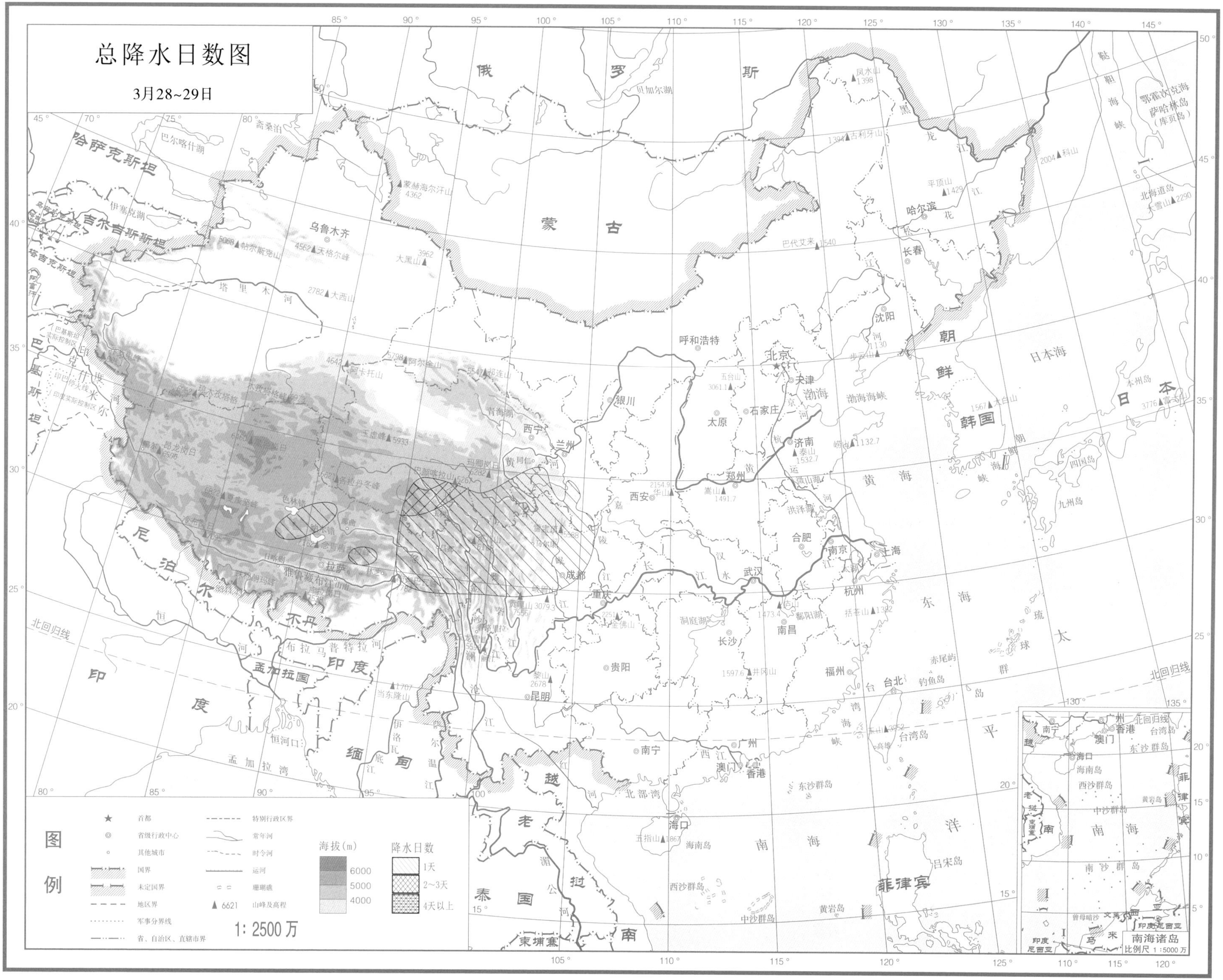

总降水日数图

3月28~29日

图例

图例	
★ 首都	----- 特别行政区界
◎ 省级行政中心	常年河
○ 其他城市	时令河
国界	运河
未定国界	珊瑚礁
地区界	▲ 6621 山峰及高程
军事分界线	
省、自治区、直辖市界	

海拔(m)
6000
5000
4000

降水日数
1天
2～3天
4天以上

比例尺 1:5000 万

南海诸岛

Page...16

高原低涡 第 1 部分

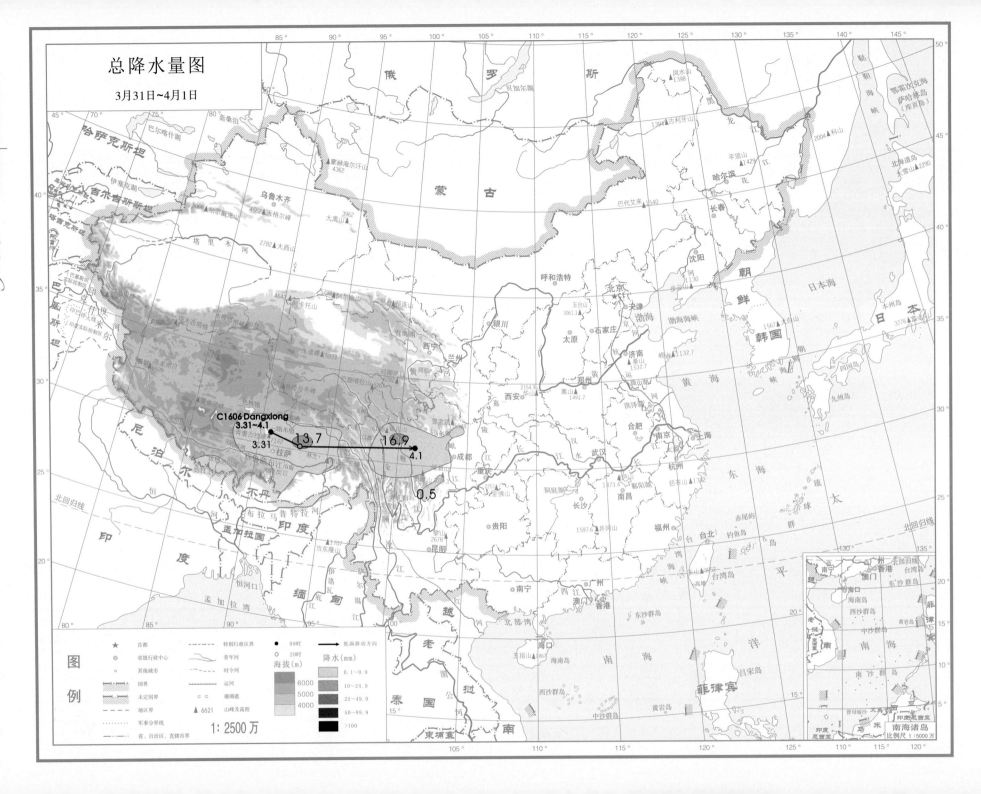

总降水量图

3月31日~4月1日

1:2500万

总降水日数图

3月31日~4月1日

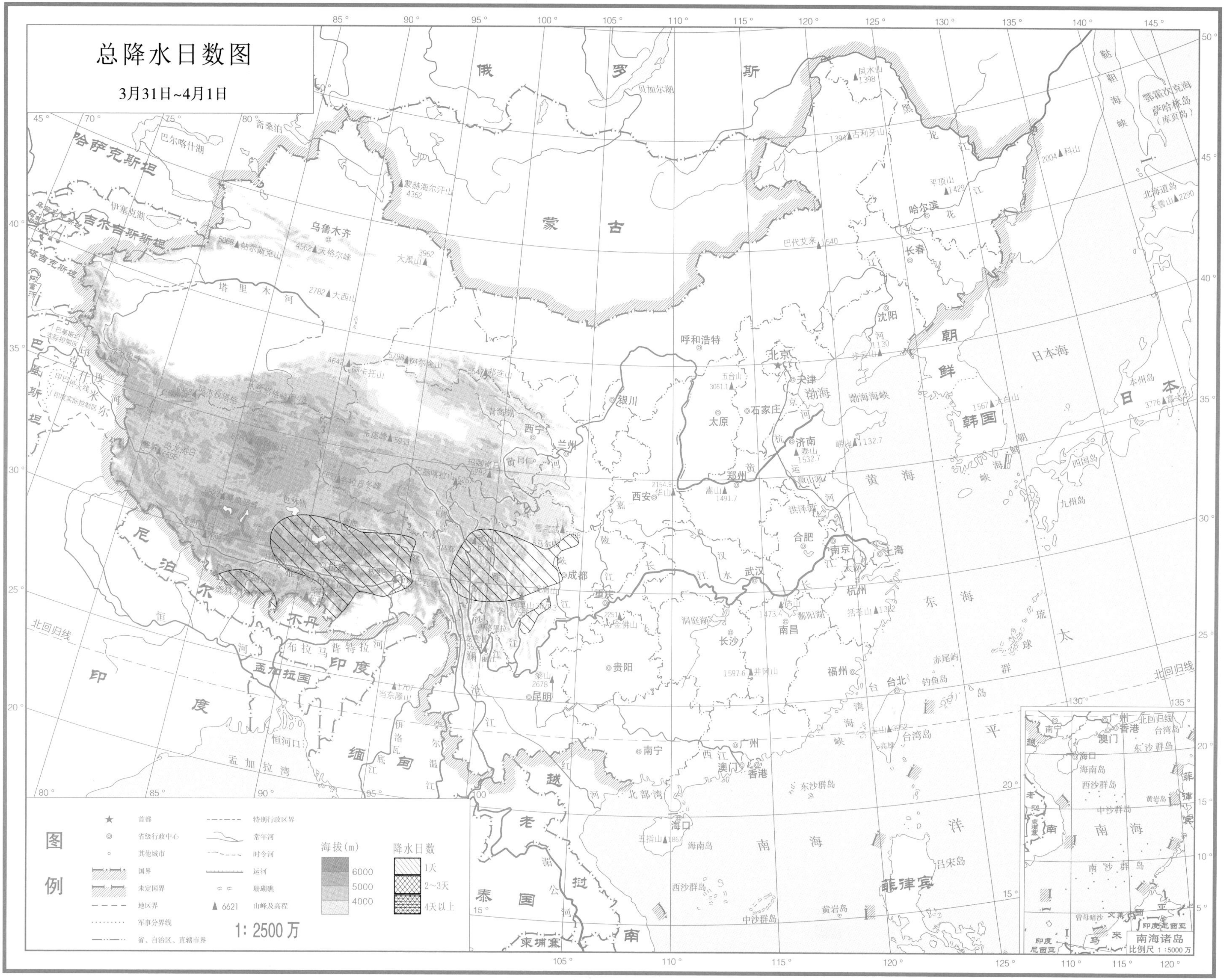

高原低涡 第 1 部分

图例

★	首都
◎	省级行政中心
○	其他城市
	国界
	未定国界
	地区界
	军事分界线
	省、自治区、直辖市界
	特别行政区界
	常年河
	时令河
	运河
	珊瑚礁
▲ 6621	山峰及高程

海拔(m)
6000
5000
4000

降水日数
1天
2~3天
4天以上

1: 2500 万

南海诸岛
比例尺 1:5000万

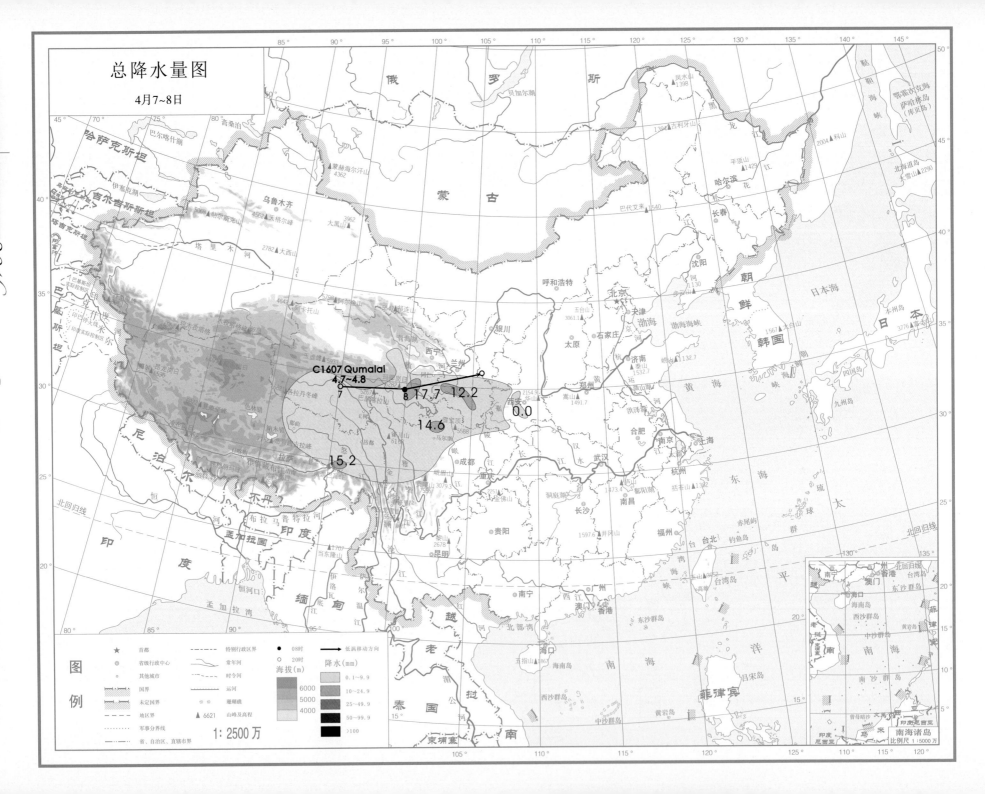

总降水量图

4月7~8日

总降水日数图

4月7~8日

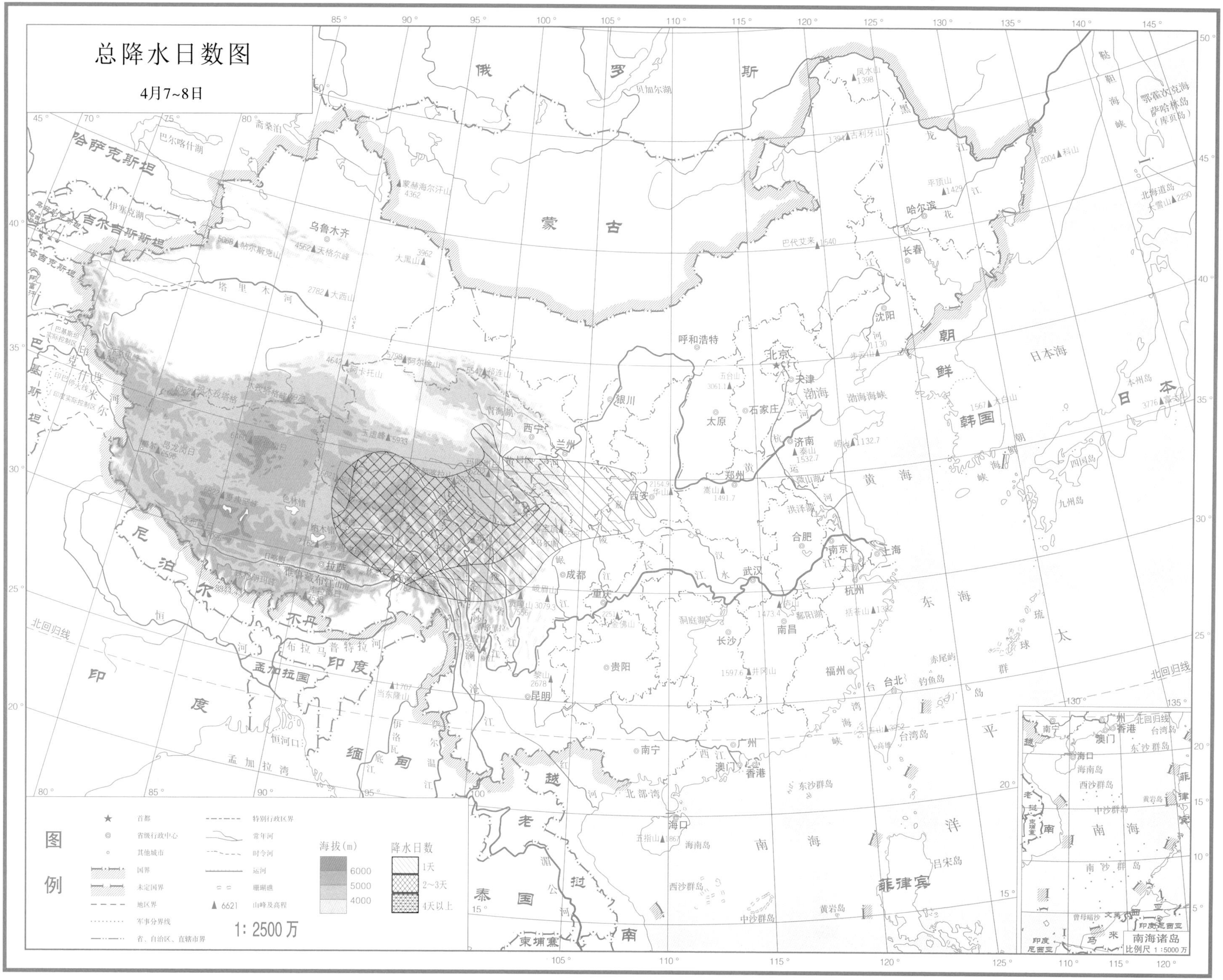

图例
首都
省级行政中心
其他城市
国界
未定国界
地区界
军事分界线
省、自治区、直辖市界
特别行政区界
常年河
时令河
运河
珊瑚礁
6621 山峰及高程
海拔(m)
6000
5000
4000
降水日数
1天
2~3天
4天以上
1: 2500万

高原低涡 第1部分

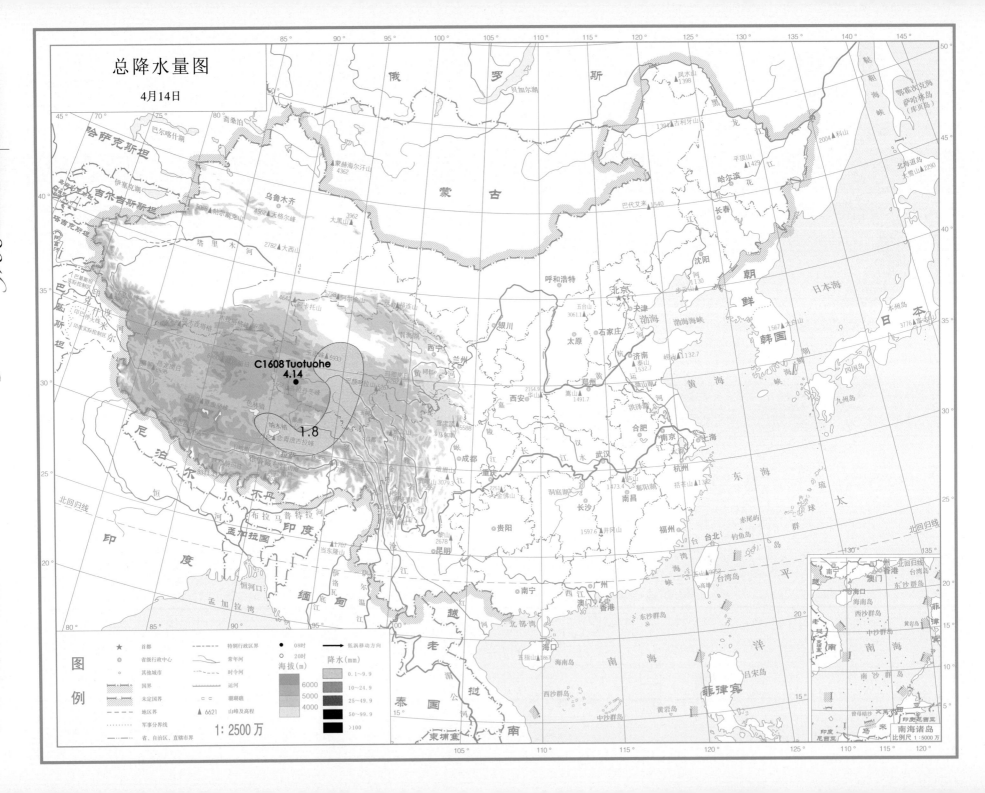

总降水量图

4月14日

C1608 Tuotuohe
4.14

1.8

1 : 2500 万

图例

★ 首都
◎ 省级行政中心
○ 其他城市

特别行政区界
常年河
时令河
运河
珊瑚礁

● 08时
○ 20时
→ 低涡移动方向

海拔 (m)
6000
5000
4000

降水 (mm)
0.1~9.9
10~24.9
25~49.9
50~99.9
>100

国界
未定国界
地区界
军事分界线
省、自治区、直辖市界

▲ 6621 山峰及高程

南海诸岛
比例尺 1:5000万

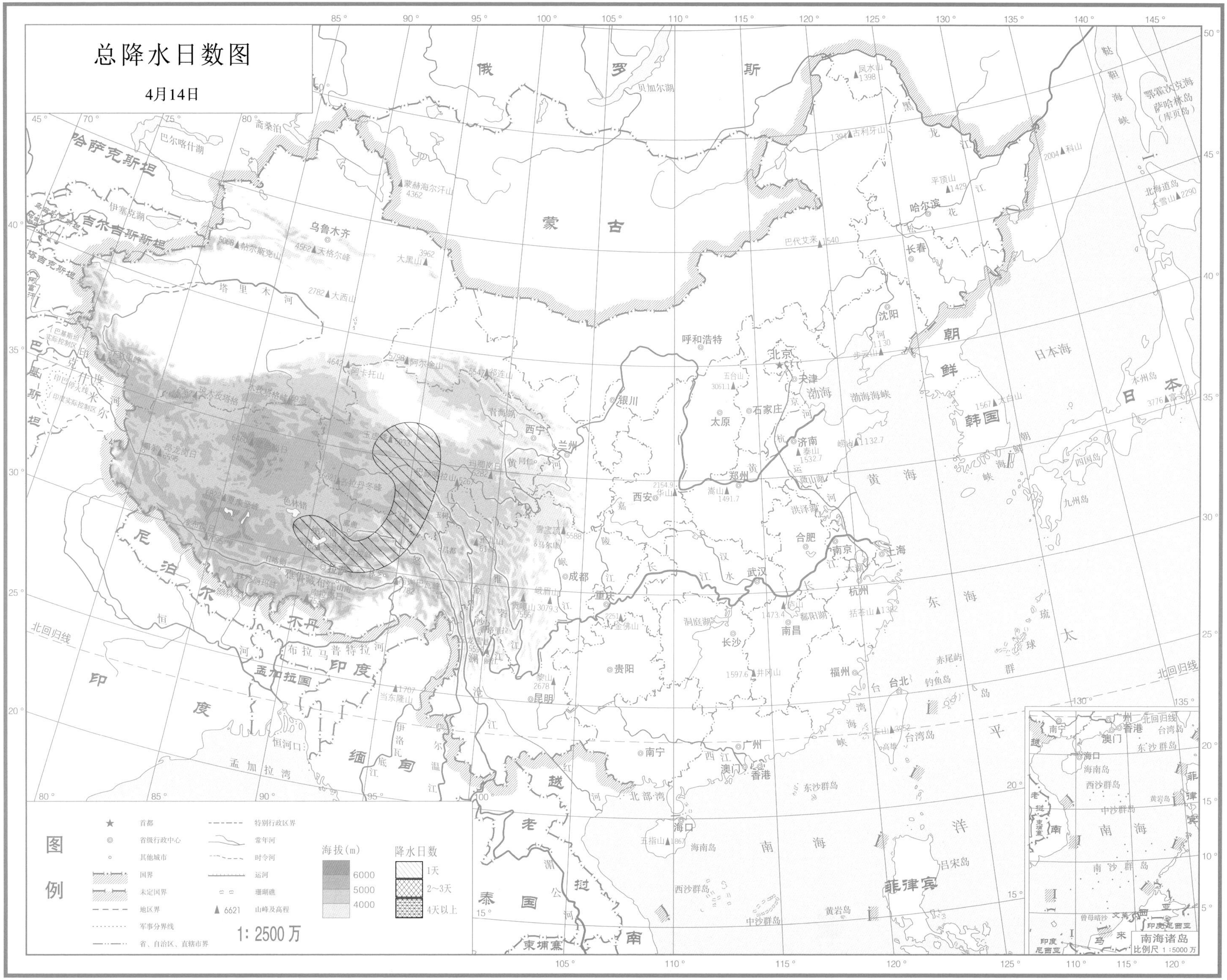

总降水日数图

4月14日

1:2500万

图例

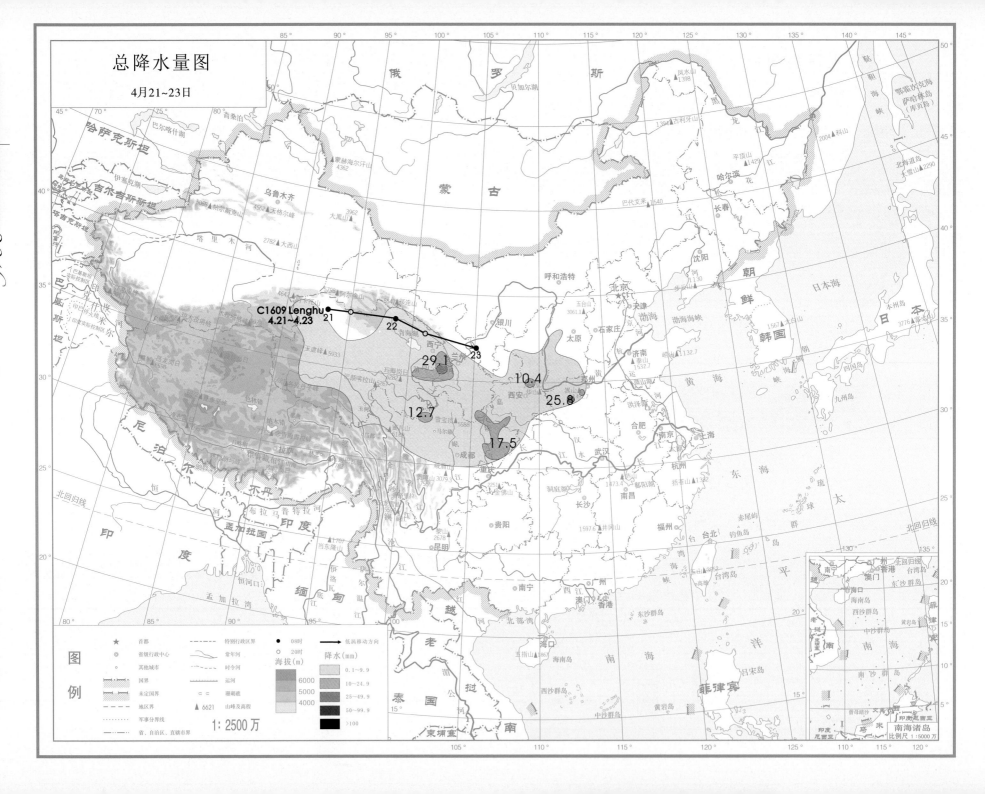

总降水量图

4月21~23日

C1609 Lenghu
4.21~4.23

29.1

10.4

12.7

25.8

17.5

图例

★	首都	-·-·-	特别行政区界
◎	省级行政中心		常年河
○	其他城市		时令河
	国界	==	运河
	未定国界	▲6621	山峰及高程
	地区界		
	军事分界线		
	省、自治区、直辖市界		

海拔(m)
6000
5000
4000

● 08时
○ 20时
→ 低涡移动方向

降水(mm)
0.1~9.9
10~24.9
25~49.9
50~99.9
>100

1：2500万

南海诸岛
比例尺 1：5000万

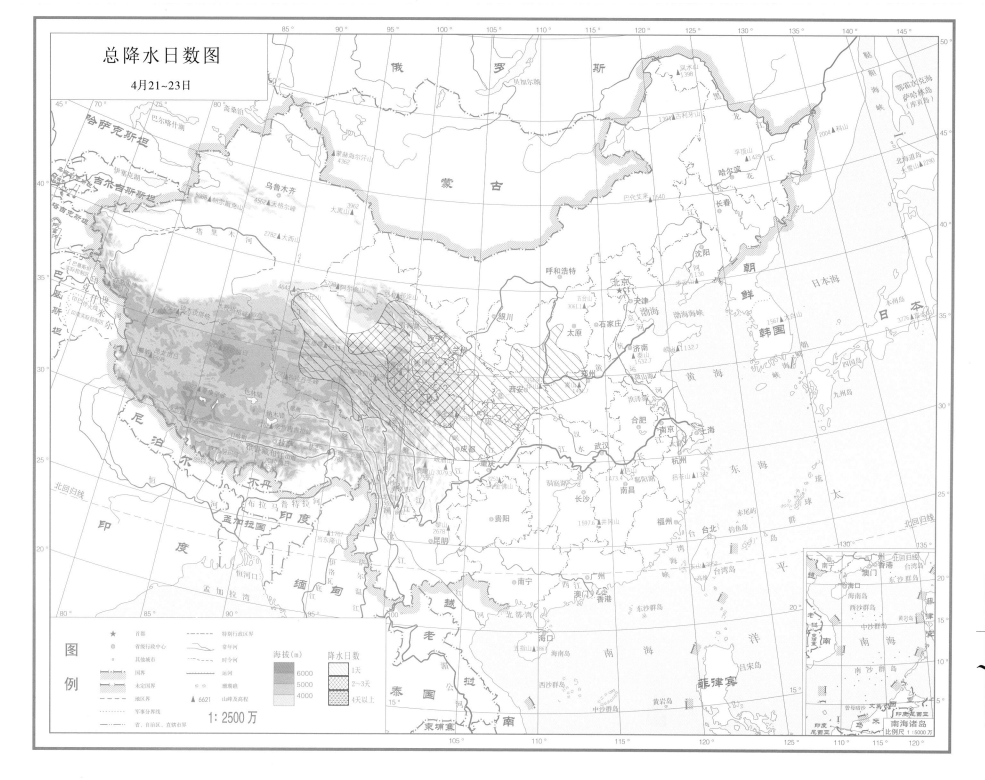

总降水日数图

4月21~23日

图例

图例项		图例项	
★	首都		特别行政区界
◎	省级行政中心		常年河
◦	其他城市		时令河
	国界		运河
	未定国界	◦◦	珊瑚礁
	地区界	▲ 6621	山峰及高程
	军事分界线		
	省、自治区、直辖市界		

1 : 2500 万

海拔(m)

6000
5000
4000

降水日数

1天
2~3天
4天以上

南海诸岛
比例尺 1:5000 万

Page..68

高原低涡 第 1 部分

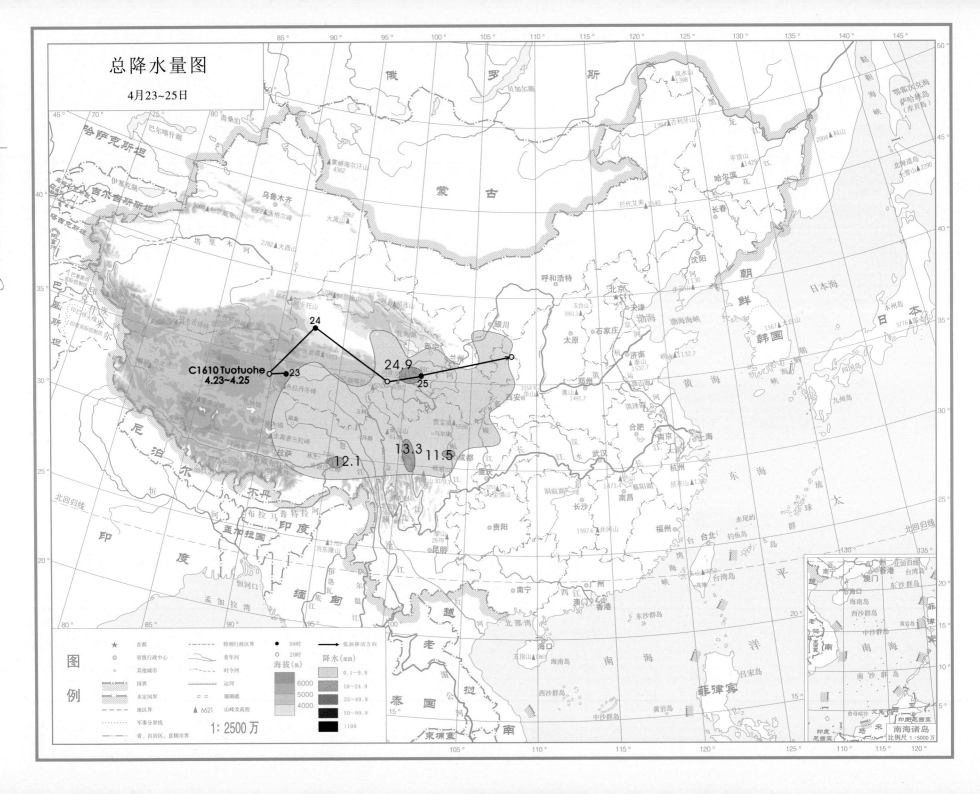

总降水量图

4月23~25日

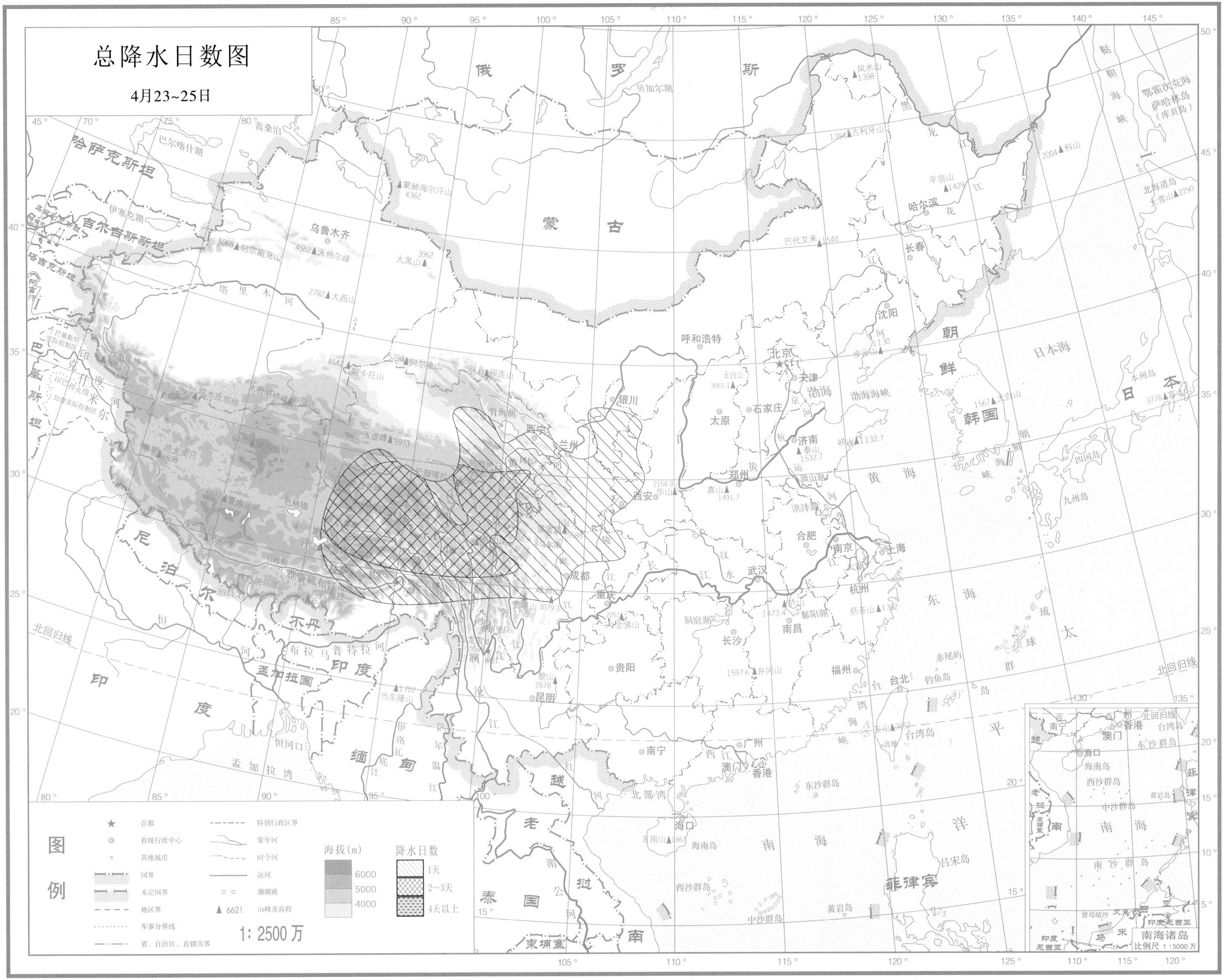

总降水日数图

4月23～25日

高原低涡　第一部分

图例

★ 首都	----- 特别行政区界
◎ 省级行政中心	～～ 常年河
○ 其他城市	----- 时令河
国界	┼┼┼ 运河
未定国界	○○ 珊瑚礁
地区界	▲ 6621 山峰及高程
军事分界线	
省、自治区、直辖市界	

海拔(m)
6000
5000
4000

降水日数
1天
2～3天
4天以上

1：2500万

南海诸岛
比例尺 1：5000万

俄　罗　斯

蒙　古

哈萨克斯坦

吉尔吉斯斯坦

巴基斯坦

印度

尼泊尔

不丹

孟加拉国

缅甸

老挝

泰国

越南

朝鲜

韩国

日本

日本海

黄海

东海

南海

菲律宾

乌鲁木齐　呼和浩特　北京　沈阳　哈尔滨　长春

银川　太原　石家庄　天津　济南

西宁　兰州　西安　郑州

成都　重庆　武汉　合肥　南京　上海　杭州

贵阳　长沙　南昌　福州　台北

昆明　南宁　广州　香港　澳门　海口

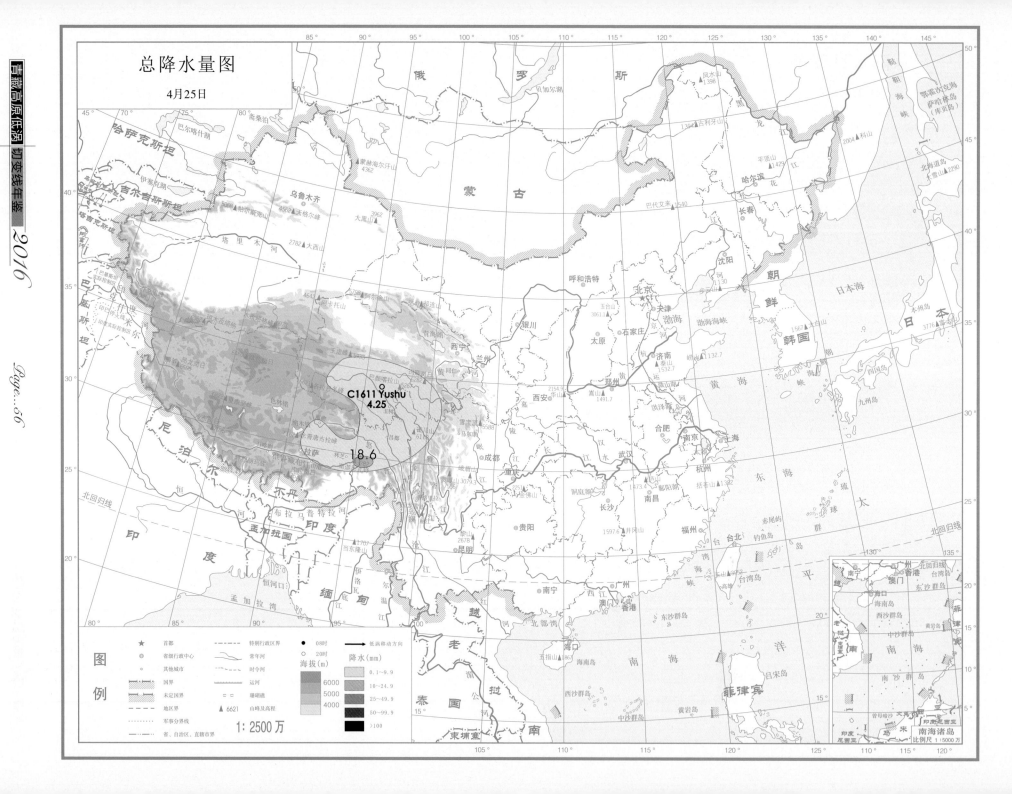

总降水量图

4月25日

C1611 Yushu
4.25

18.6

图例

★	首都	---- 特别行政区界	● 08时	→ 低涡移动方向
◎	省级行政中心	常年河	○ 20时	
○	其他城市	时令河	降水(mm)	

海拔(m)

6000
5000
4000

降水(mm)

0.1~9.9
10~24.9
25~49.9
50~99.9
>100

国界
未定国界
地区界
军事分界线
省、自治区、直辖市界

运河
珊瑚礁
▲ 6621 山峰及高程

1:2500万

南海诸岛
比例尺 1:5000万

总降水日数图

4月25日

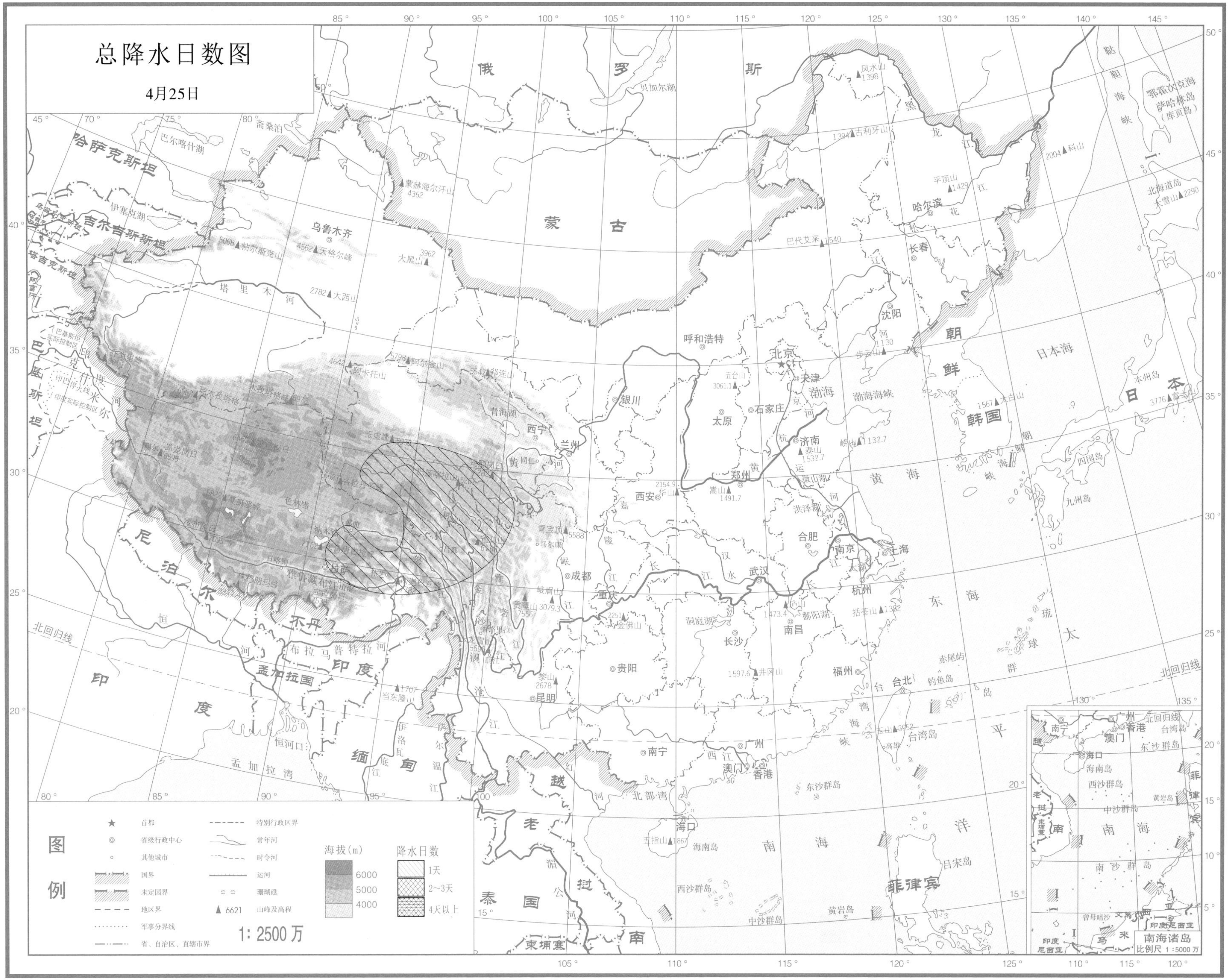

高原低涡 第 7 部分

图例

★ 首都	------ 特别行政区界
◎ 省级行政中心	常年河
○ 其他城市	时令河
国界	运河
未定国界	□□ 珊瑚礁
地区界	▲6621 山峰及高程
军事分界线	
省、自治区、直辖市界	

海拔(m)
6000
5000
4000

降水日数
1天
2～3天
4天以上

1:2500万

俄 罗 斯
蒙 古
哈萨克斯坦
吉尔吉斯斯坦
塔吉克斯坦
巴基斯坦
印 度
尼 泊 尔
不 丹
孟加拉国
缅 甸
越 南
老 挝
泰 国
柬埔寨
朝 鲜
韩 国
日 本

贝加尔湖
巴尔喀什湖
斋桑泊

乌鲁木齐
哈尔滨
长春
沈阳
呼和浩特
银川
北京
天津
石家庄
太原
济南
郑州
西安
兰州
西宁
拉萨
成都
重庆
贵阳
昆明
武汉
长沙
南昌
合肥
南京
上海
杭州
福州
台北
广州
南宁
澳门
香港
海口

塔里木河
黄 河
长 江
雅鲁藏布江

渤海
黄 海
东 海
南 海
日本海
太 平 洋

北回归线

青海湖
洞庭湖
鄱阳湖
洪泽湖

北海道岛
本州岛
四国岛
九州岛
台湾岛
海南岛
琉球群岛
钓鱼岛
赤尾屿
东沙群岛
西沙群岛
中沙群岛
南沙群岛
黄岩岛

南海诸岛
比例尺 1:5000万

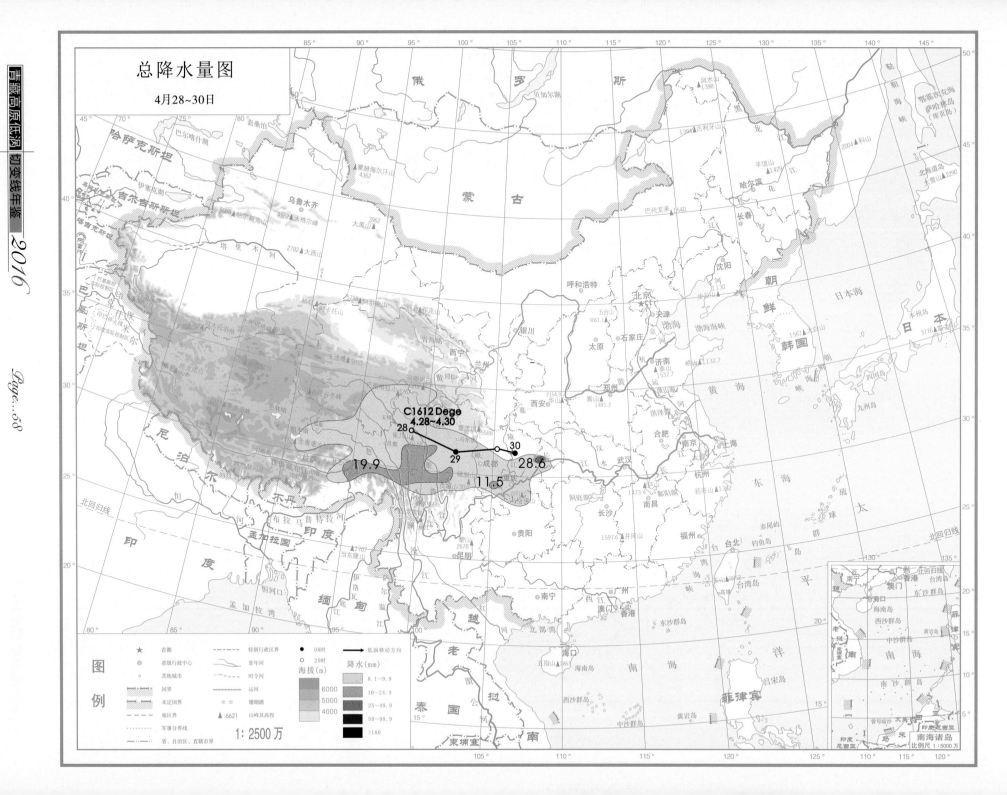

总降水量图

4月28~30日

总降水日数图

4月28~30日

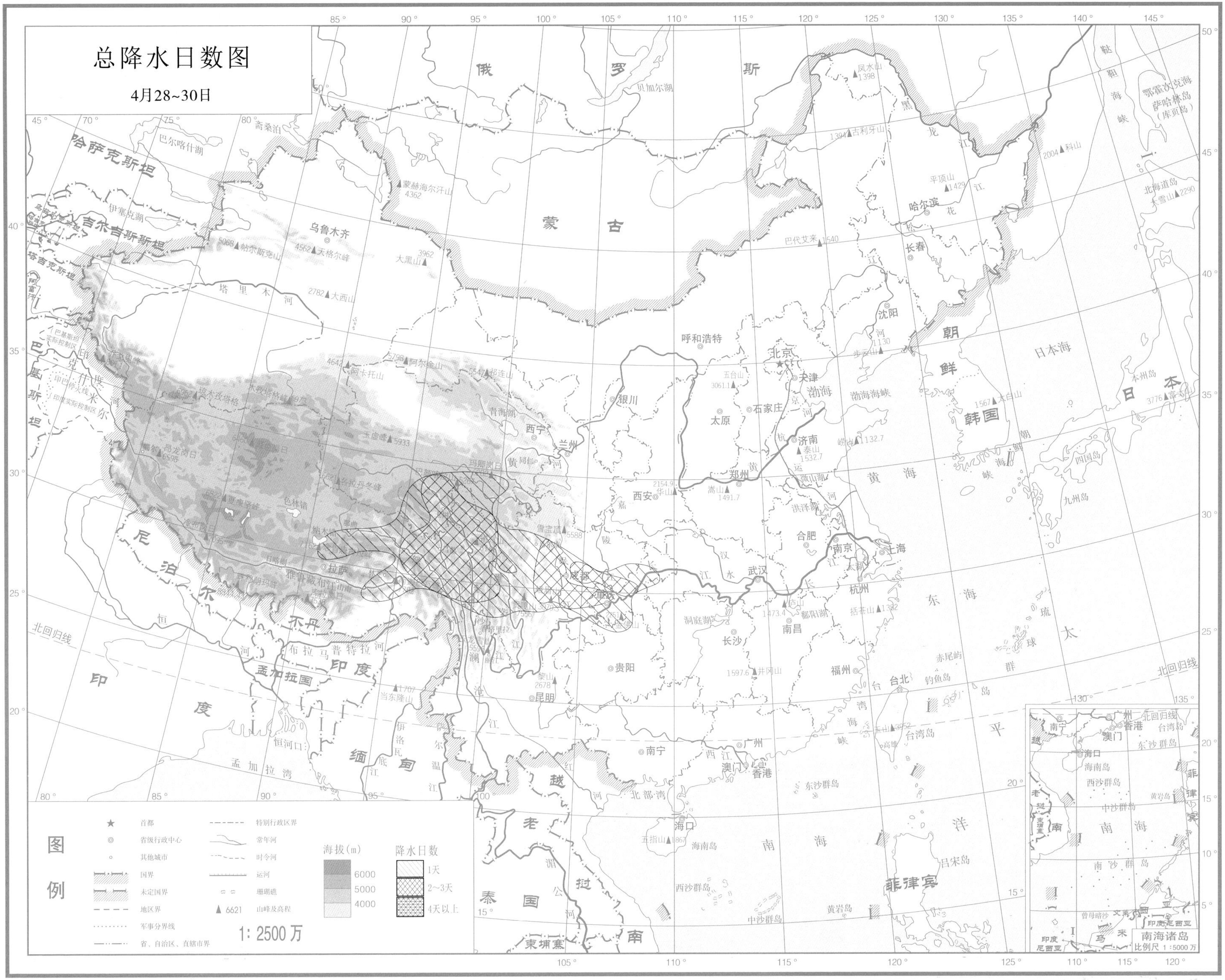

图例

符号	说明
★	首都
◎	省级行政中心
○	其他城市
	国界
	未定国界
	地区界
	军事分界线
	省、自治区、直辖市界

符号	说明
	特别行政区界
	常年河
	时令河
	运河
	珊瑚礁
▲ 6621	山峰及高程

海拔(m)
6000
5000
4000

降水日数
1天
2~3天
4天以上

1:2500万

南海诸岛
比例尺 1:5000万

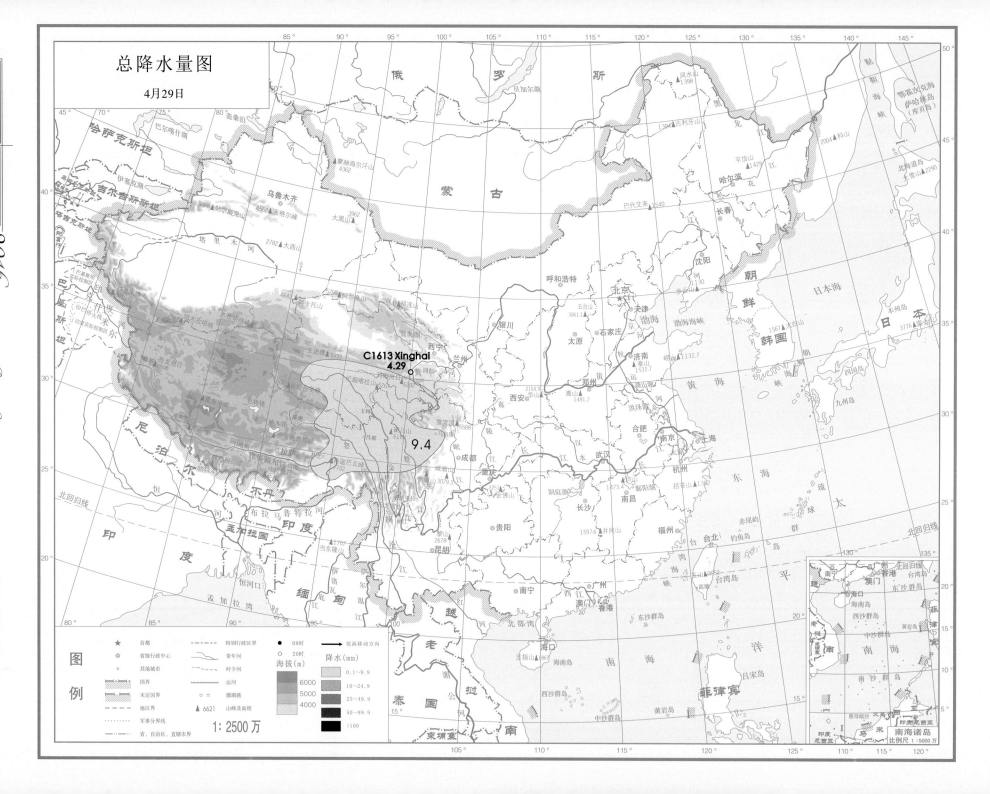

总降水日数图

4月29日

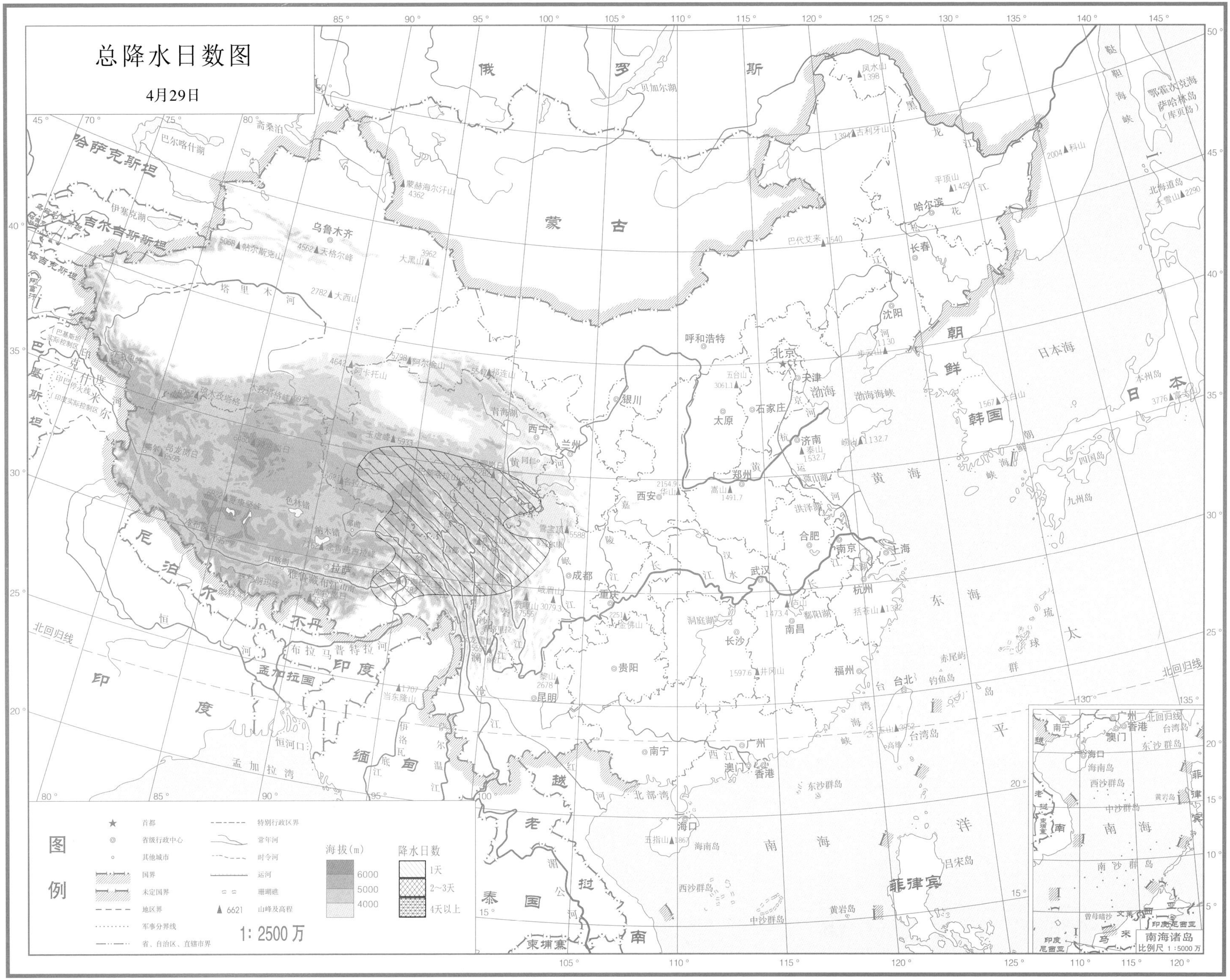

图例

★	首都		特别行政区界
◎	省级行政中心		常年河
○	其他城市		时令河
	国界		运河
	未定国界		珊瑚礁
	地区界	▲ 6621	山峰及高程
	军事分界线		
	省、自治区、直辖市界		

海拔(m)
6000
5000
4000

降水日数
1天
2~3天
4天以上

1:2500万

高原低涡 第 1 部分

南海诸岛
比例尺 1:5000万

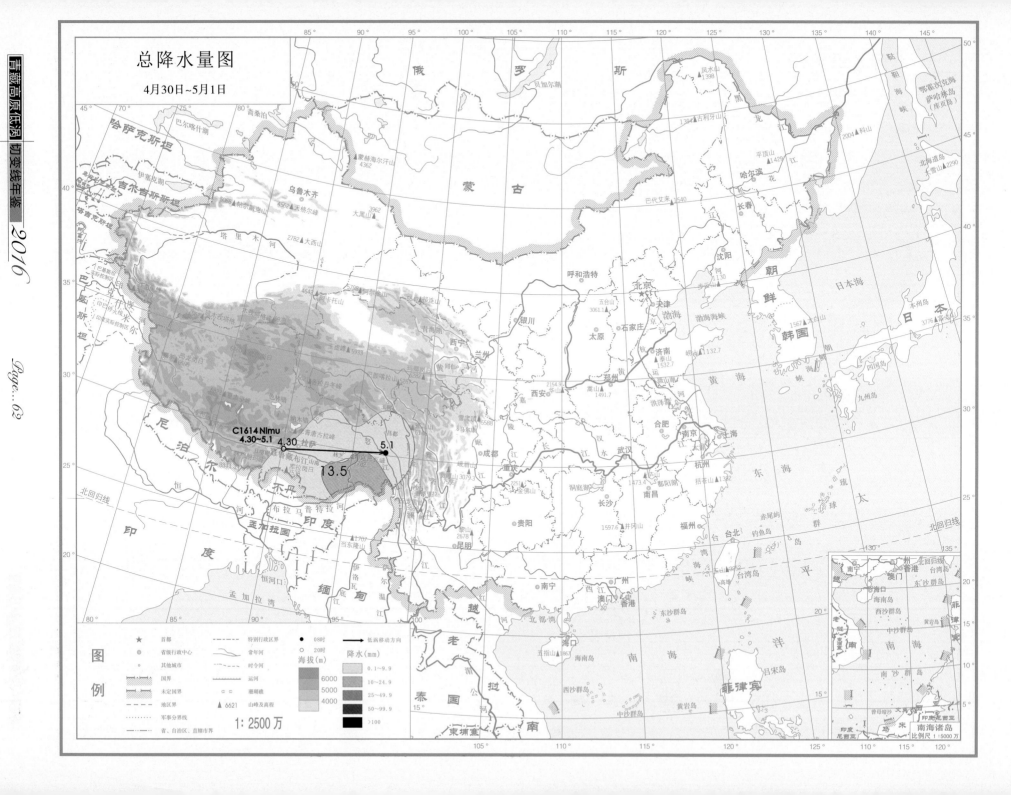

总降水量图

4月30日~5月1日

C1614 Nimu
4.30~5.1   4.30   5.1

13.5

总降水日数图

4月30日~5月1日

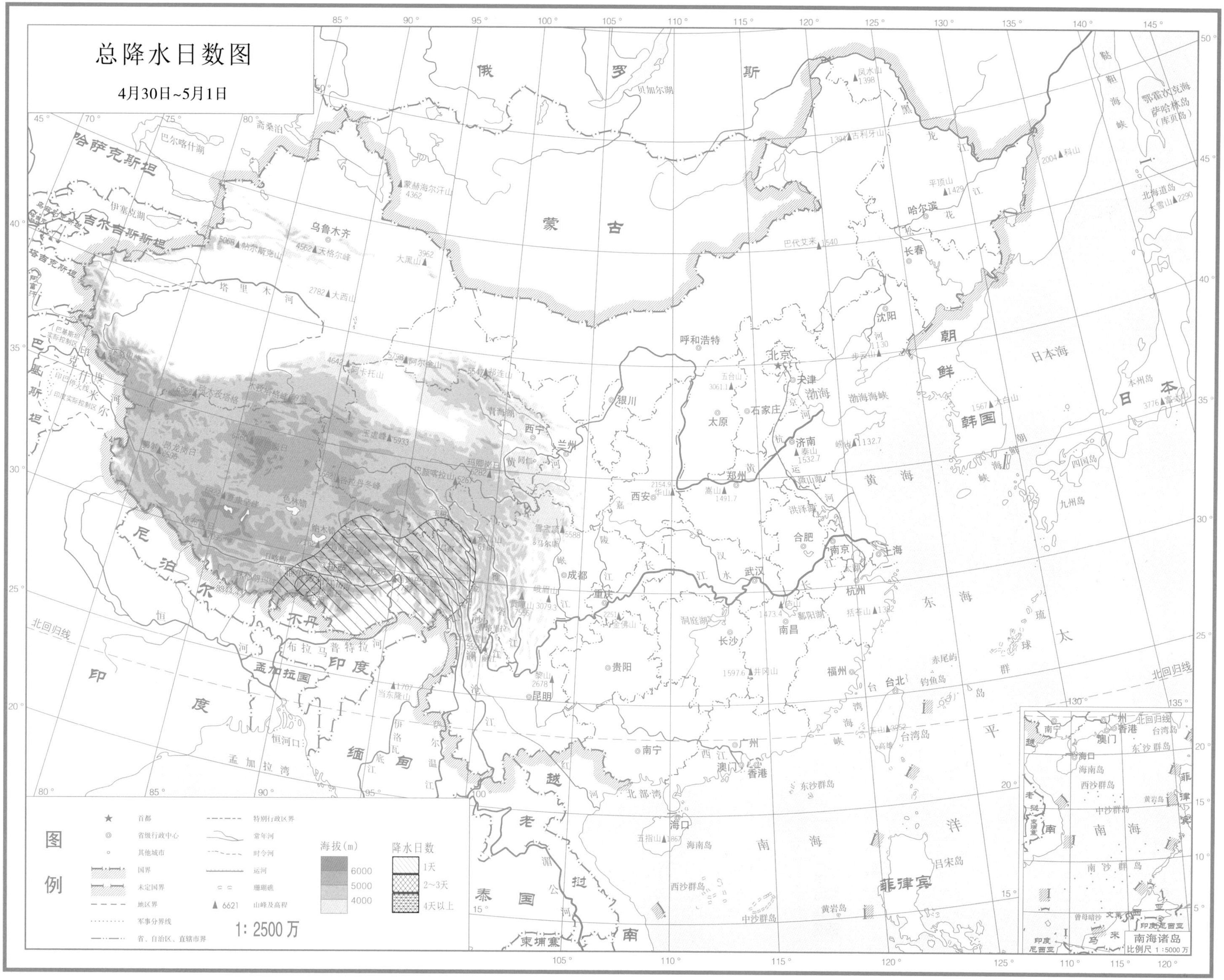

俄 罗 斯

蒙 古

哈萨克斯坦

吉尔吉斯斯坦

乌鲁木齐

塔 里 木 河

朝鲜

韩国

日本

尼 泊 尔

不 丹

印 度

缅 甸

孟加拉国

孟加拉湾

北京
天津
呼和浩特
银川
西宁
兰州
太原
石家庄
济南
郑州
西安
合肥
南京
上海
武汉
杭州
成都
重庆
南昌
长沙
贵阳
福州
台北
广州
南宁
海口
昆明

沈阳
长春
哈尔滨

黄 海
东 海
南 海

日 本 海
渤 海

太 平 洋

越 南
老 挝
泰 国
柬 埔 寨
菲 律 宾

图例

★	首都
◎	省级行政中心
○	其他城市
	国界
	未定国界
	地区界
	军事分界线
	省、自治区、直辖市界
	特别行政区界
	常年河
	时令河
	运河
⌒	珊瑚礁
▲ 6621	山峰及高程

海拔(m)
6000
5000
4000

降水日数
1天
2~3天
4天以上

1:2500万

南海诸岛
比例尺 1:5000万

南 海
南沙群岛
西沙群岛
中沙群岛
海南岛
东沙群岛
黄岩岛

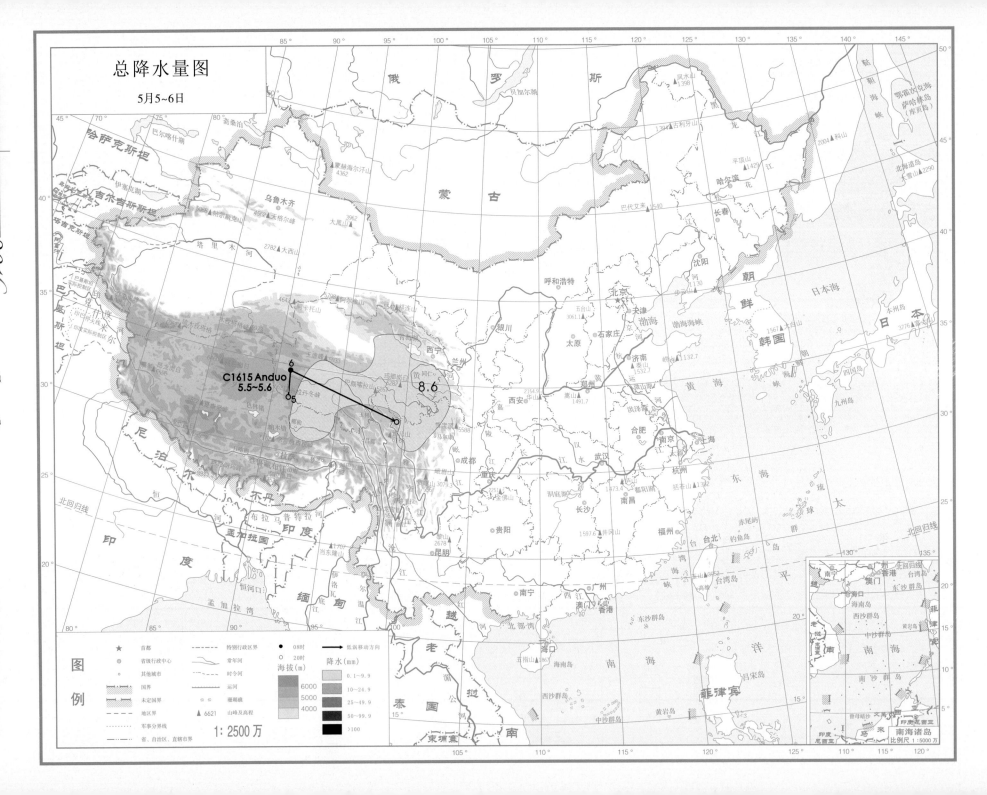

总降水日数图

5月5~6日

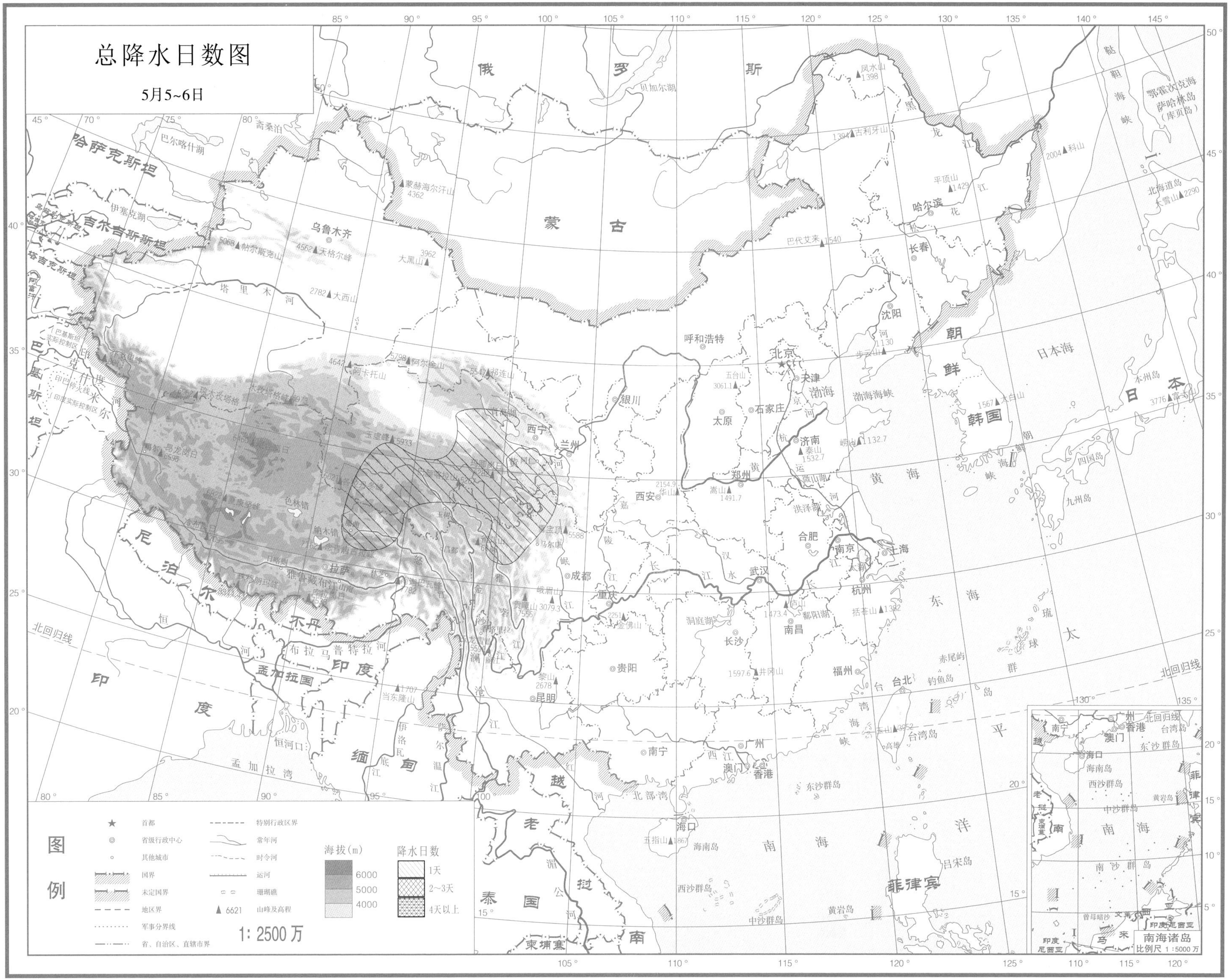

1: 2500 万

南海诸岛
比例尺 1:5000 万

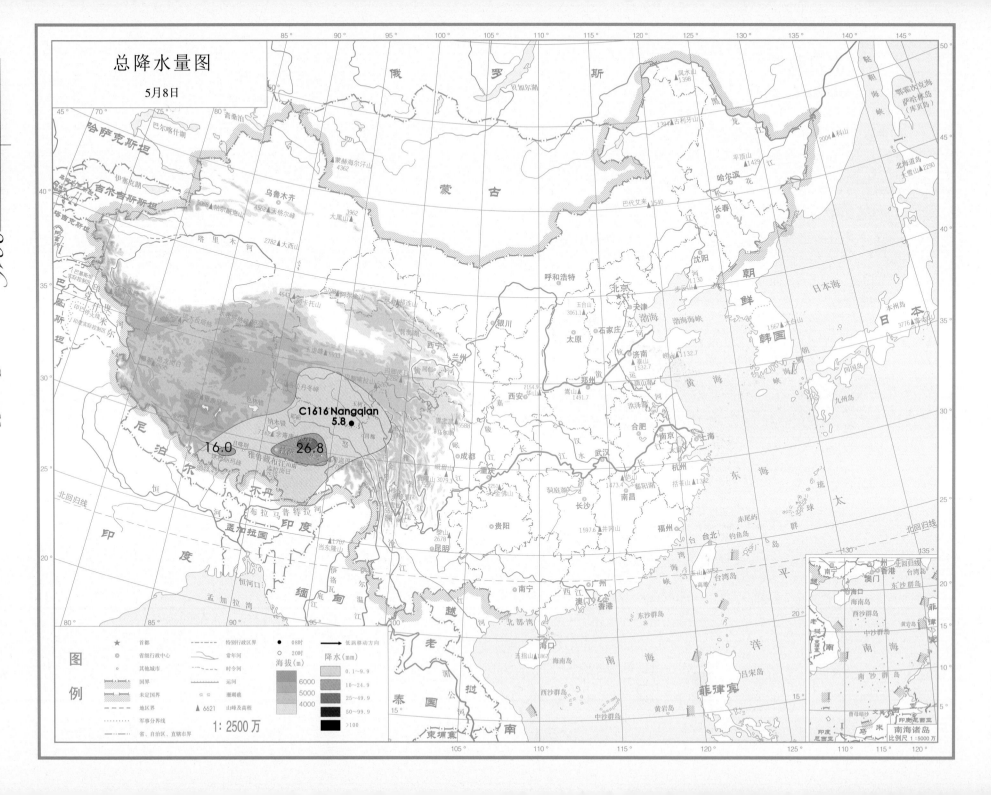

总降水量图

5月8日

总降水日数图

5月8日

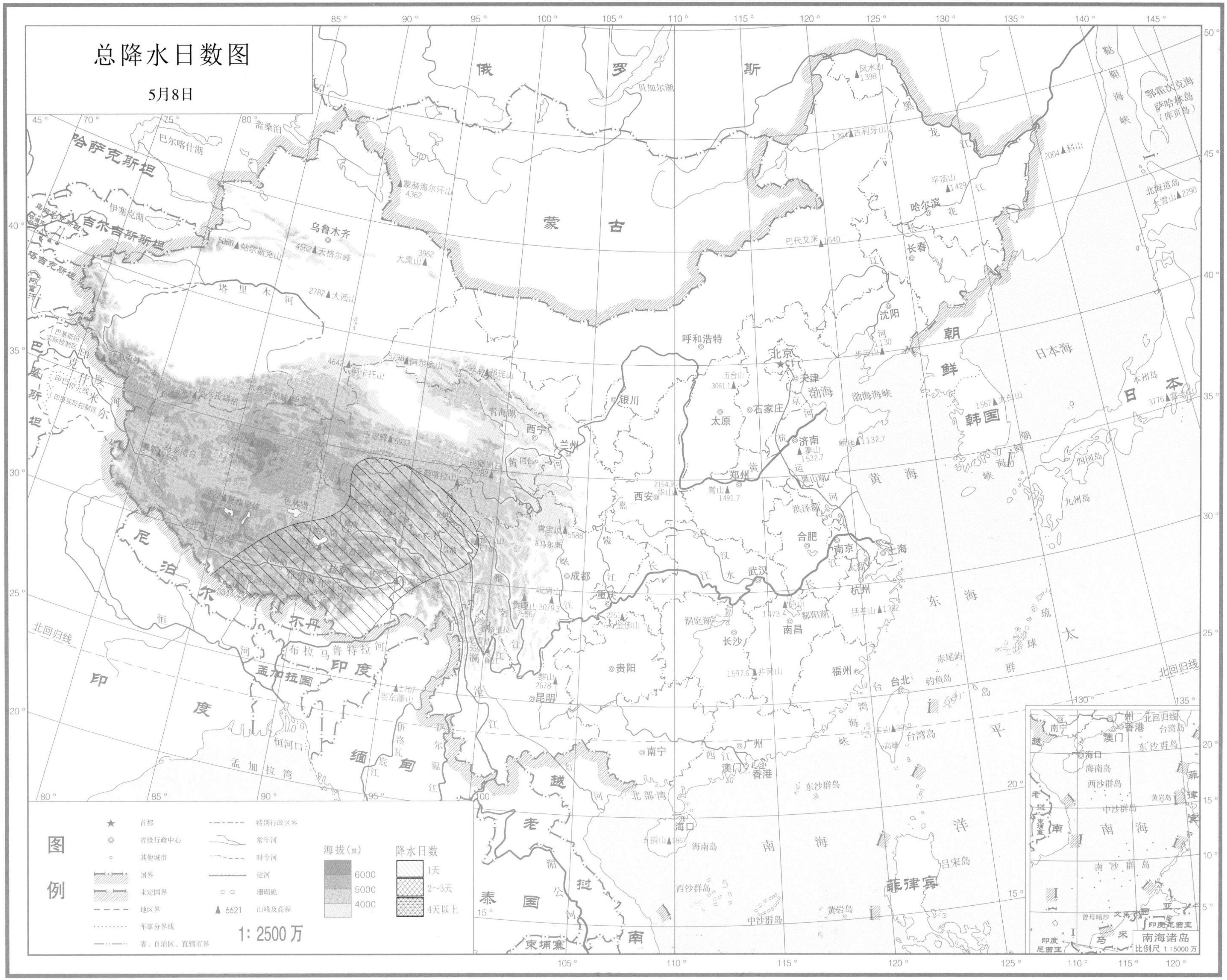

比例尺 1：2500万

图例

★	首都
◎	省级行政中心
○	其他城市
	国界
	未定国界
	地区界
	军事分界线
	省、自治区、直辖市界
	特别行政区界
	常年河
	时令河
	运河
	珊瑚礁
▲ 6621	山峰及高程

海拔（m）
6000
5000
4000

降水日数
1天
2～3天
4天以上

南海诸岛
比例尺 1：5000万

高原优渥 第七部分

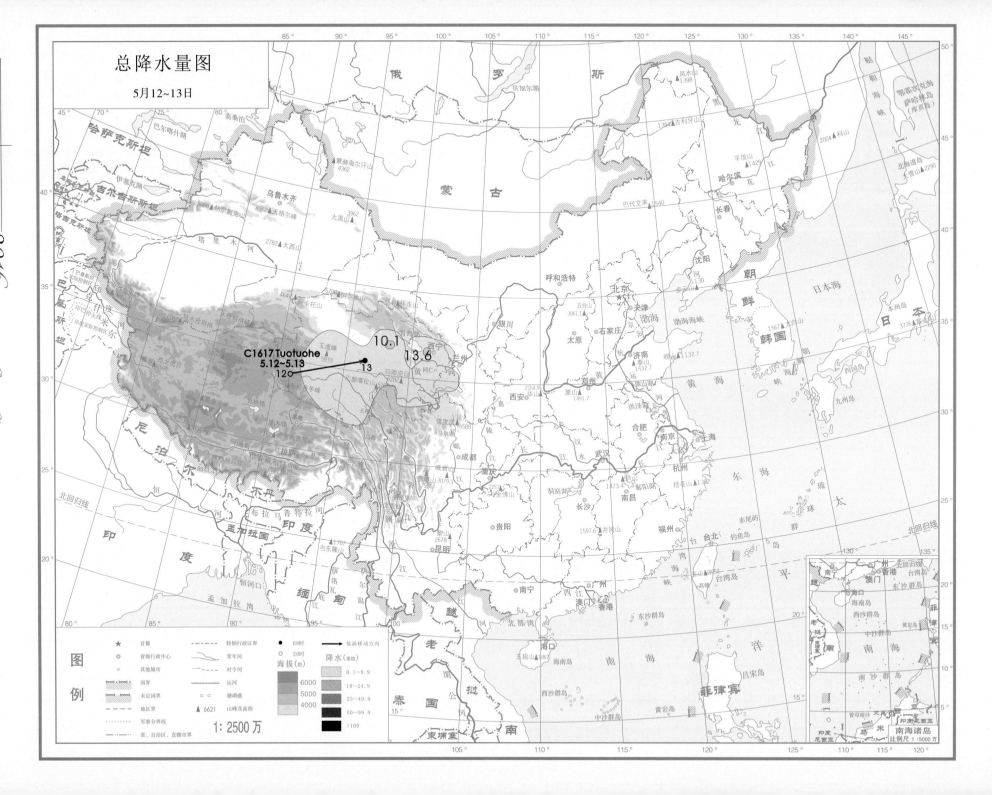

总降水量图

5月12~13日

总降水日数图

5月12~13日

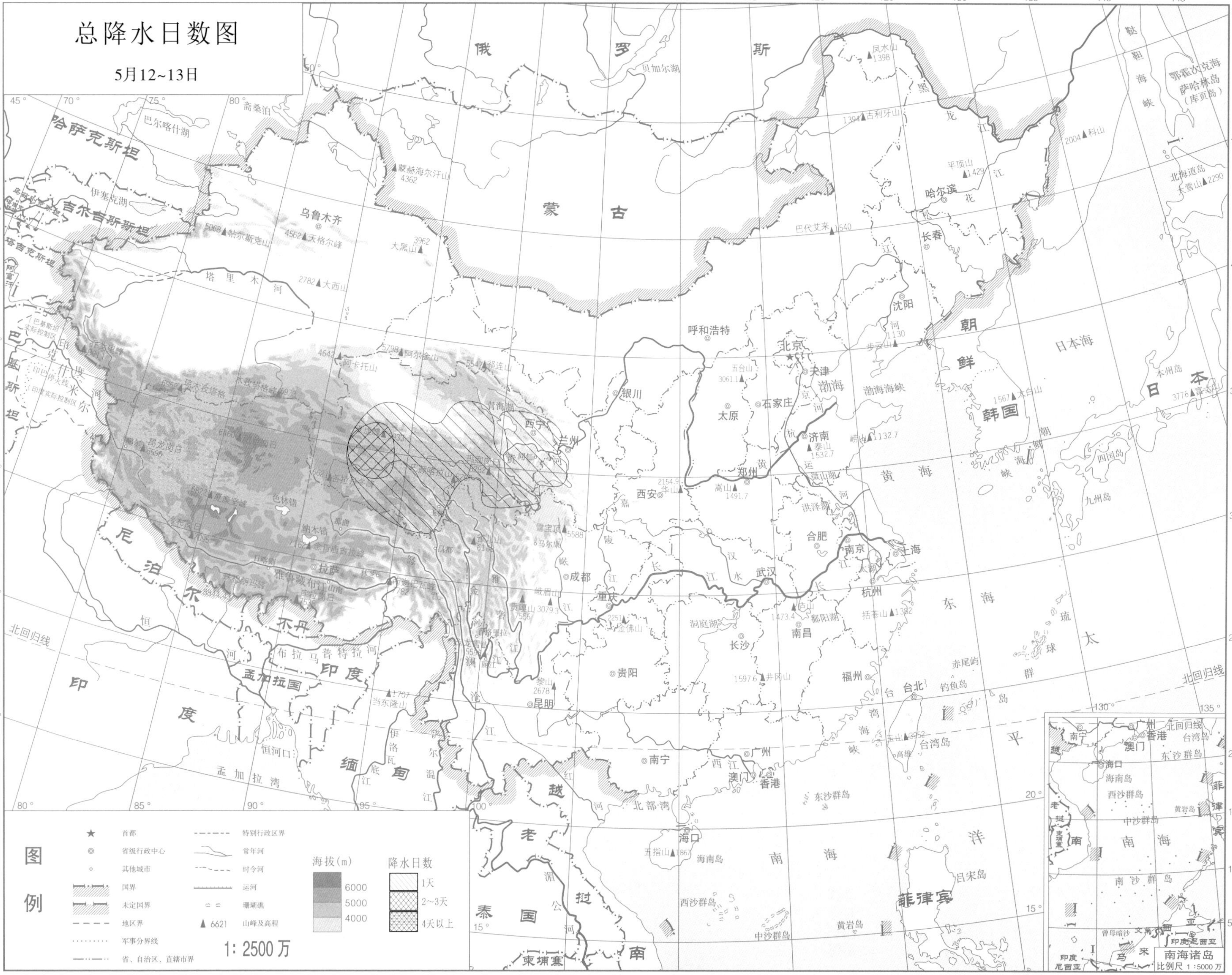

图例

★ 首都
◎ 省级行政中心
◌ 其他城市

国界
未定国界
地区界
军事分界线
省、自治区、直辖市界
特别行政区界
常年河
时令河
运河
疆期道

海拔(m)
6000
5000
4000

降水日数
1天
2~3天
4天以上

▲ 6621 山峰及高程

1:2500万

南海诸岛
比例尺 1:5000万

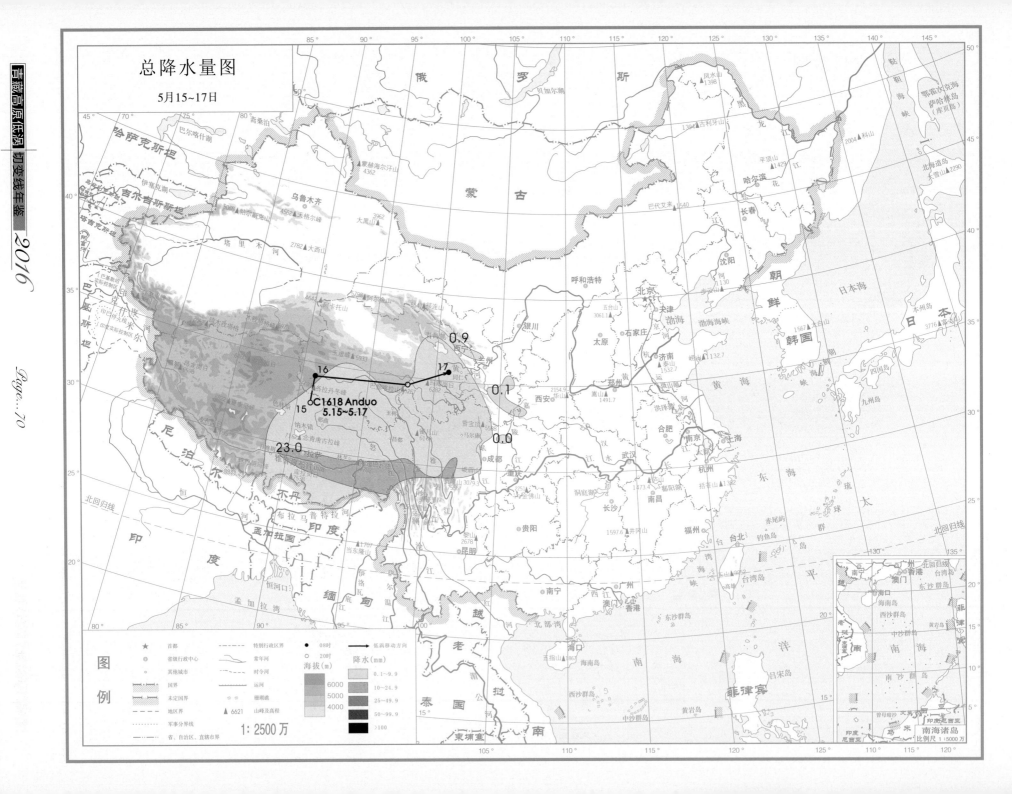

总降水量图

5月15~17日

OC1618 Anduo
5.15~5.17

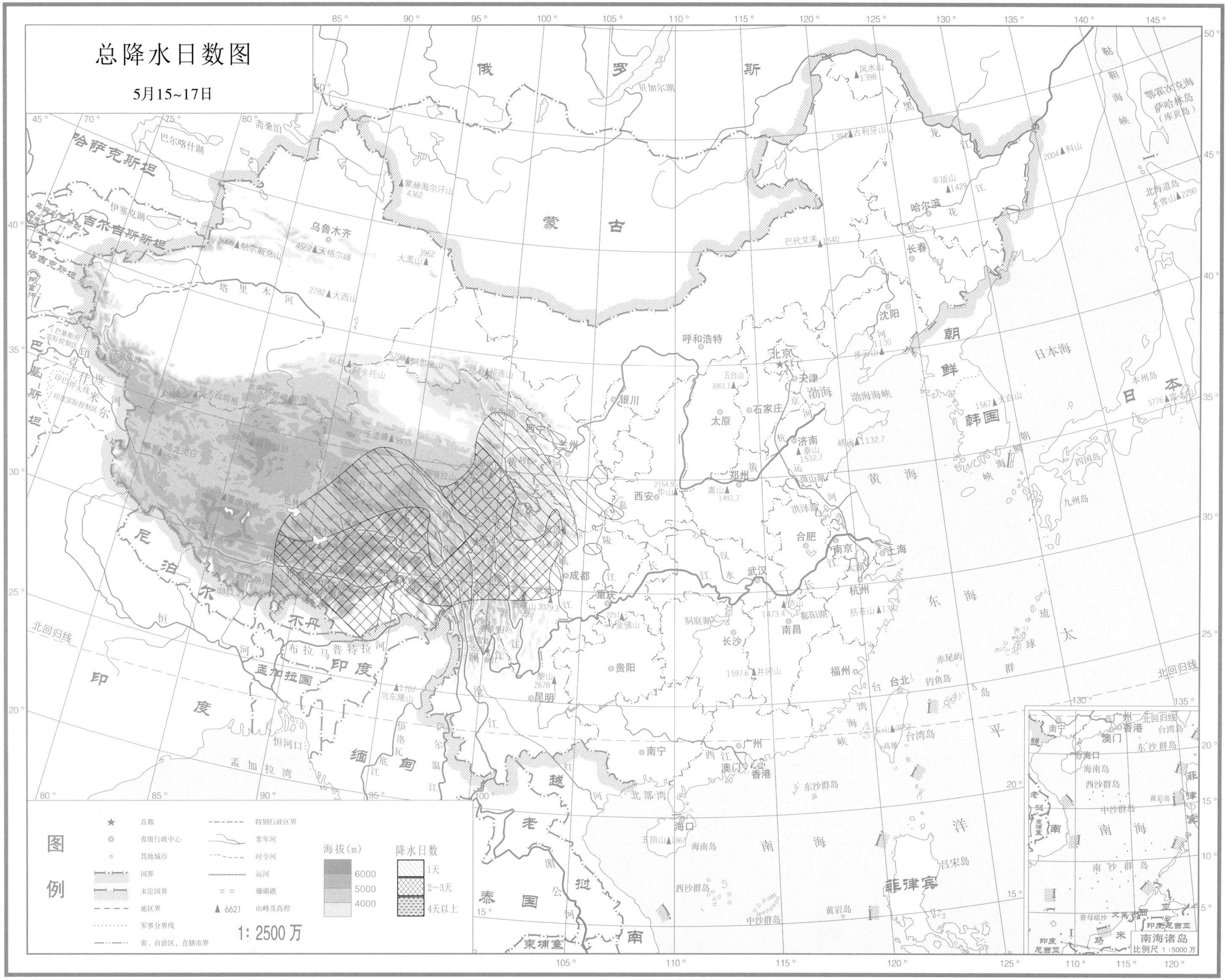

总降水日数图

5月15~17日

图例

★	首都
◎	省级行政中心
○	其他城市
	国界
	未定国界
	地区界
	军事分界线
	省、自治区、直辖市界

	特别行政区界
	常年河
	时令河
	运河
	珊瑚礁
▲ 6621	山峰及高程

海拔(m)
6000
5000
4000

降水日数
1天
2~3天
4天以上

1:2500万

南海诸岛
比例尺 1:5000万

高原低涡 第 1 部分

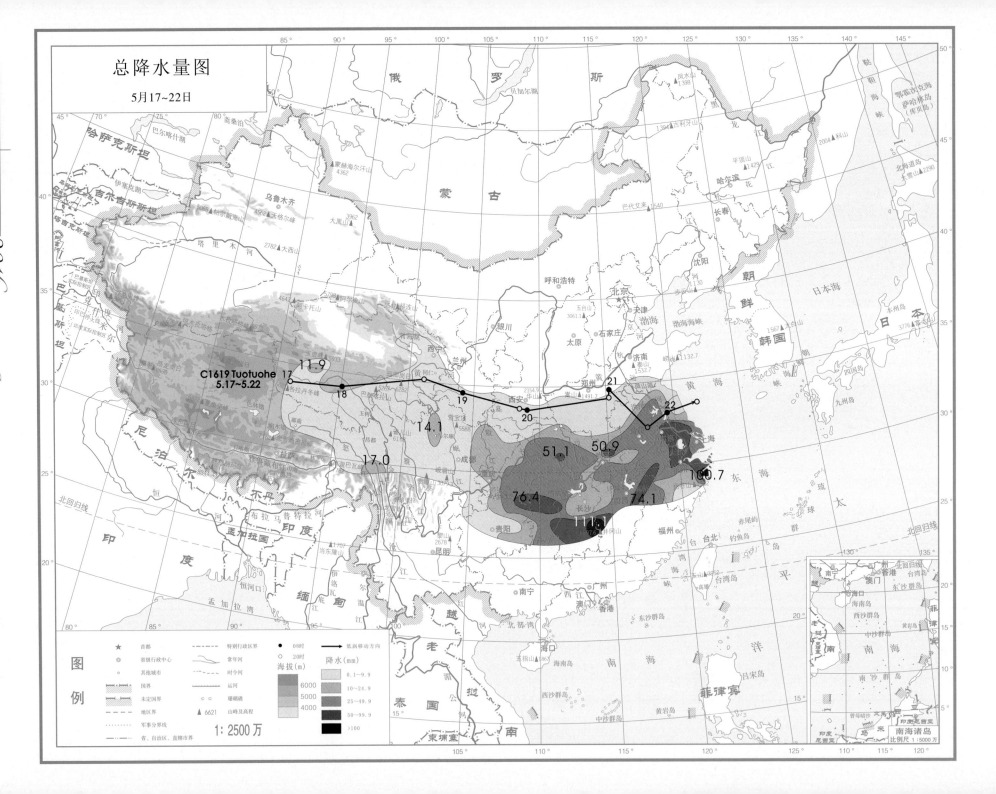

总降水量图

5月17~22日

总降水日数图

5月17~22日

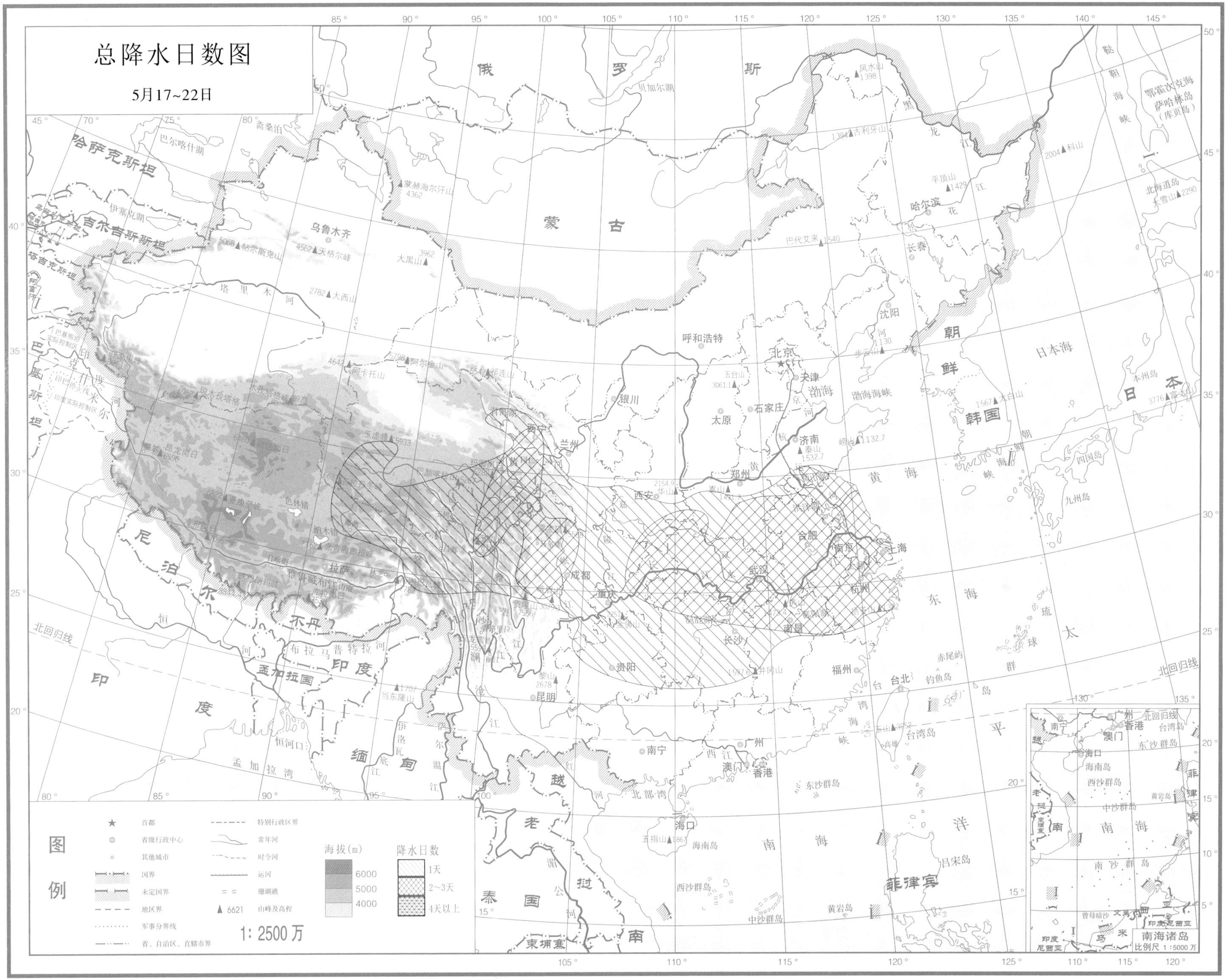

1：2500万

图例

★	首都		特别行政区界
◎	省级行政中心		常年河
○	其他城市		时令河
	国界		运河
	未定国界		珊瑚礁
	地区界	▲ 6621	山峰及高程
	军事分界线		
	省、自治区、直辖市界		

海拔(m)
6000
5000
4000

降水日数
1天
2~3天
4天以上

南海诸岛
比例尺 1：5000万

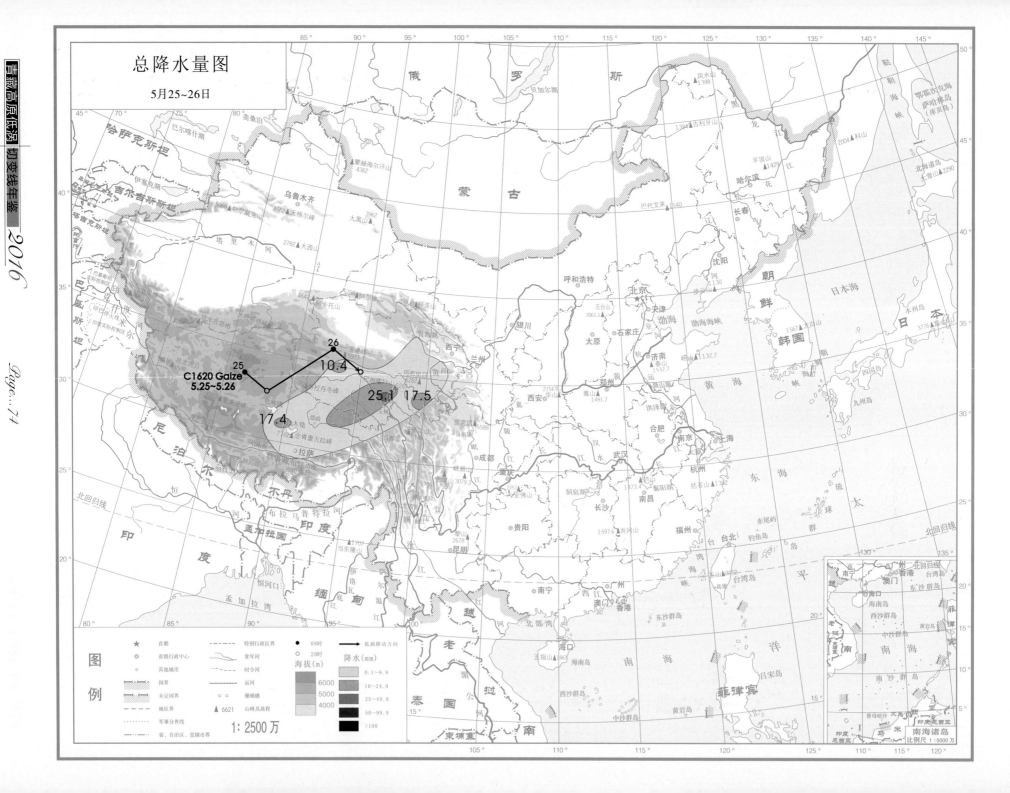

总降水量图

5月25~26日

C1620 Gaize
5.25~5.26

25
26
10.4
17.4
25.1 17.5

图例

★	首都	---	特别行政区界
◎	省级行政中心		常年河
◦	其他城市		时令河
	国界		运河
	未定国界	▲ 6621	山峰及高程
	地区界		
	军事分界线		
	省、自治区、直辖市界		

● 08时
○ 20时

→ 低涡移动方向

海拔(m)
6000
5000
4000

降水(mm)
0.1~9.9
10~24.9
25~49.9
50~99.9
>100

1:2500万

南海诸岛
比例尺 1:5000万

总降水日数图

5月25~26日

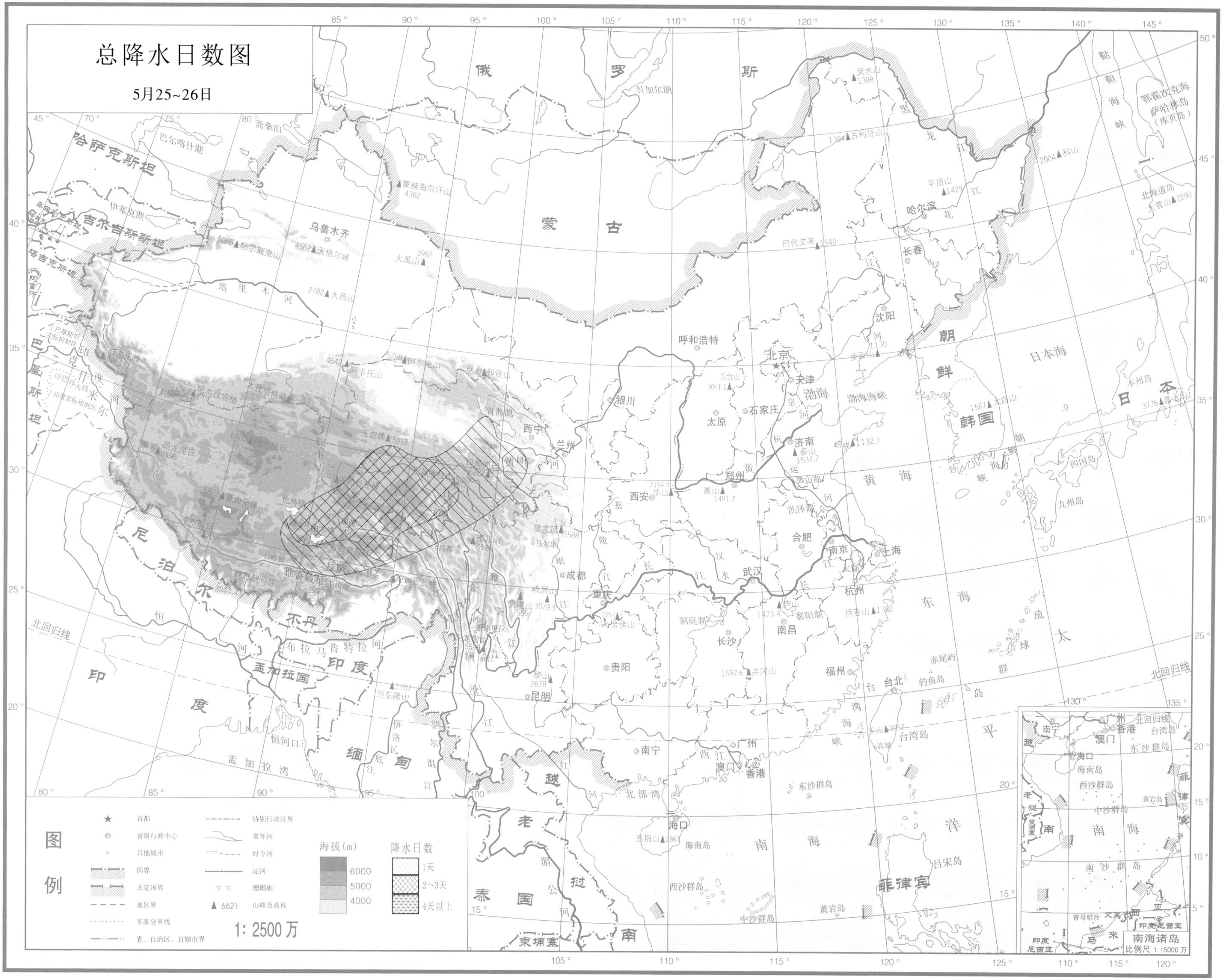

图例

	首都		特别行政区界
	省级行政中心		常年河
	其他城市		时令河
	国界		运河
	未定国界		珊瑚礁
	地区界	▲ 6621	山峰及高程
	军事分界线		
	省、自治区、直辖市界		

海拔(m)
6000
5000
4000

降水日数
1天
2~3天
4天以上

1:2500万

南海诸岛
比例尺 1:5000万

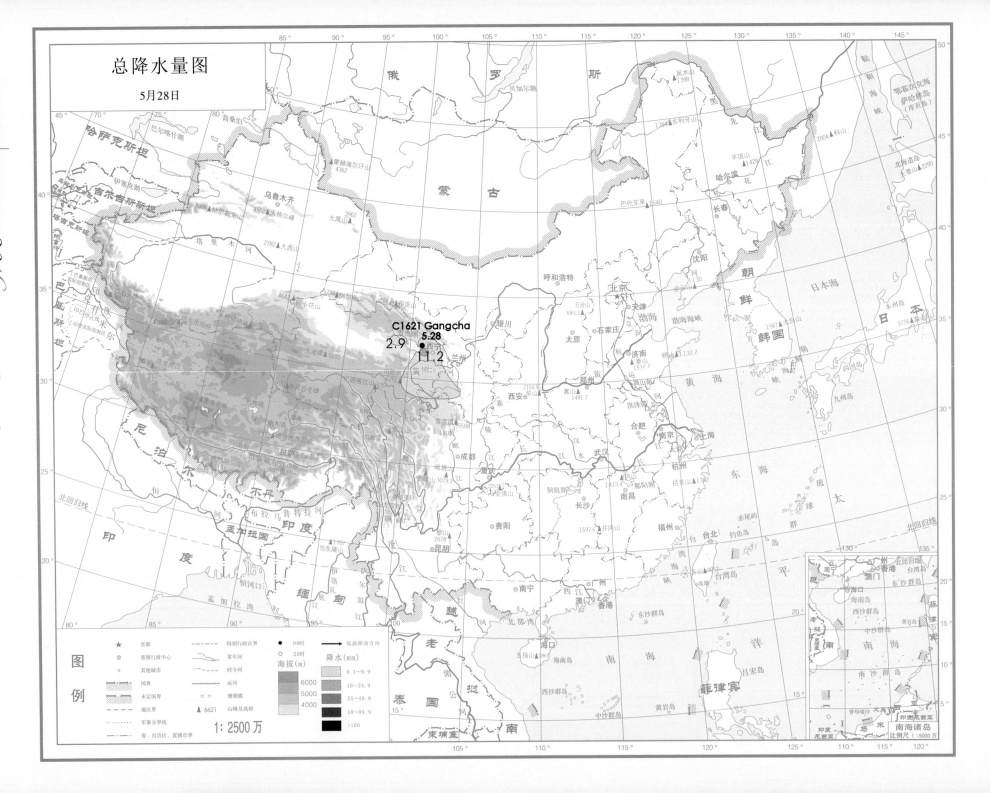

总降水日数图

5月28日

图例

★ 首都
◎ 省级行政中心
○ 其他城市
国界
未定国界
地区界
军事分界线
省、自治区、直辖市界

特别行政区界
常年河
时令河
运河
珊瑚礁
▲ 6621 山峰及高程

海拔(m)
6000
5000
4000

降水日数
1天
2～3天
4天以上

1: 2500 万

南海诸岛
比例尺 1:5000万

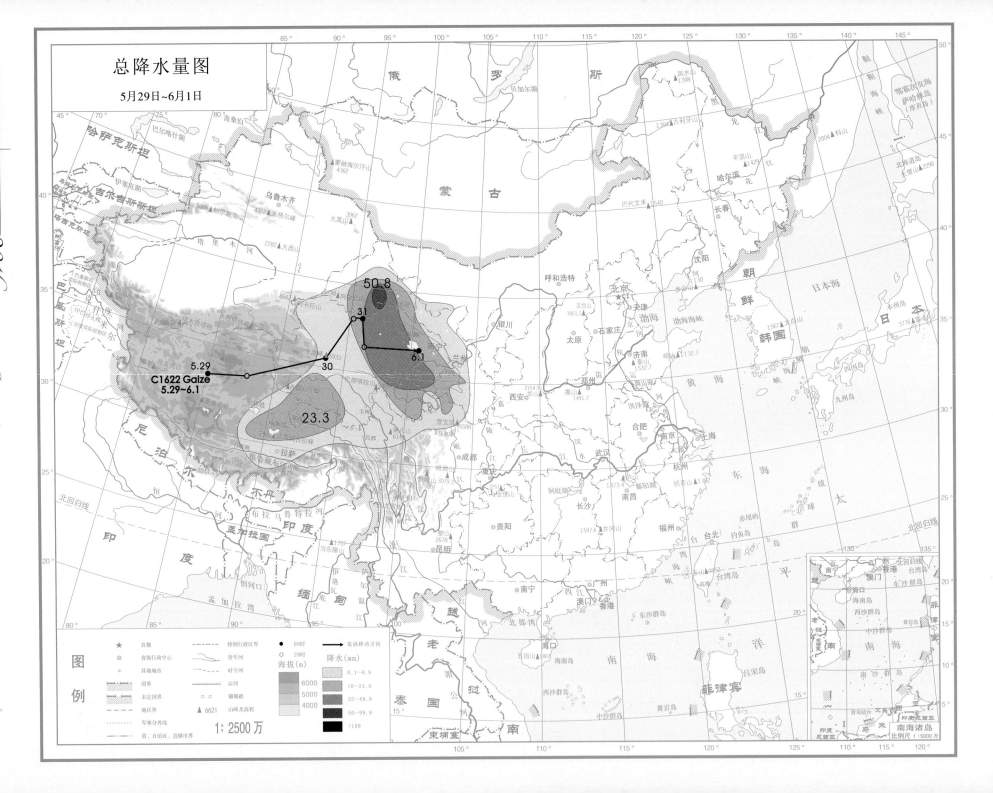

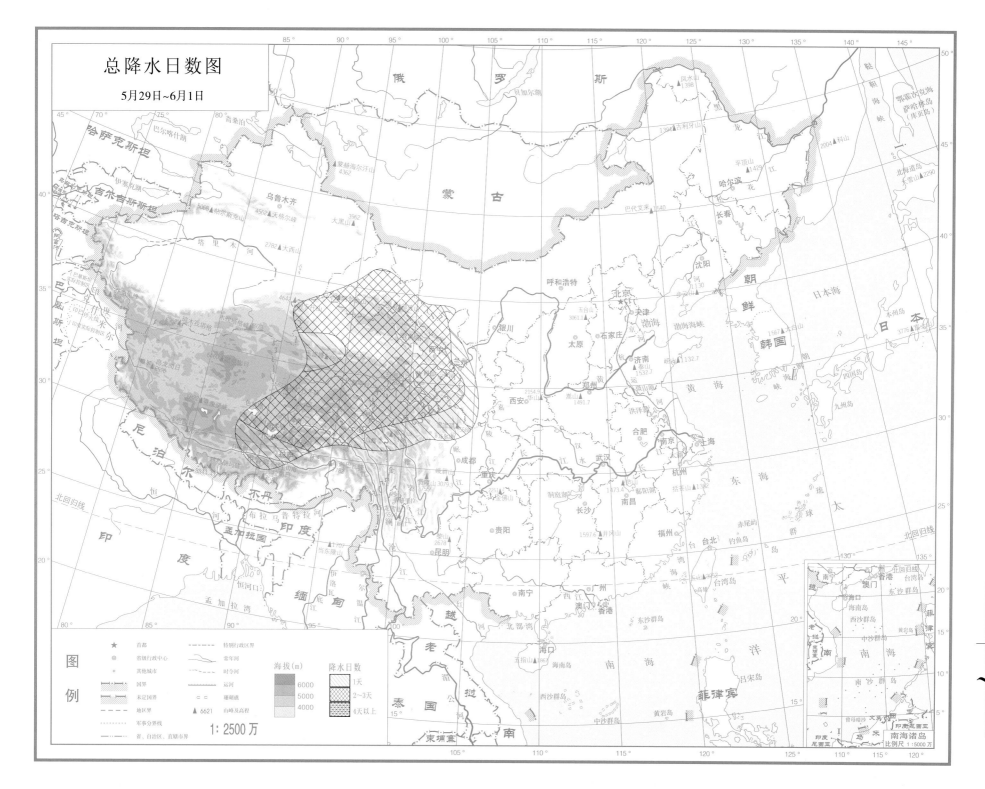

总降水日数图

5月29日~6月1日

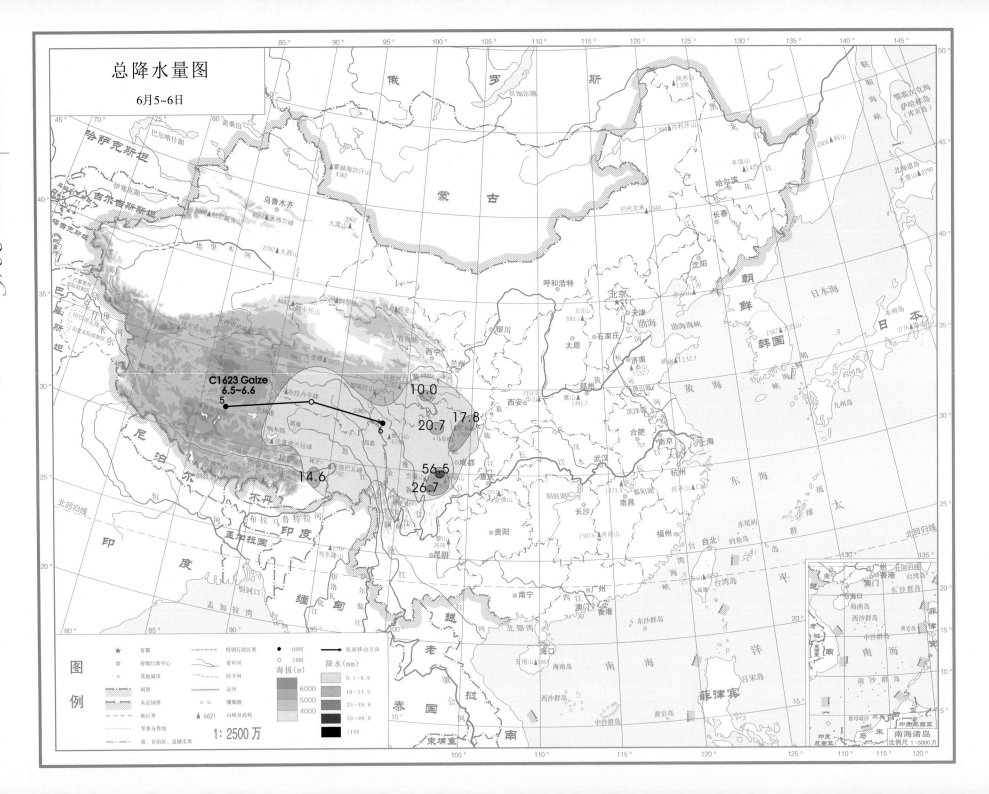

总降水量图

6月5~6日

青藏高原低涡切变线年鉴 2016

C1623 Gaize
6.5~6.6

10.0

17.8

20.7

14.6

56.5

26.7

图例

★ 首都
◎ 省级行政中心
○ 其他城市

------- 特别行政区界
～～～ 常年河
= = 运河

● 08时
○ 20时
➔ 低涡移动方向

国界
未定国界
地区界
军事分界线
省、自治区、直辖市界

时令河
珊瑚礁

海拔(m)
6000
5000
4000

降水(mm)
0.1~9.9
10~24.9
25~49.9
50~99.9
>100

▲ 6621 山峰及高程

1:2500万

南海诸岛
比例尺 1:5000万

总降水日数图

6月5~6日

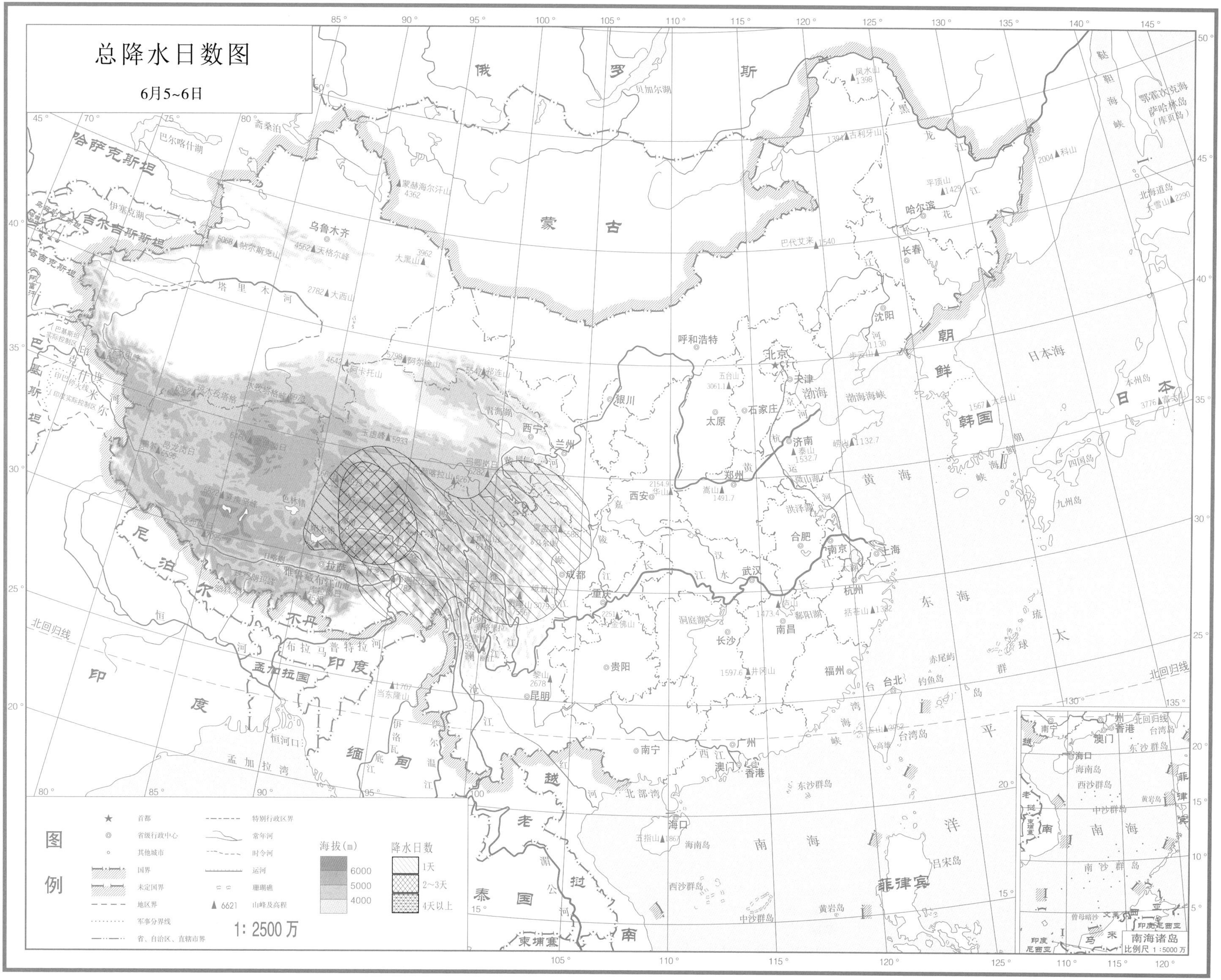

图例

★	首都		特别行政区界
◎	省级行政中心		常年河
○	其他城市		时令河
	国界		运河
	未定国界		雕潮礁
	地区界	▲ 6621	山峰及高程
	军事分界线		
	省、自治区、直辖市界		

海拔(m)
6000
5000
4000

降水日数
1天
2~3天
4天以上

1:2500万

南海诸岛
比例尺 1:5000万

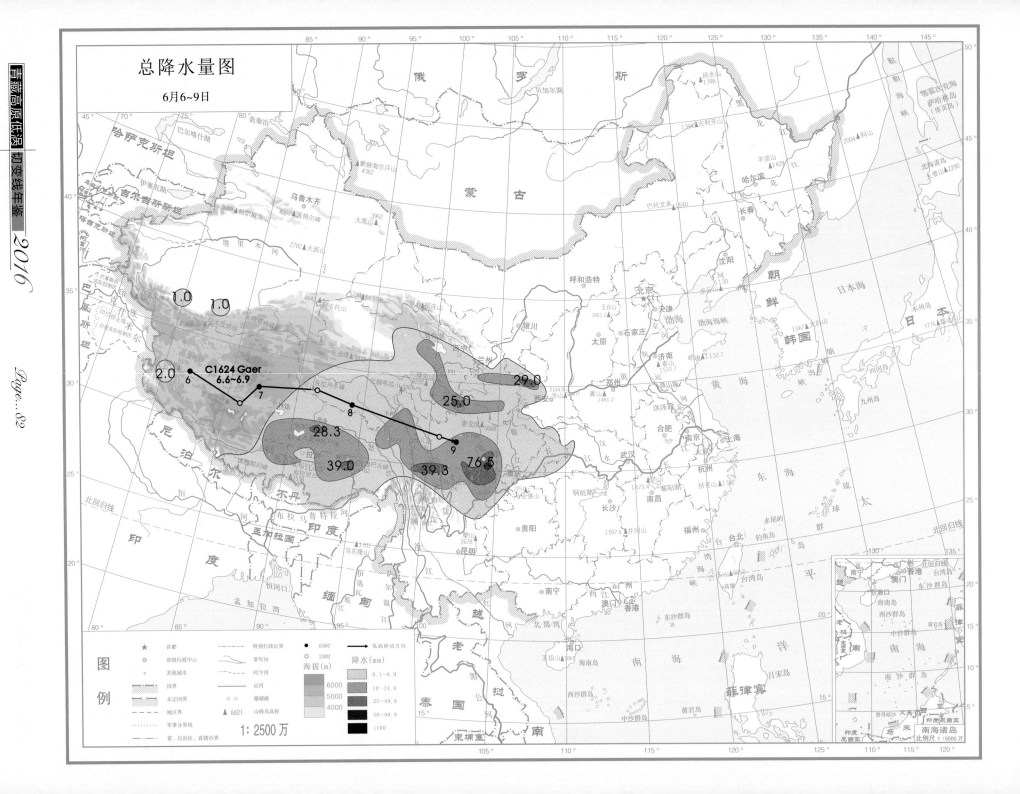

总降水量图

6月6~9日

C1624 Gaer
6.6~6.9

总降水日数图

6月6~9日

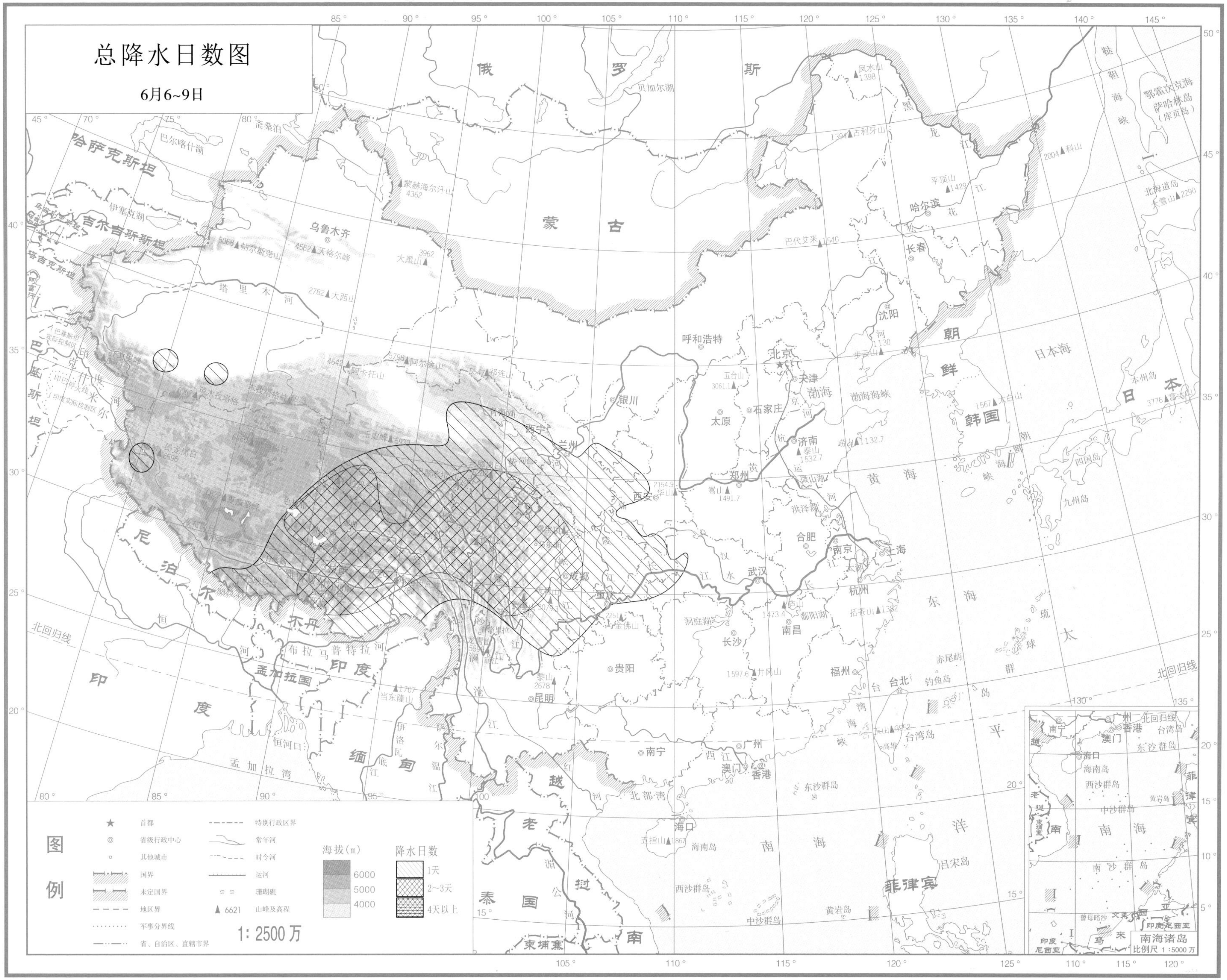

图例

★	首都	
◎	省级行政中心	
○	其他城市	
	国界	
	未定国界	
	地区界	
	军事分界线	
	省、自治区、直辖市界	

	特别行政区界	
	常年河	
	时令河	
	运河	
	珊瑚礁	
▲ 6621	山峰及高程	

海拔(m)
6000
5000
4000

降水日数
1天
2~3天
4天以上

1:2500万

南海诸岛
比例尺 1:5000万

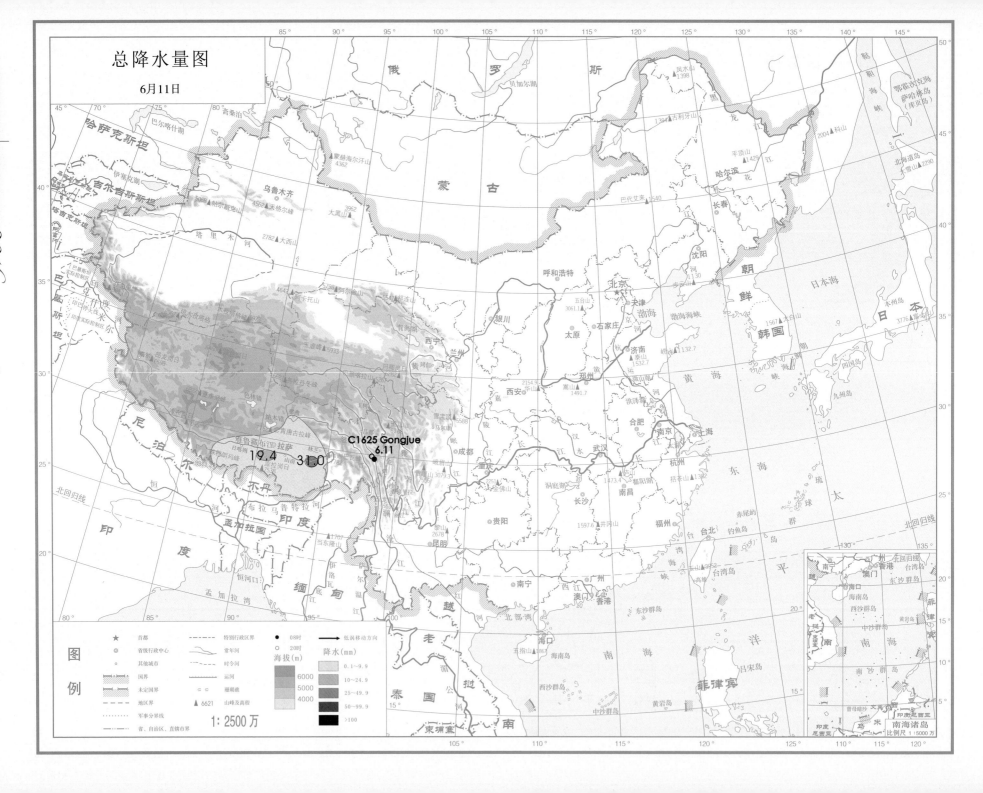

总降水日数图

6月11日

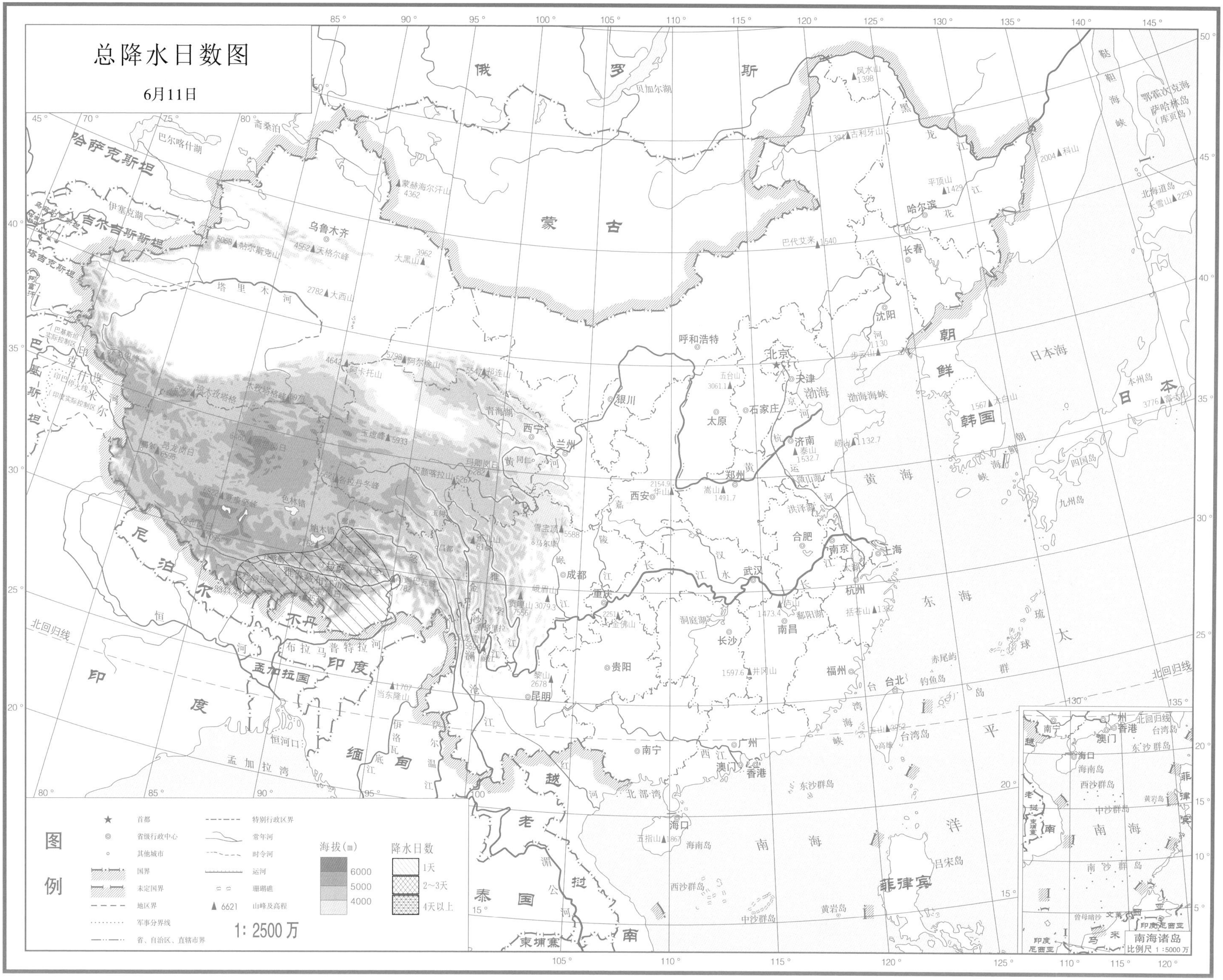

图例

★	首都	
◎	省级行政中心	
○	其他城市	

国界

未定国界

地区界

军事分界线

省、自治区、直辖市界

特别行政区界

常年河

时令河

运河

珊瑚礁

▲ 6621 山峰及高程

海拔(m)
6000
5000
4000

降水日数
1天
2~3天
4天以上

1:2500 万

南海诸岛
比例尺 1:5000 万

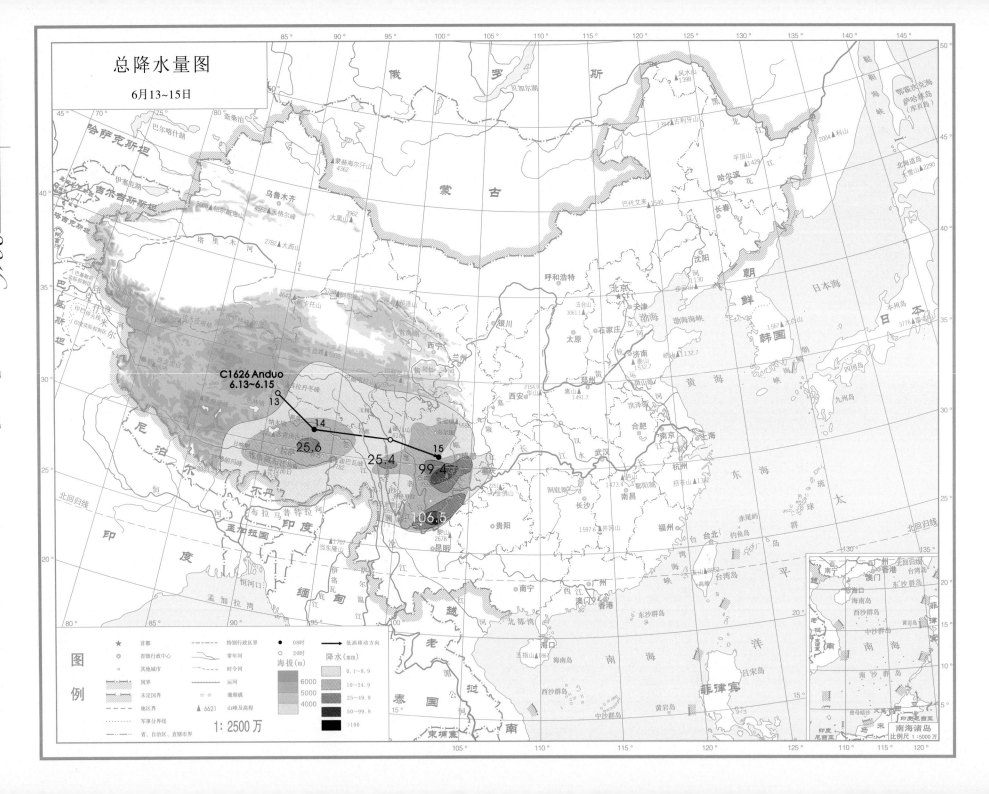

总降水量图

6月13~15日

C1626 Anduo
6.13~6.15

13

14

25.6

25.4

15

99.4

106.5

图例

★	首都	---	特别行政区界	●	08时		低涡移动方向
◎	省级行政中心		常年河	○	20时		
○	其他城市		时令河				
	国界		运河		降水(mm)		
	未定国界	⊂⊃	珊瑚礁		海拔(m)		
	地区界	▲6621	山峰及高程				

海拔(m)
6000
5000
4000

降水(mm)
0.1~9.9
10~24.9
25~49.9
50~99.9
>100

1:2500万

南海诸岛
比例尺 1:5000万

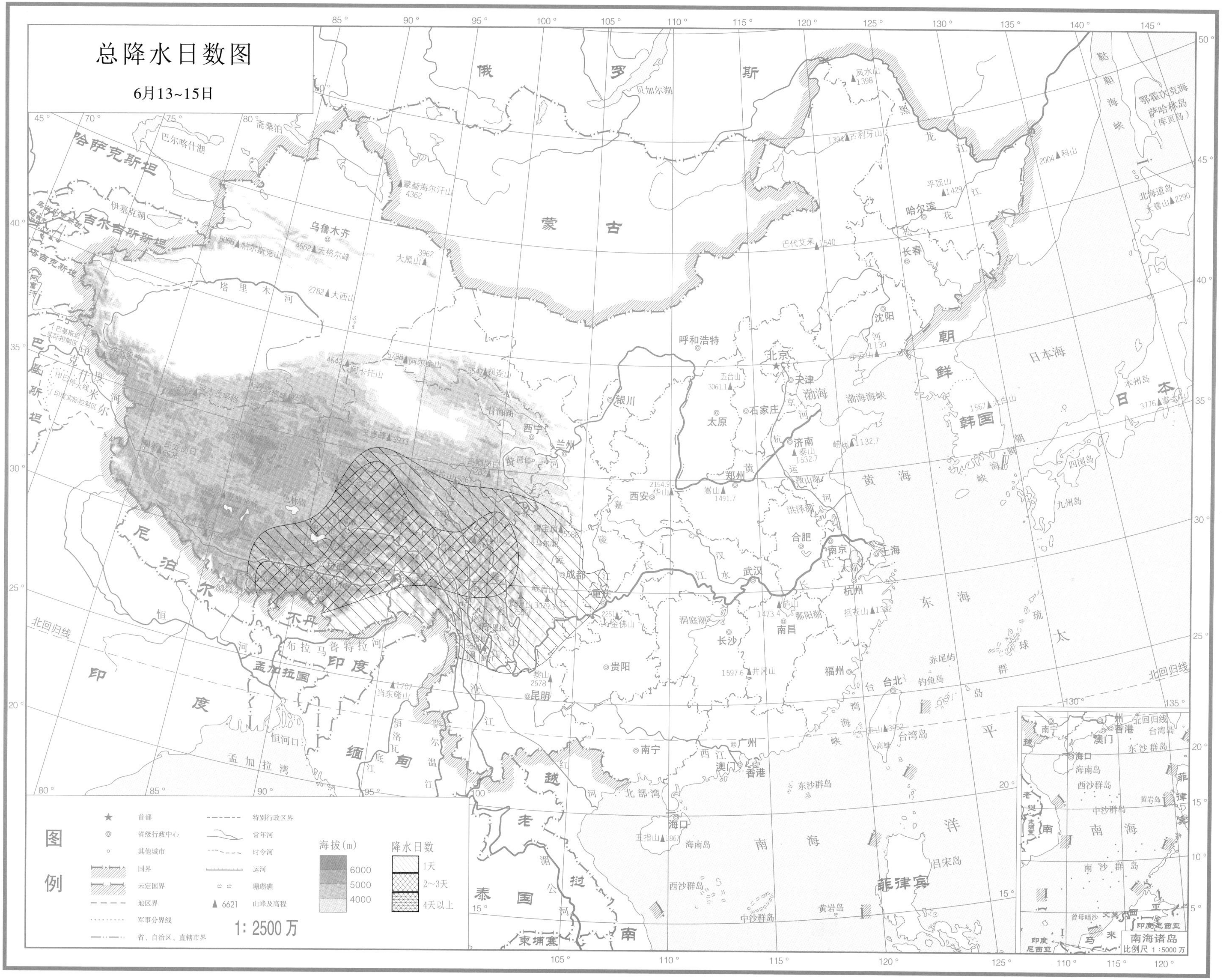

总降水日数图

6月13~15日

俄 罗 斯

贝加尔湖

蒙 古

哈萨克斯坦

乌鲁木齐

吉尔吉斯斯坦

塔里木河

呼和浩特

北京 ★
天津

沈阳

朝 鲜

韩 国

日 本 海

日 本

银川

太原

石家庄

渤海

济南

青海湖

西宁

兰州

郑州

西安

黄 海

尼 泊 尔

不 丹

印 度

孟加拉国

布拉马普特拉河

成都

重庆

武汉

合肥

南京

杭州

东 海

缅 甸

昆明

贵阳

长沙

南昌

福州

台北

琉 球 群 岛

太 平 洋

孟 加 拉 湾

北回归线

老 挝

越 南

泰 国

柬 埔 寨

南宁

西江

广州

澳门

香港

东沙群岛

台湾海峡

北部湾

海口

海南岛

南 海

西沙群岛

中沙群岛

黄岩岛

菲 律 宾

图 例

★	首都	-----	特别行政区界
◎	省级行政中心		常年河
○	其他城市		时令河
	国界		运河
	未定国界		珊瑚礁
-----	地区界	▲ 6621	山峰及高程
.....	军事分界线		
---·---	省、自治区、直辖市界		

海拔(m)
6000
5000
4000

降水日数
1天
2~3天
4天以上

1:2500万

南海诸岛
比例尺 1:5000万

Page...87

高原气象 第 部分

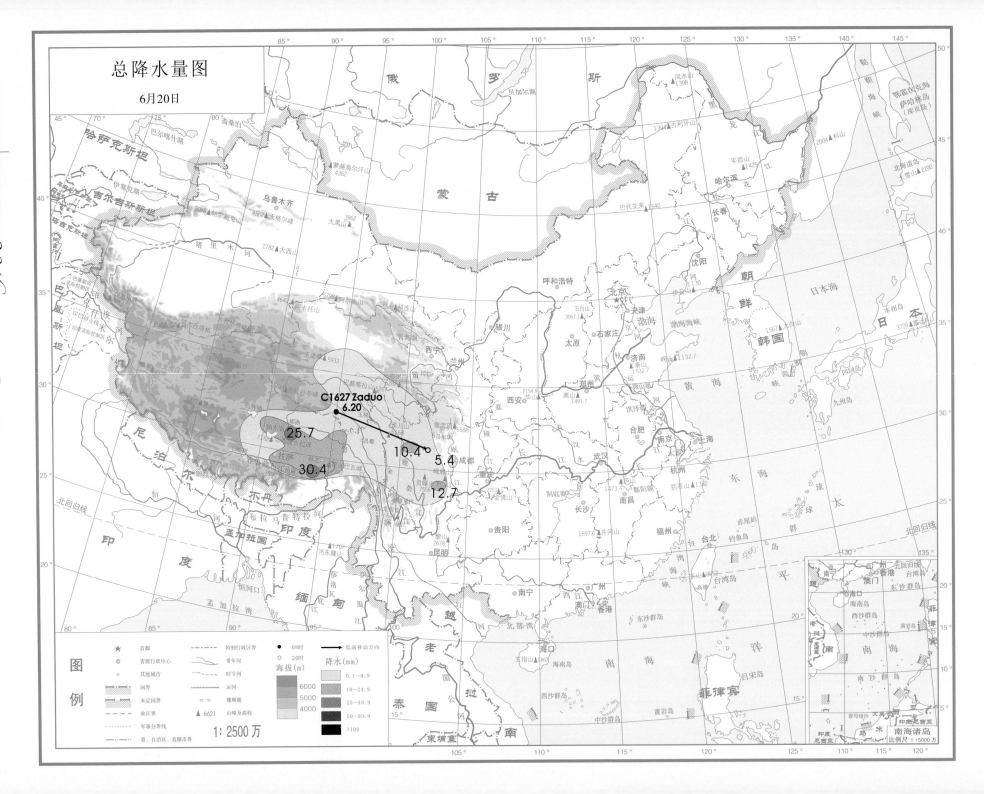

总降水量图

6月20日

C1627 Zaduo
6.20

25.7

30.4

10.4

5.4

12.7

图例

| | 首都 | | 特别行政区界 | | 08时 | | 低涡移动方向 |

海拔(m)
6000
5000
4000

降水(mm)
0.1~9.9
10~24.9
25~49.9
50~99.9
>100

★ 首都
◎ 省级行政中心
○ 其他城市
国界
未定国界
地区界
军事分界线
省、自治区、直辖市界

特别行政区界
常年河
时令河
运河
珊瑚礁
▲ 6621 山峰及高程

● 08时
○ 20时

1:2500万

南海诸岛
比例尺 1:5000万

总降水日数图

6月20日

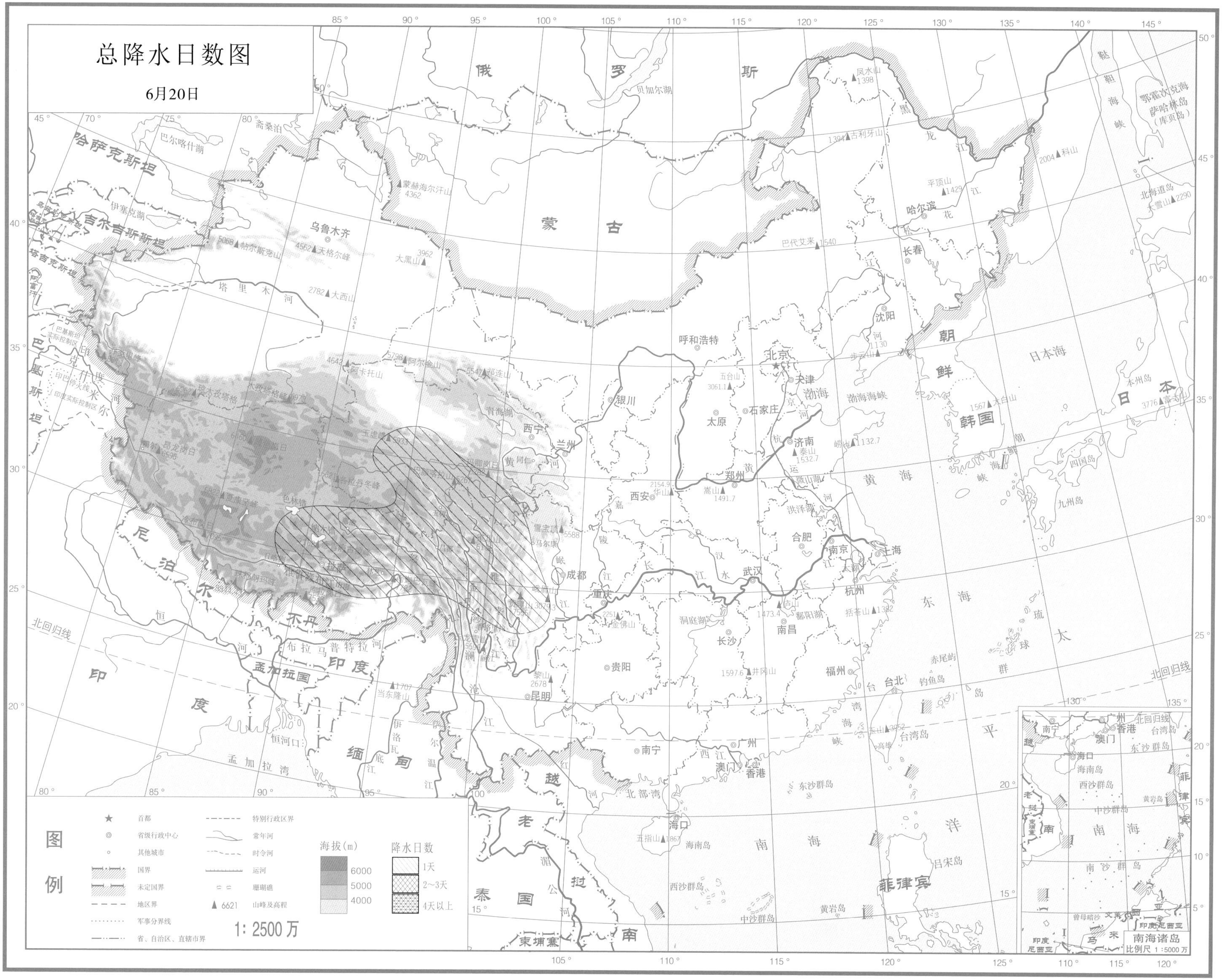

图例

★	首都
◎	省级行政中心
○	其他城市

国界
未定国界
地区界
军事分界线
省、自治区、直辖市界

特别行政区界
常年河
时令河
运河
珊瑚礁
▲ 6621 山峰及高程

海拔(m)
6000
5000
4000

降水日数
1天
2~3天
4天以上

1:2500万

南海诸岛
比例尺 1:5000万

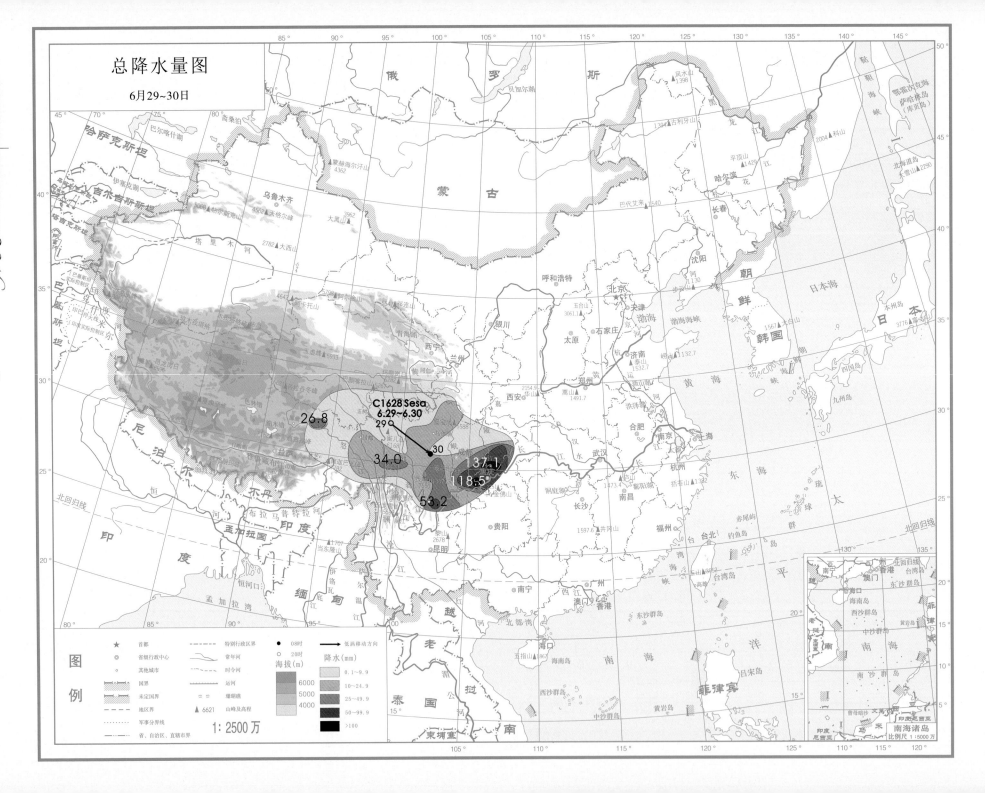

总降水日数图

6月29~30日

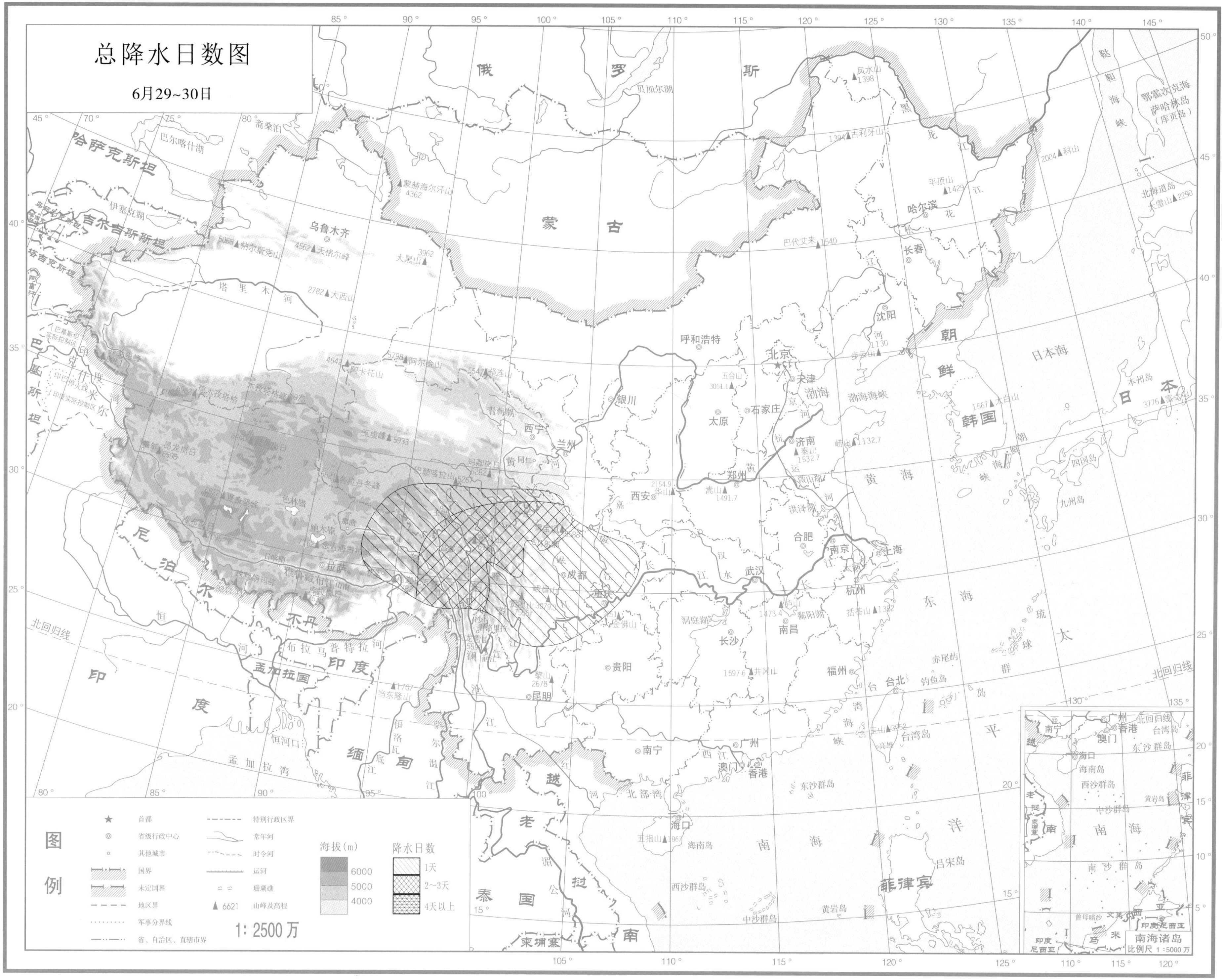

高原低涡　第7部分

俄　罗　斯

蒙　古

哈萨克斯坦

吉尔吉斯斯坦

塔吉克斯坦

巴基斯坦

印度

尼泊尔

不丹

孟加拉国

印　度

缅　甸

泰　国

老　挝

越　南

柬埔寨

菲律宾

朝　鲜

韩　国

日　本

日本海

黄　海

东　海

太　平　洋

南　海

乌鲁木齐

呼和浩特

北京

天津

沈阳

哈尔滨

长春

银川

太原

石家庄

济南

郑州

西安

兰州

西宁

合肥

武汉

南京

上海

杭州

南昌

长沙

重庆

成都

贵阳

昆明

南宁

福州

台北

广州

香港

澳门

海口

图例

★	首都	
◎	省级行政中心	
○	其他城市	
	国界	
	未定国界	
	地区界	
	军事分界线	
	省、自治区、直辖市界	
	特别行政区界	
	常年河	
	时令河	
	运河	
	珊瑚礁	
▲ 6621	山峰及高程	

海拔(m)
6000
5000
4000

降水日数
1天
2~3天
4天以上

1 : 2500 万

南海诸岛
比例尺 1 : 5000 万

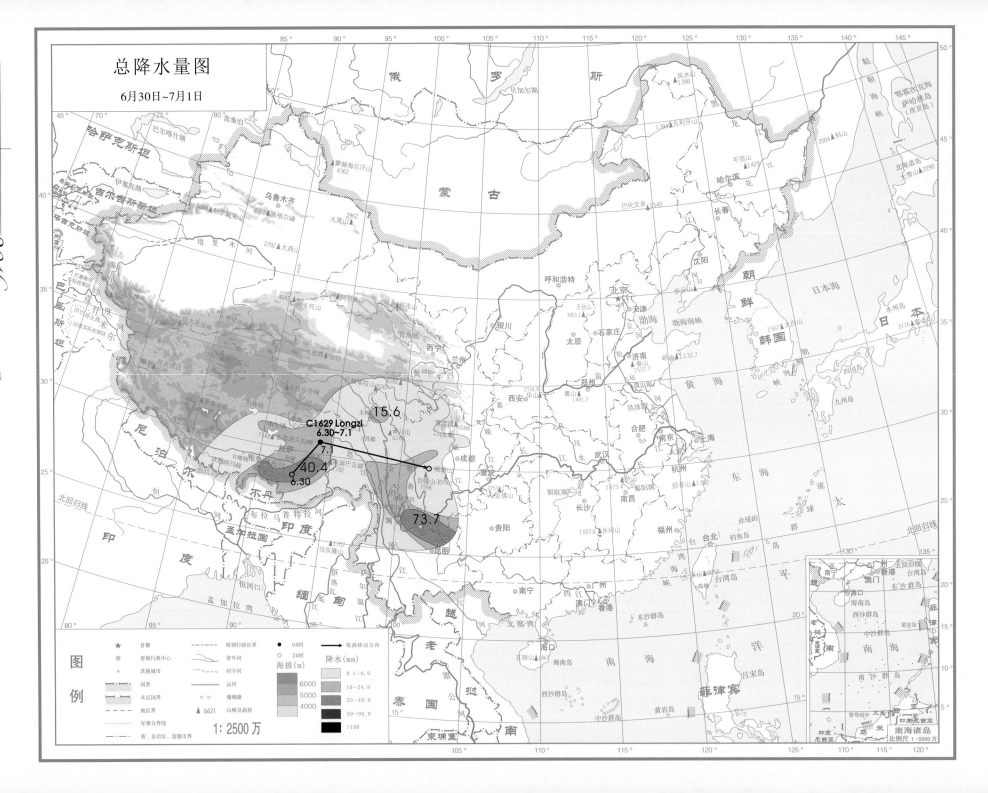

总降水量图

6月30日~7月1日

C1629 Longzi
6.30~7.1
7.1
40.4
6.30

15.6

73.7

图例

★	首都	----	特别行政区界
◎	省级行政中心		常年河
○	其他城市		时令河
	国界		运河
	未定国界	□	珊瑚礁
	地区界	▲ 6621	山峰及高程
	军事分界线		
	省、自治区、直辖市界		

● 08时
○ 20时
→ 低涡移动方向

海拔(m)
6000
5000
4000

降水(mm)
0.1~9.9
10~24.9
25~49.9
50~99.9
>100

1:2500万

南海诸岛
比例尺 1:5000万

青藏高原低涡切变线年鉴 2016

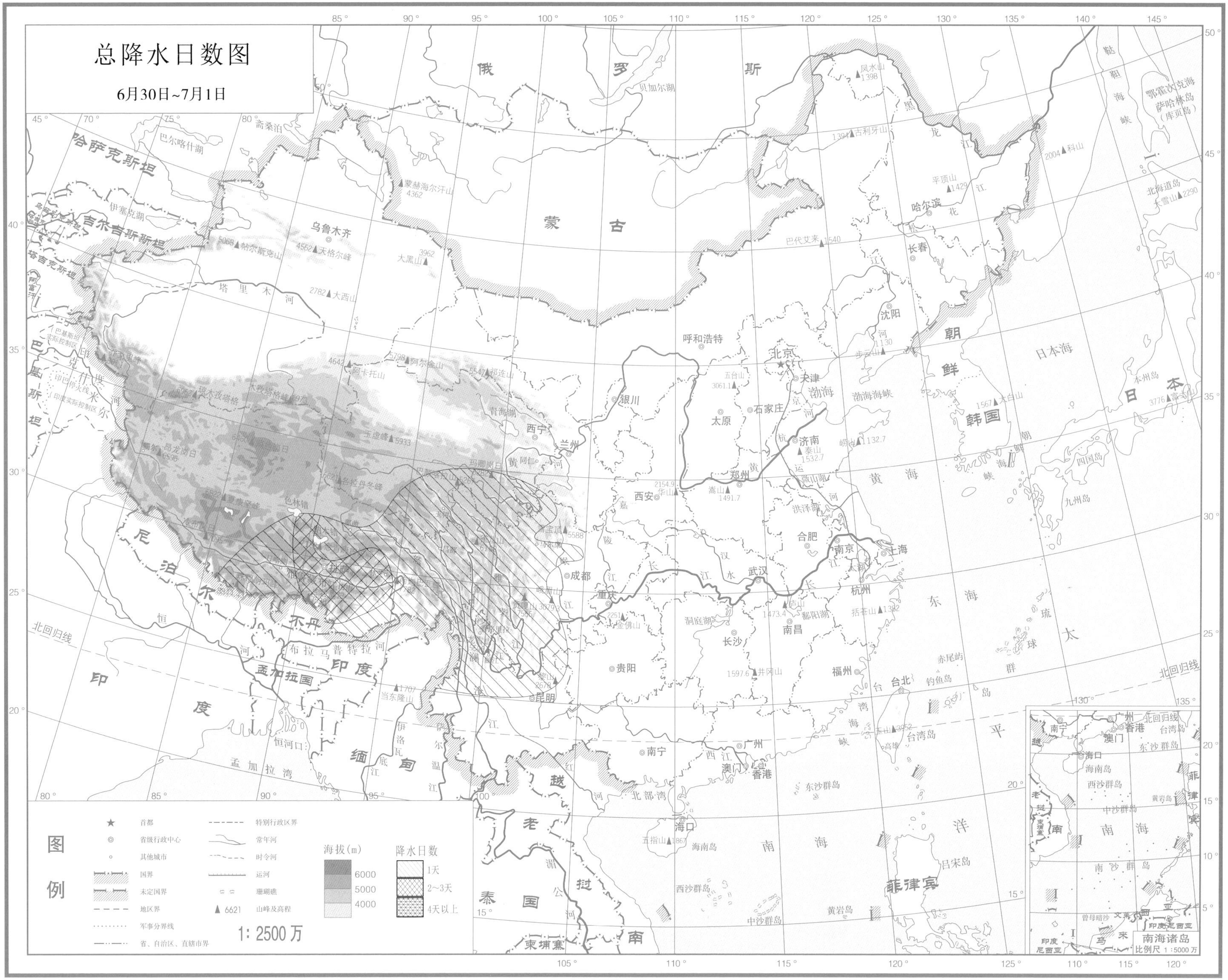

总降水日数图

6月30日~7月1日

图例

图例		
★	首都	
◎	省级行政中心	
○	其他城市	
	国界	
	未定国界	
	地区界	
	军事分界线	
	省、自治区、直辖市界	

	特别行政区界
	常年河
	时令河
	运河
	珊瑚礁
▲ 6621	山峰及高程

海拔(m)
6000
5000
4000

降水日数
1天
2~3天
4天以上

1:2500万

俄 罗 斯

蒙 古

哈萨克斯坦

吉尔吉斯斯坦

塔吉克斯坦

巴基斯坦

尼泊尔

印 度

不丹

孟加拉国

缅 甸

老 挝

泰 国

越 南

柬埔寨

朝 鲜

韩 国

日 本

日本海

黄 海

东 海

太 平 洋

菲 律 宾

南 海

乌鲁木齐

呼和浩特

银川

西宁

兰州

成都

重庆

贵阳

昆明

南宁

广州

海口

北京
天津

沈阳

长春

哈尔滨

太原

石家庄

济南

郑州

西安

合肥

南京

上海

杭州

武汉

长沙

南昌

福州

台北

澳门
香港

高原低涡　第　部分

南海诸岛
比例尺 1:5000万

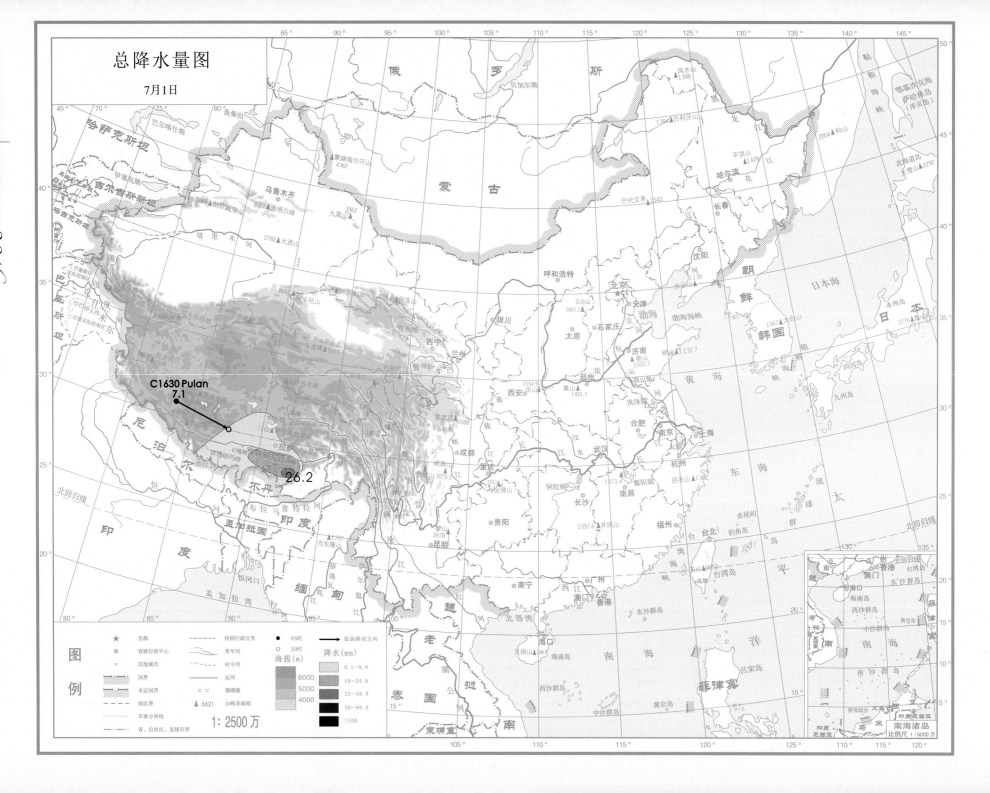

总降水量图

7月1日

C1630 Pulan
7.1

26.2

1 : 2500 万

总降水日数图

7月1日

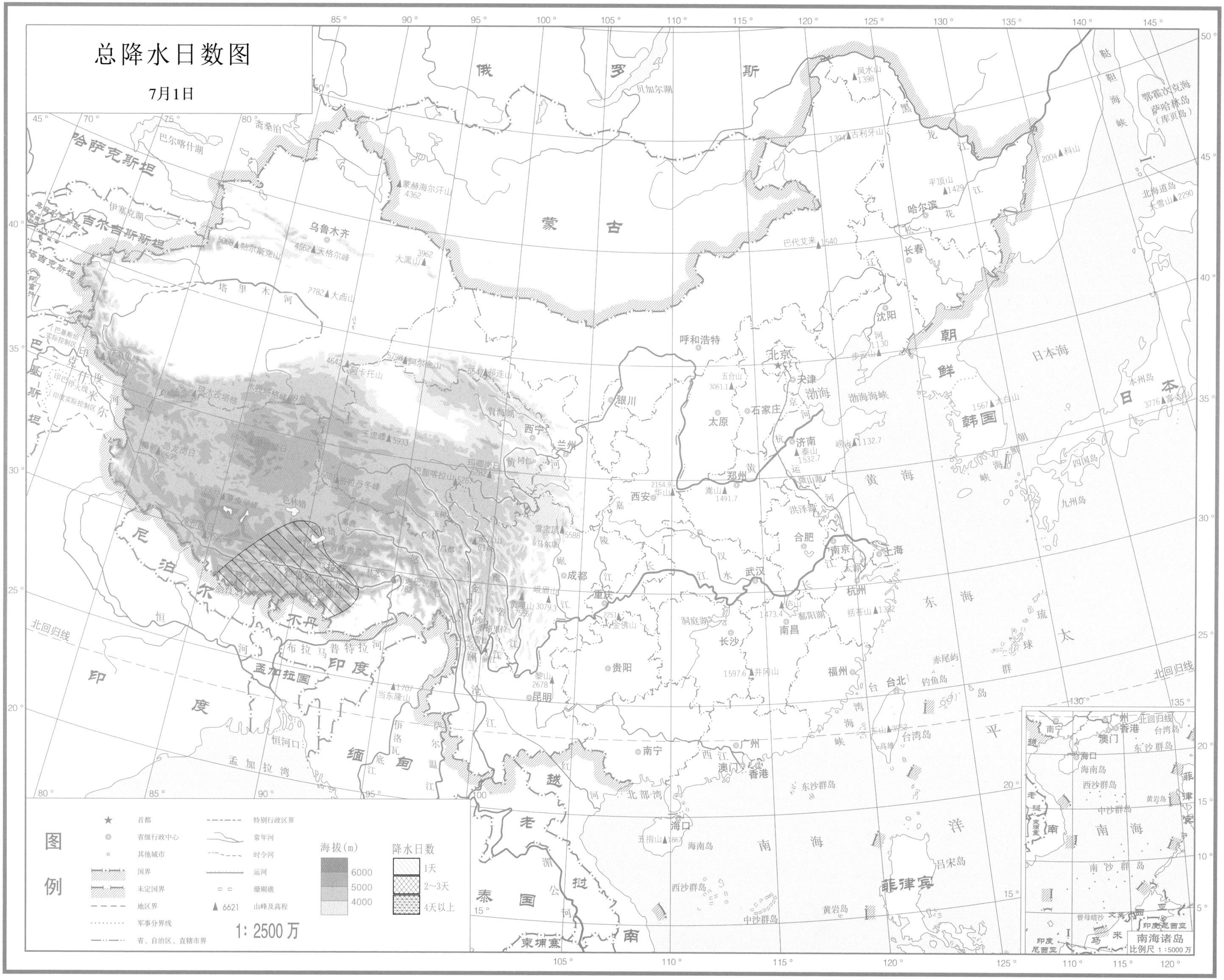

图例

★	首都	---	特别行政区界
◎	省级行政中心		常年河
○	其他城市		时令河
	国界		运河
	未定国界	▲ 6621	山峰及高程
	地区界		
	军事分界线		
	省、自治区、直辖市界		

海拔(m)
6000
5000
4000

降水日数
1天
2~3天
4天以上

1：2500 万

南海诸岛
比例尺 1：5000 万

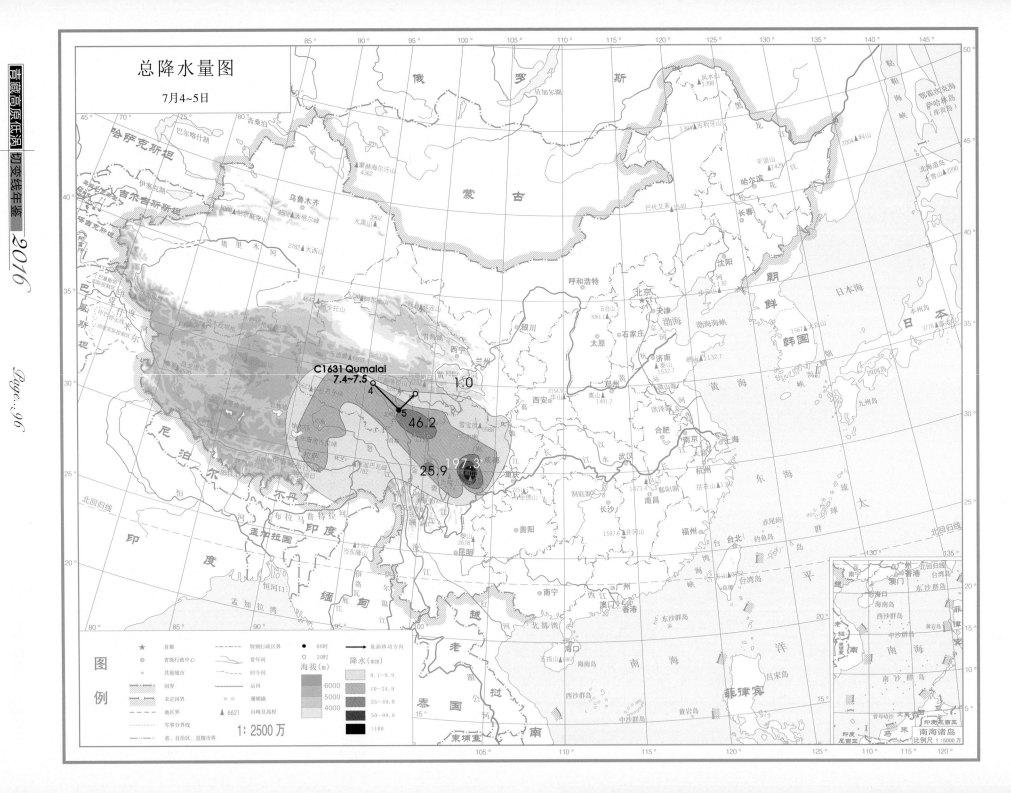

总降水量图

7月4~5日

C1631 Qumalai
7.4~7.5
4
5
46.2
197.3
25.9
1.0

图例

★ 首都
◎ 省级行政中心
○ 其他城市

特别行政区界
常年河
时令河
运河
珊瑚礁

● 08时
○ 20时

→ 低涡移动方向

国界
未定国界
地区界
军事分界线
省、自治区、直辖市界

▲ 6621 山峰及高程

海拔(m)
6000
5000
4000

降水(mm)
0.1~9.9
10~24.9
25~49.9
50~99.9
>100

1:2500万

南海诸岛
比例尺 1:5000万

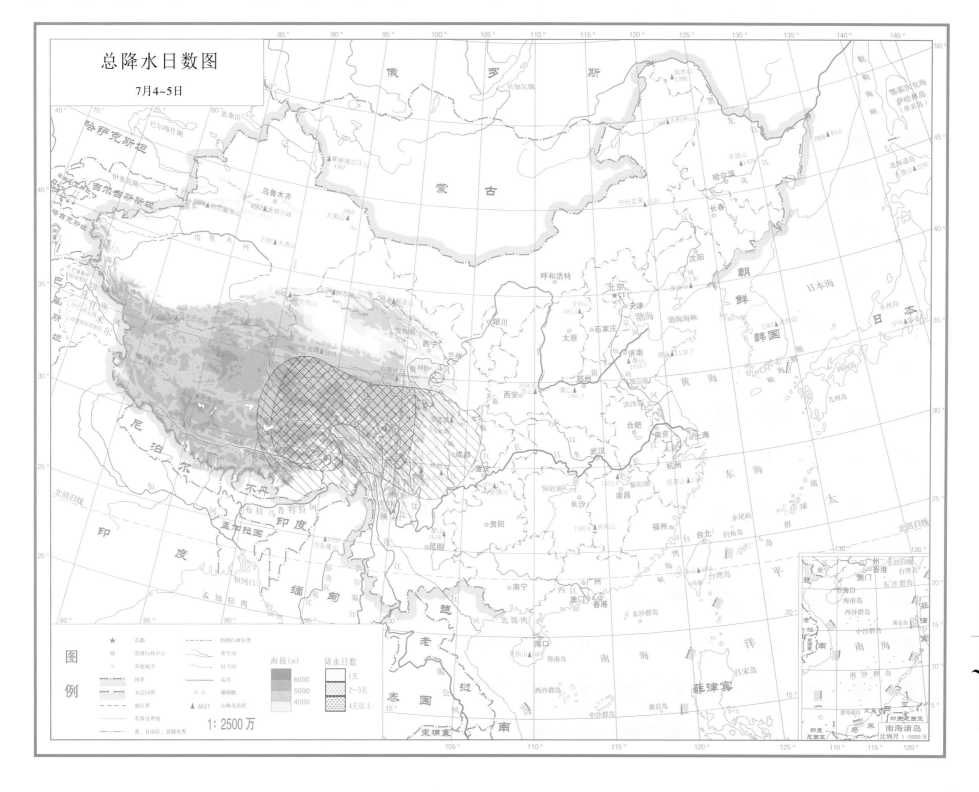

总降水日数图

7月4~5日

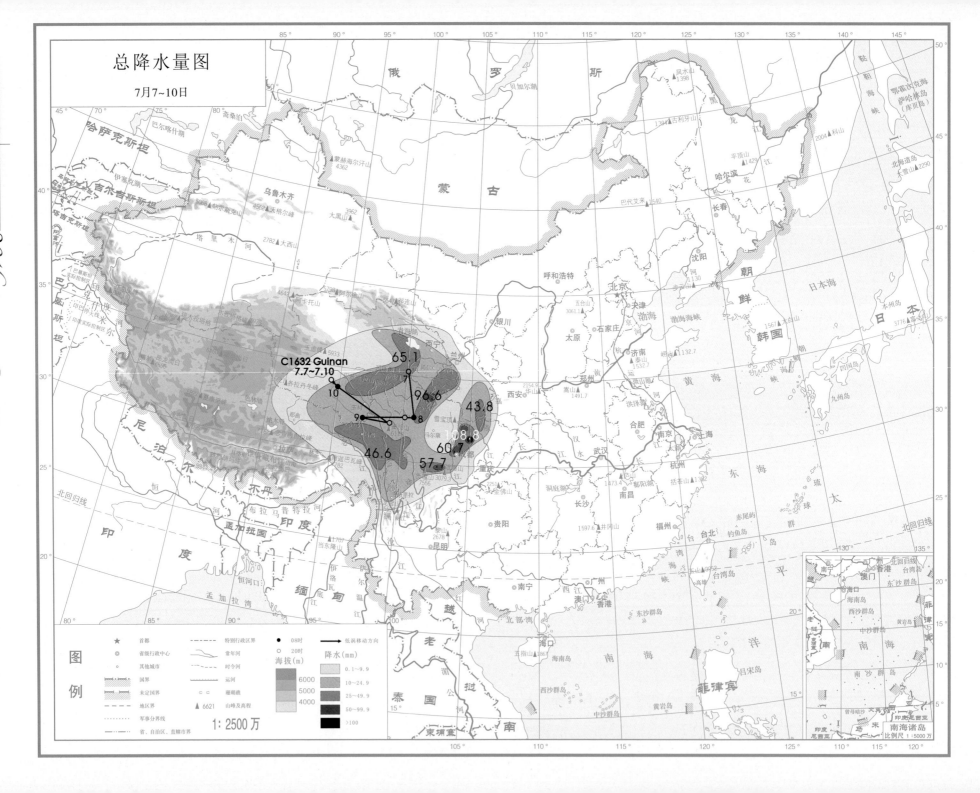

总降水量图

7月7~10日

C1632 Guinan
7.7~7.10

65.1

96.6

43.8

108.8

60.7

46.6

57.7

青藏高原低涡切变线年鉴 2016

图例

★	首都	
◎	省级行政中心	
○	其他城市	

特别行政区界
常年河
时令河
运河
珊瑚礁
▲6621 山峰及高程

国界
未定国界
地区界
军事分界线
省、自治区、直辖市界

● 08时
○ 20时

低涡移动方向

降水(mm)

	0.1～9.9
	10～24.9
	25～49.9
	50～99.9
	>100

海拔(m)
6000
5000
4000

1：2500万

南海诸岛
比例尺 1：5000万

总降水日数图

7月7~10日

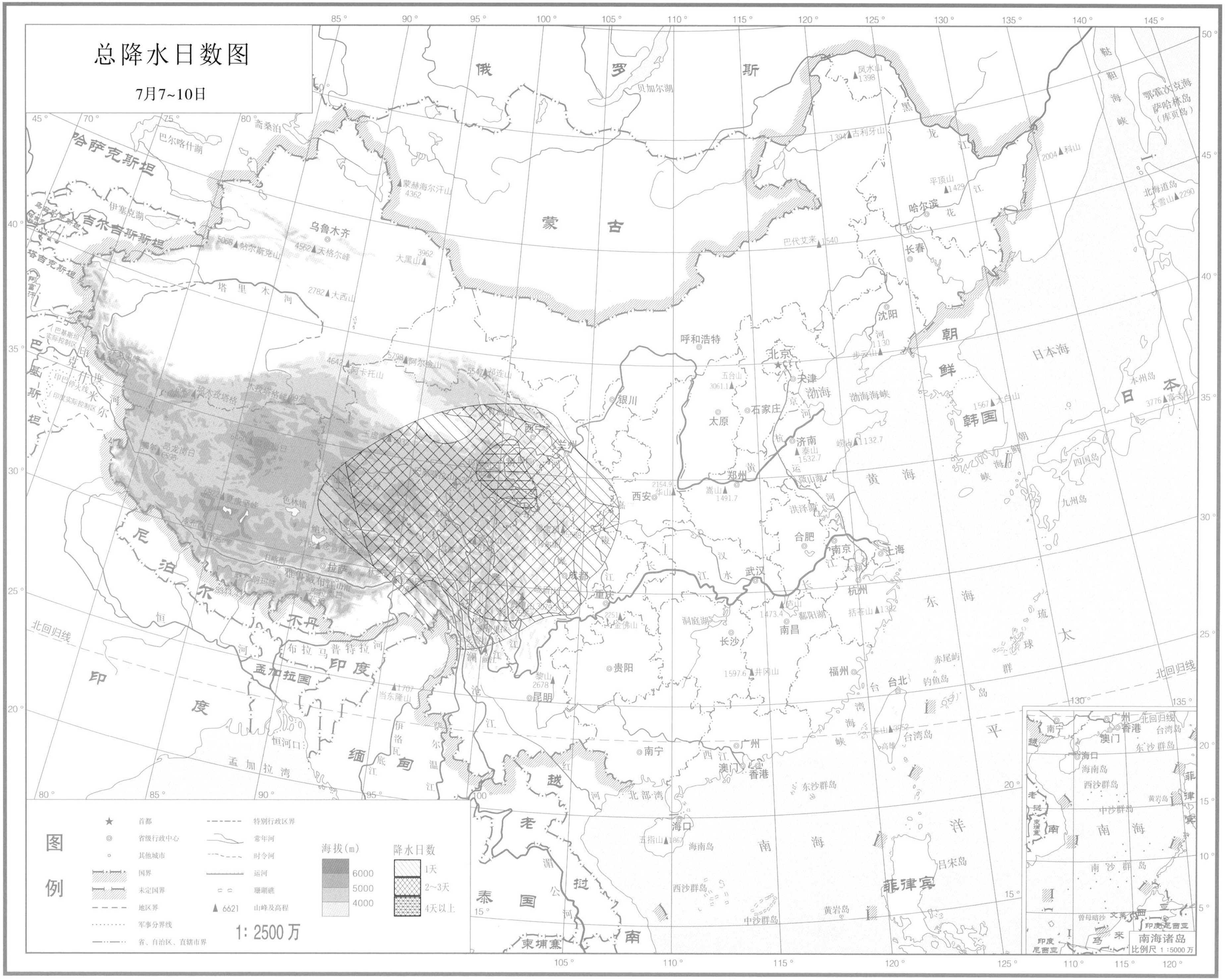

图例

★	首都	特别行政区界	
◎	省级行政中心	常年河	
○	其他城市	时令河	
	国界	运河	
	未定国界	珊瑚礁	
	地区界	▲ 6621 山峰及高程	
	军事分界线		
	省、自治区、直辖市界		

海拔(m)
6000
5000
4000

降水日数
1天
2~3天
4天以上

1:2500万

南海诸岛
比例尺 1:5000万

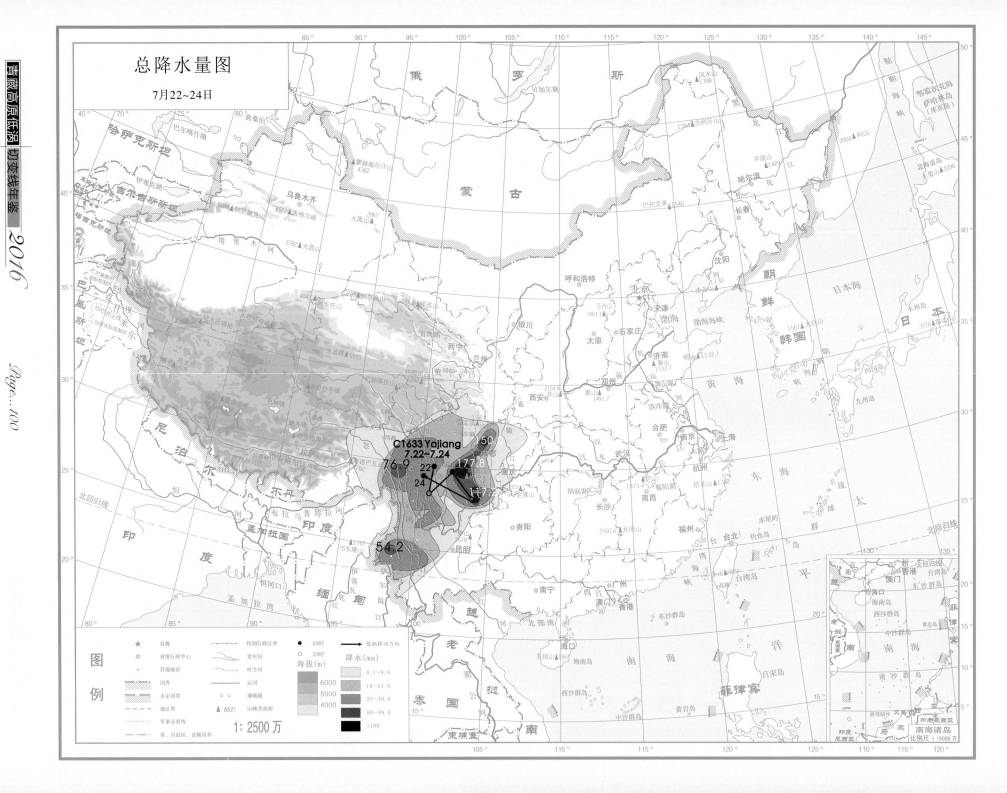

总降水量图

7月22~24日

C1633 Yajiang
7.22~7.24

76.9

177.8

50

54.2

图例

★	首都
◎	省级行政中心
○	其他城市

特别行政区界
常年河
时令河
运河
珊瑚礁
▲6621 山峰及高程

国界
未定国界
地区界
军事分界线
省、自治区、直辖市界

海拔(m)
6000
5000
4000

● 08时
○ 20时
→ 低涡移动方向

降水(mm)
0.1～9.9
10～24.9
25～49.9
50～99.9
>100

南海诸岛
比例尺 1：5000万

总降水日数图

7月22~24日

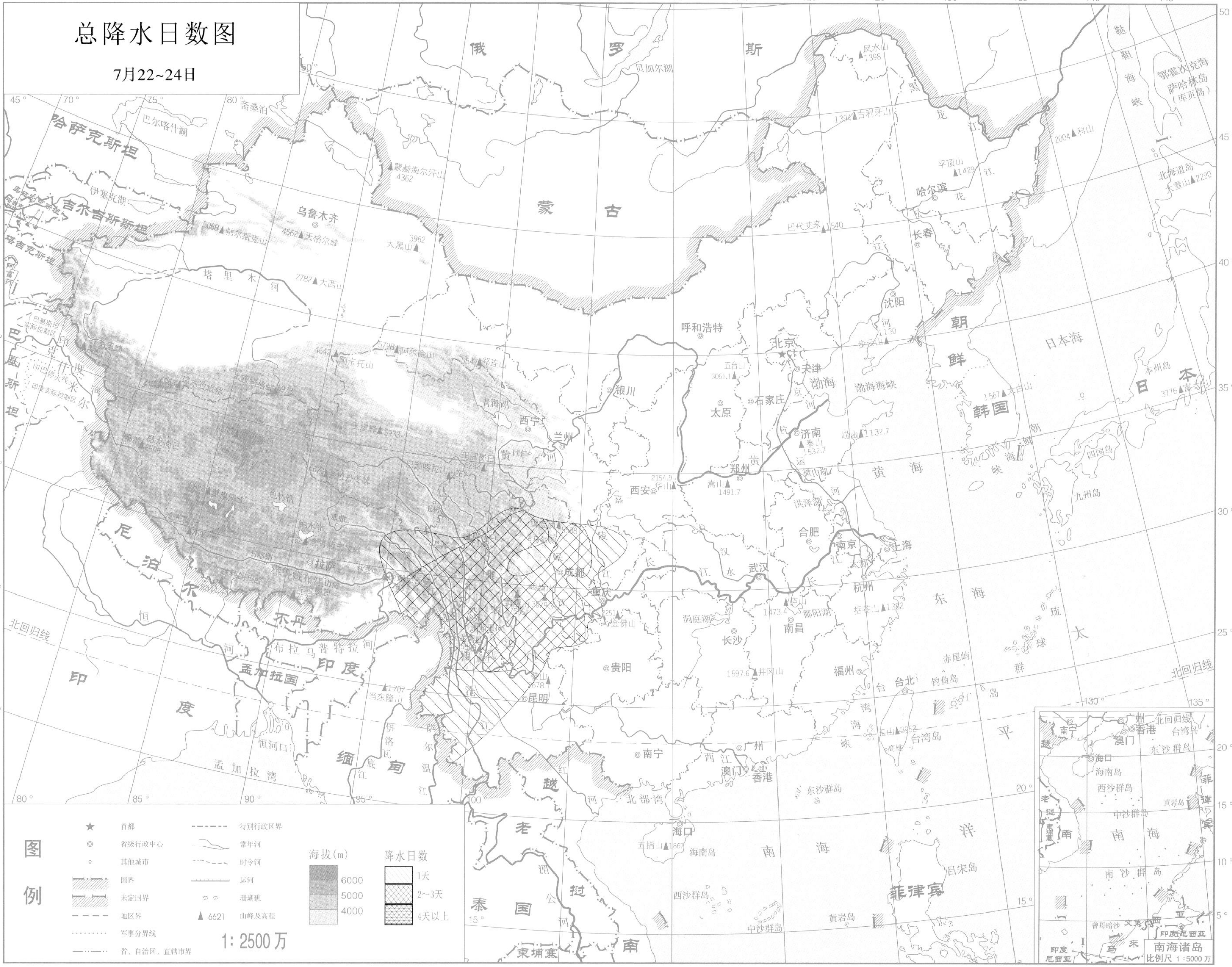

高原低涡 第一部分

图例

首都	特别行政区界
省级行政中心	常年河
其他城市	时令河
国界	运河
未定国界	珊瑚礁
地区界	▲ 6621 山峰及高程
军事分界线	
省、自治区、直辖市界	

海拔(m)
6000
5000
4000

降水日数
1天
2~3天
4天以上

1:2500万

南海诸岛
比例尺 1:5000万

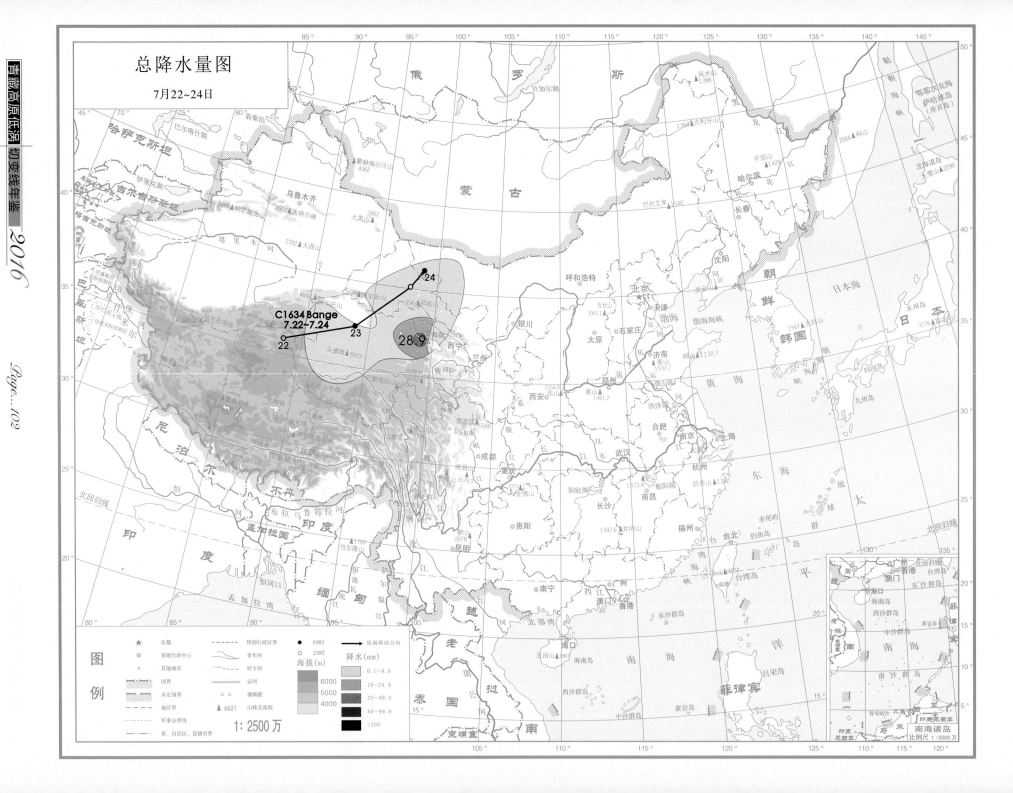

总降水量图

7月22~24日

C1634 Bange
7.22~7.24

总降水日数图

7月22~24日

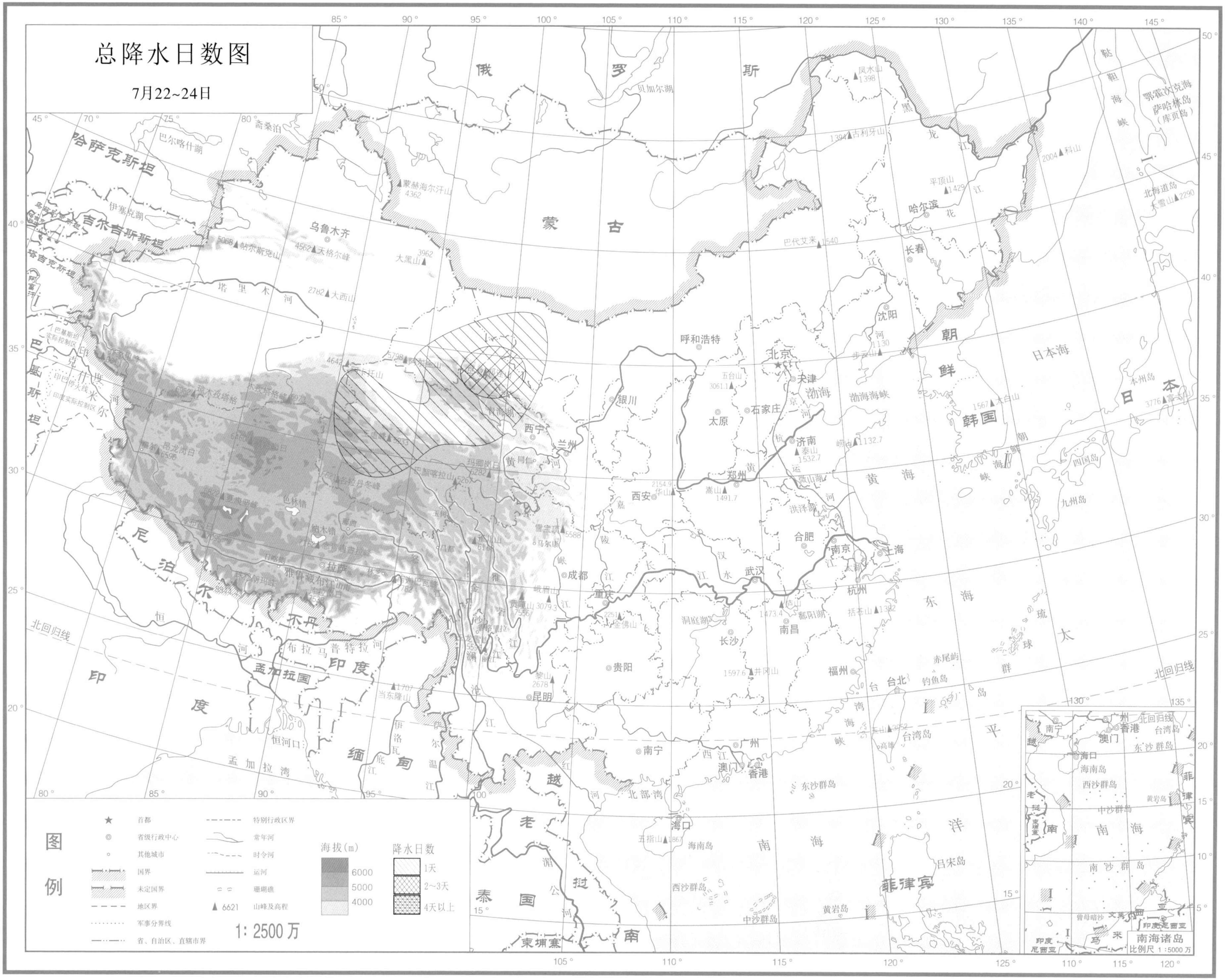

图例

	首都		特别行政区界
◎	省级行政中心		常年河
○	其他城市		时令河
	国界		运河
	未定国界	○	珊瑚礁
	地区界	▲ 6621	山峰及高程
	军事分界线		
	省、自治区、直辖市界		

海拔(m)
6000
5000
4000

降水日数
1天
2~3天
4天以上

1:2500万

南海诸岛
比例尺 1:5000万

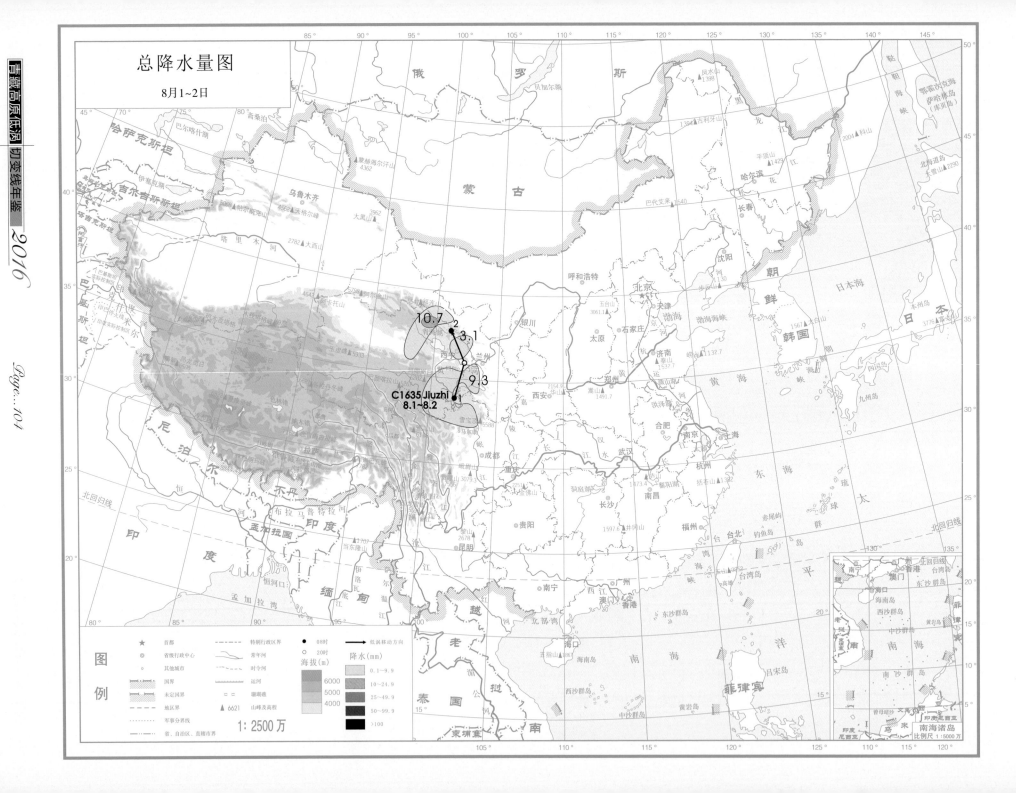

总降水量图

8月1~2日

C1635 Jiuzhi
8.1~8.2

10.7

1:2500 万

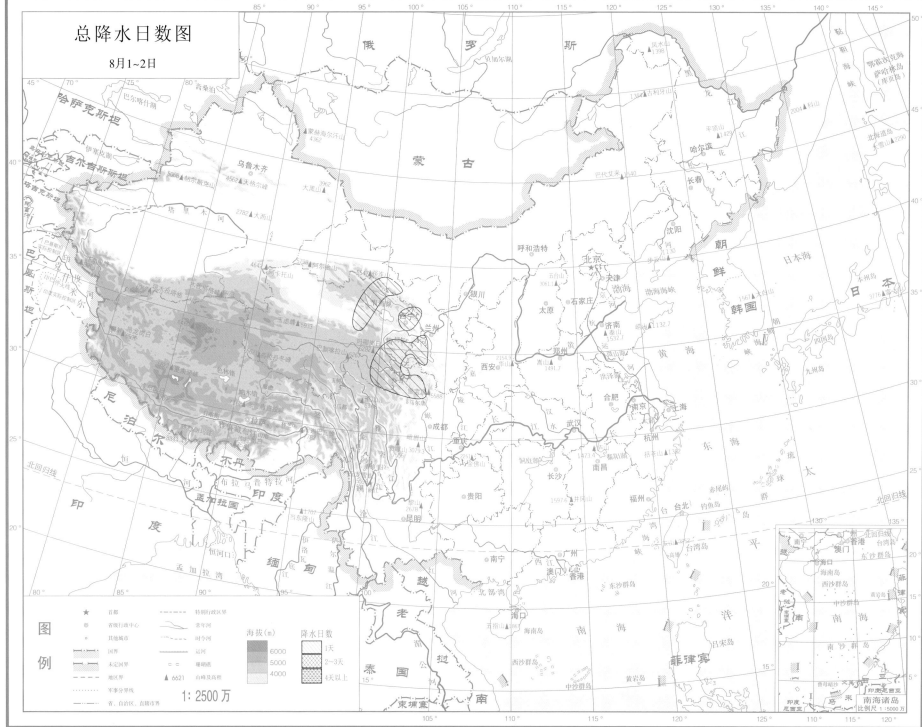

总降水日数图

8月1~2日

高原伏润 第 1 部分

图例

★ 首都	--- 特别行政区界
◎ 省级行政中心	--- 常年河
○ 其他城市	--- 时令河
国界	运河
未定国界	= = 珊瑚礁
--- 地区界	▲ 6621 山峰及高程
······ 军事分界线
省、自治区、直辖市界

海拔(m)
6000
5000
4000

降水日数
1天
2~3天
4天以上

1:2500万

南海诸岛
比例尺 1:5000万

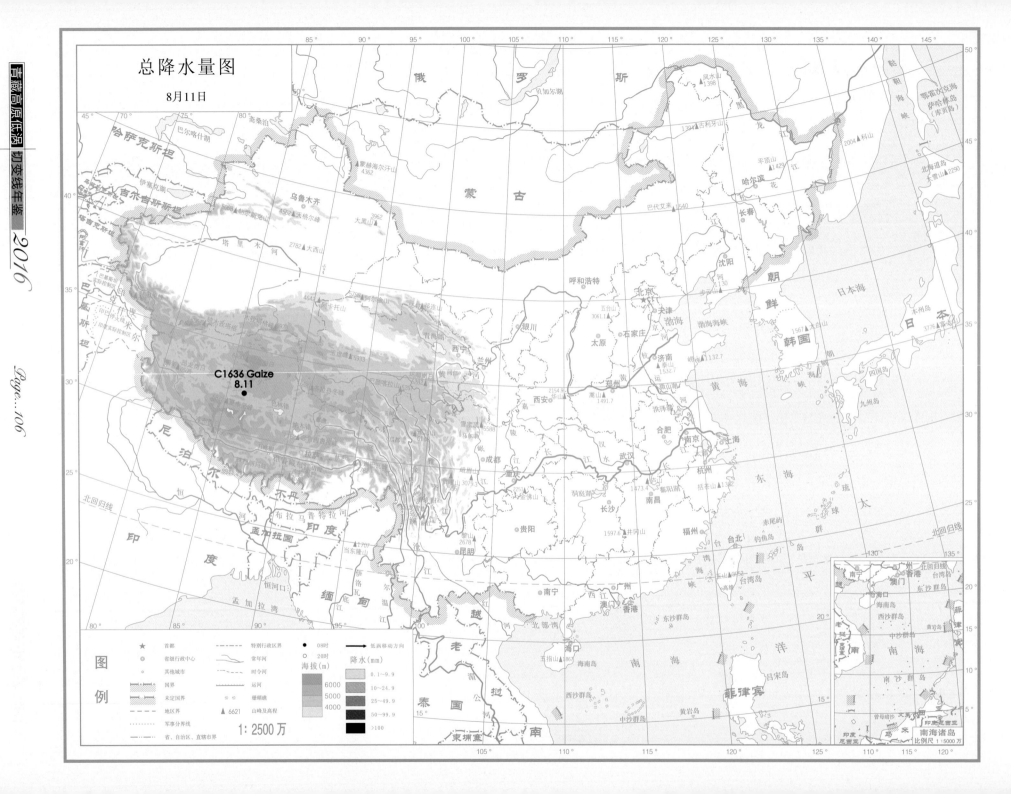

总降水日数图

8月11日

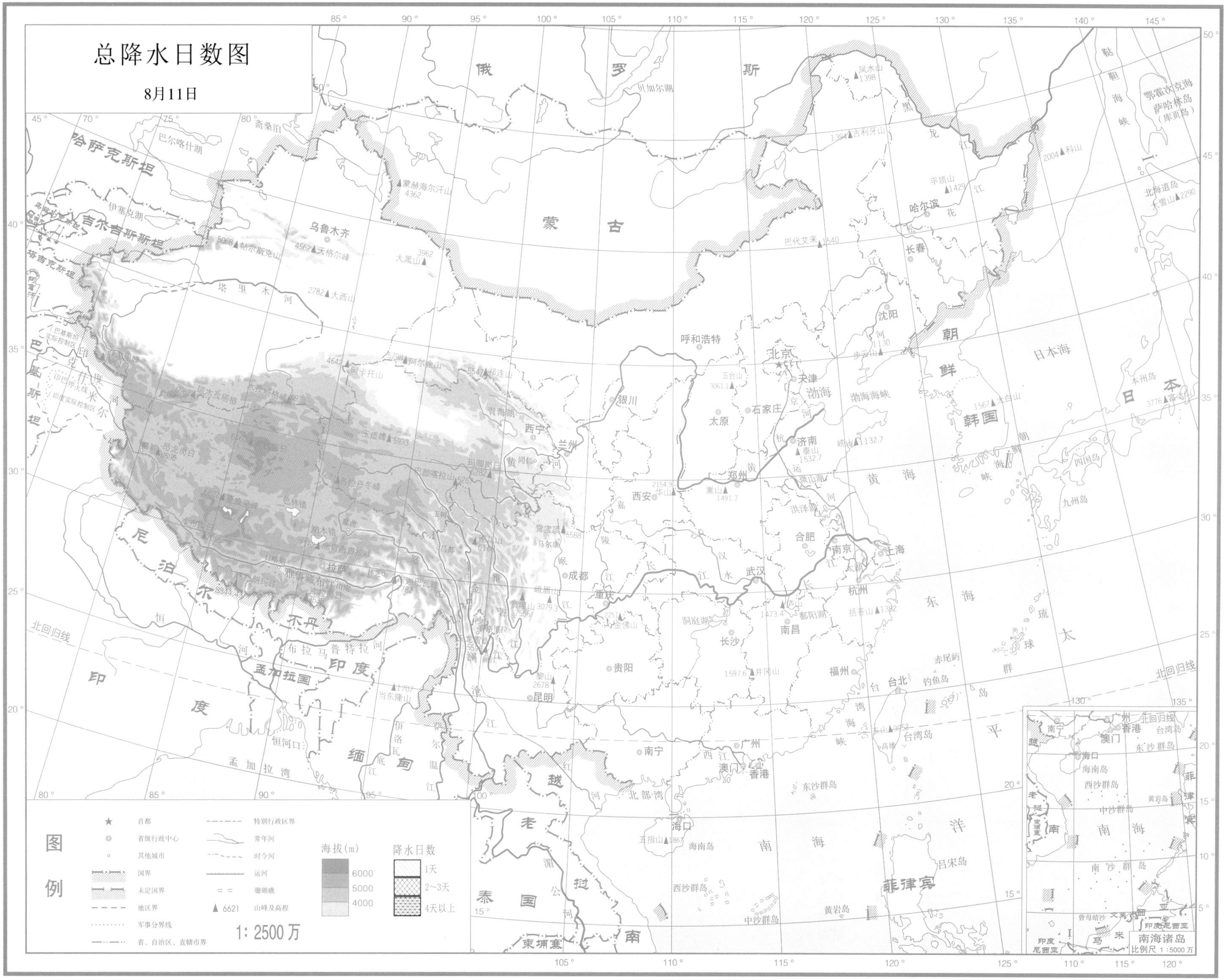

图例

★	首都	
◎	省级行政中心	
○	其他城市	
	国界	
	未定国界	
	地区界	
	军事分界线	
	省、自治区、直辖市界	

特别行政区界
常年河
时令河
运河
珊瑚礁
▲ 6621 山峰及高程

海拔(m)
6000
5000
4000

降水日数
1天
2～3天
4天以上

1:2500万

南海诸岛
比例尺 1:5000万

俄 罗 斯
哈萨克斯坦
吉尔吉斯斯坦
蒙 古
朝 鲜
韩 国
日 本
印 度
尼 泊 尔
不 丹
孟加拉国
缅 甸
老 挝
越 南
泰 国
柬 埔 寨
菲 律 宾

乌鲁木齐
北京
天津
沈阳
长春
哈尔滨
呼和浩特
银川
西宁
兰州
太原
石家庄
济南
郑州
西安
合肥
南京
上海
杭州
武汉
成都
重庆
贵阳
昆明
长沙
南昌
福州
台北
广州
南宁
海口
香港
澳门

南 海
东 海
黄 海
渤 海
日 本 海
太 平 洋
孟加拉湾

北回归线

第7部分
高原低涡

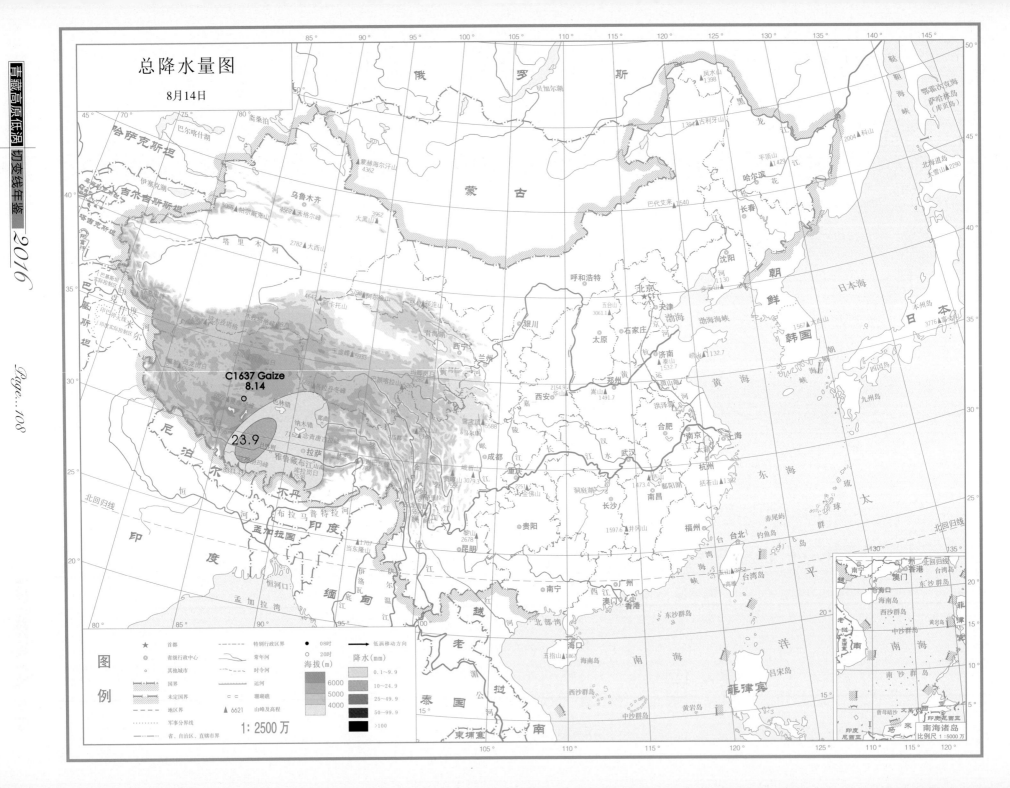

总降水量图

8月14日

C1637 Gaize
8.14

23.9

图例

★ 首都
◎ 省级行政中心
○ 其他城市

国界
未定国界
地区界
军事分界线
省、自治区、直辖市界

特别行政区界
常年河
时令河
运河
珊瑚礁
▲ 6621 山峰及高程

● 08时
○ 20时

→ 低涡移动方向

海拔（m）
6000
5000
4000

降水（mm）
0.1～9.9
10～24.9
25～49.9
50～99.9
＞100

1：2500万

南海诸岛
比例尺 1：5000万

总降水日数图

8月14日

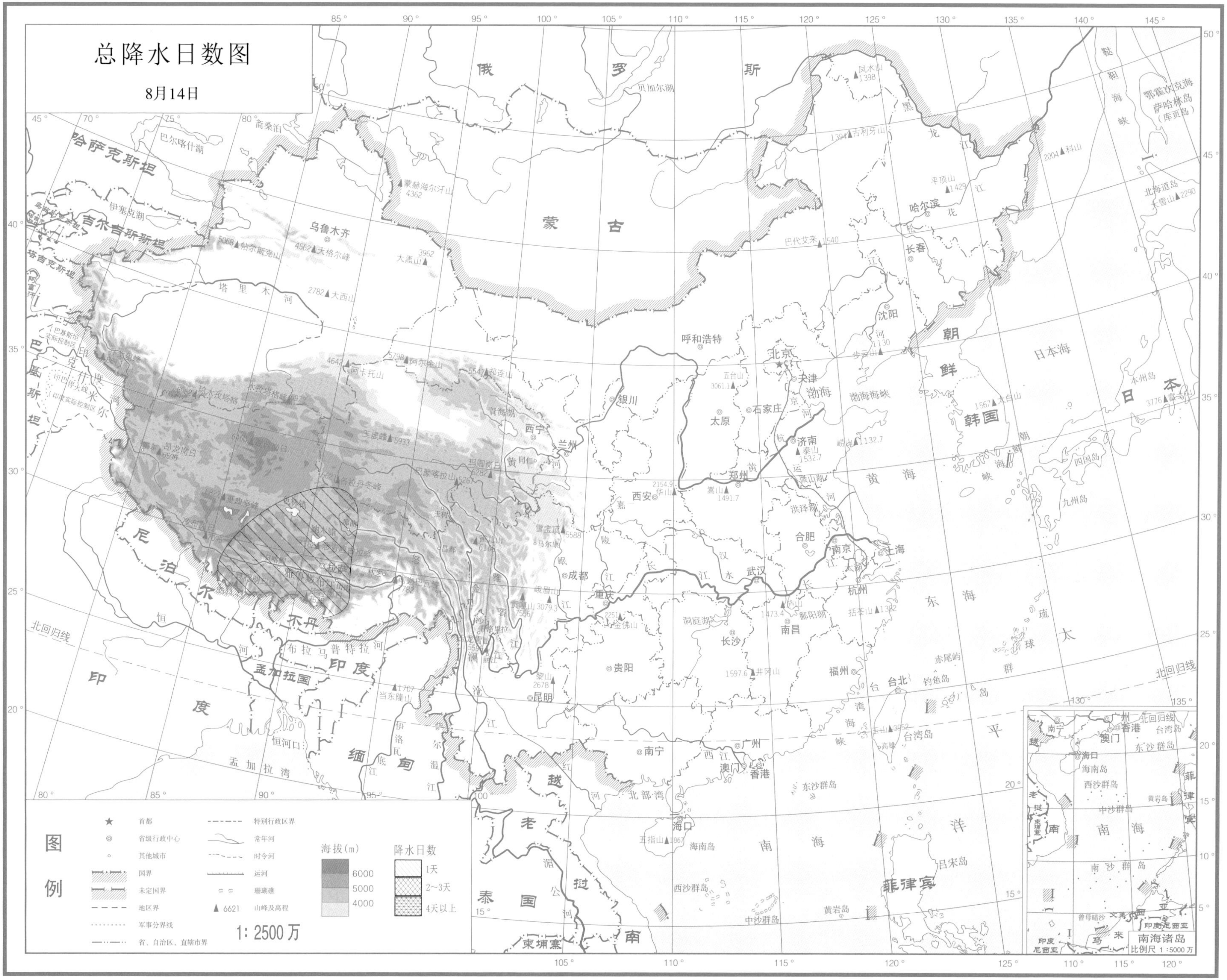

图例

★	首都
◎	省级行政中心
○	其他城市
	国界
	未定国界
	地区界
	军事分界线
	省、自治区、直辖市界

	特别行政区界
	常年河
	时令河
	运河
	珊瑚礁
▲ 6621	山峰及高程

海拔(m)
6000
5000
4000

降水日数
1天
2~3天
4天以上

1:2500万

南海诸岛
比例尺 1:5000万

高原低涡 第 1 部分

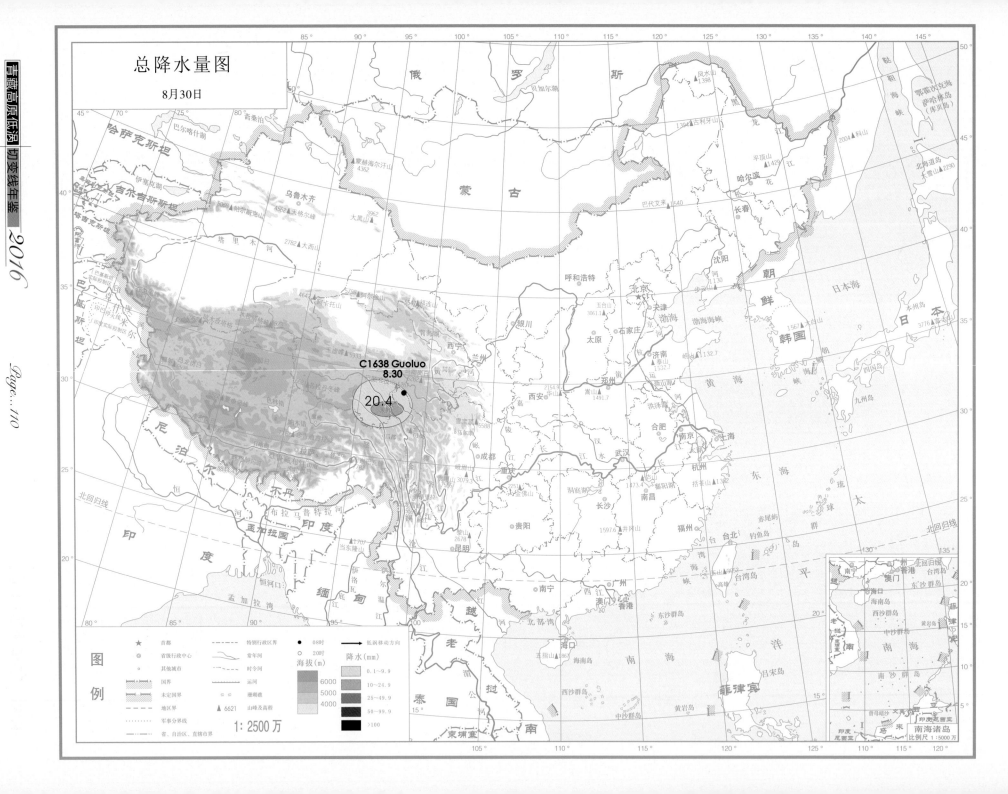

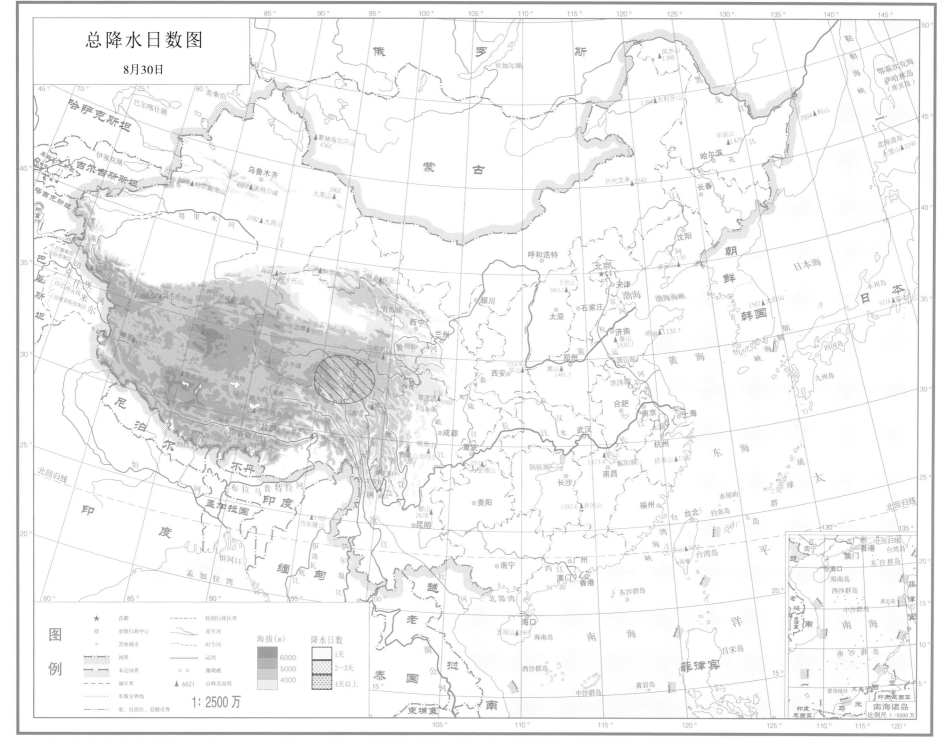

总降水日数图

8月30日

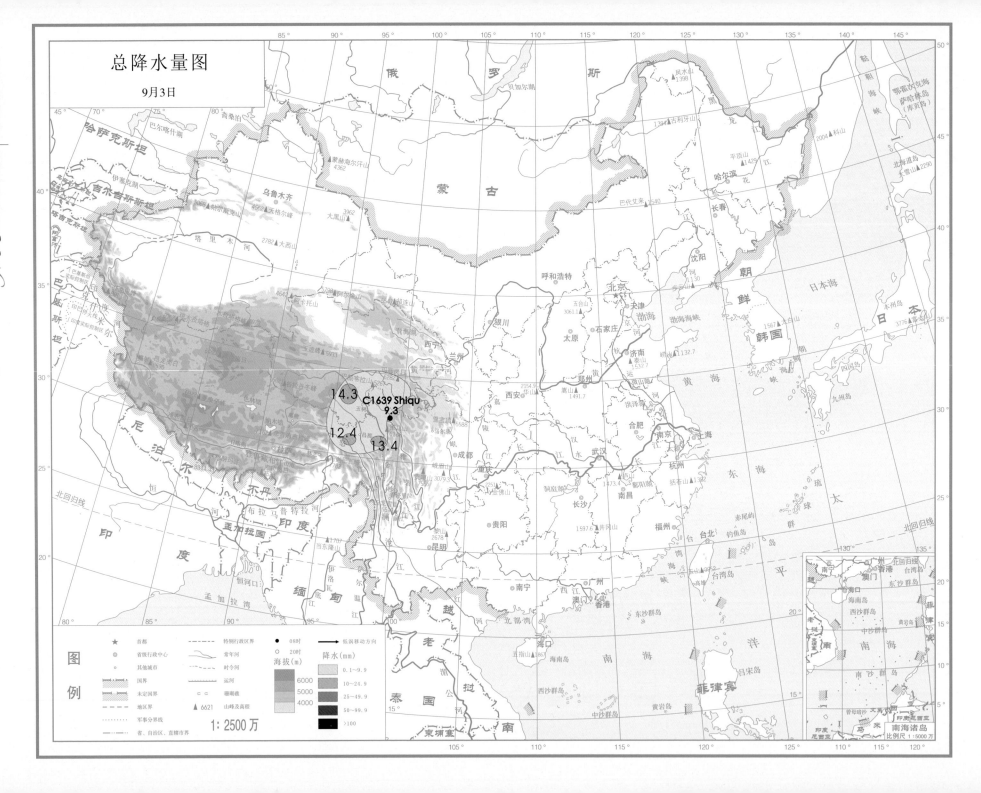

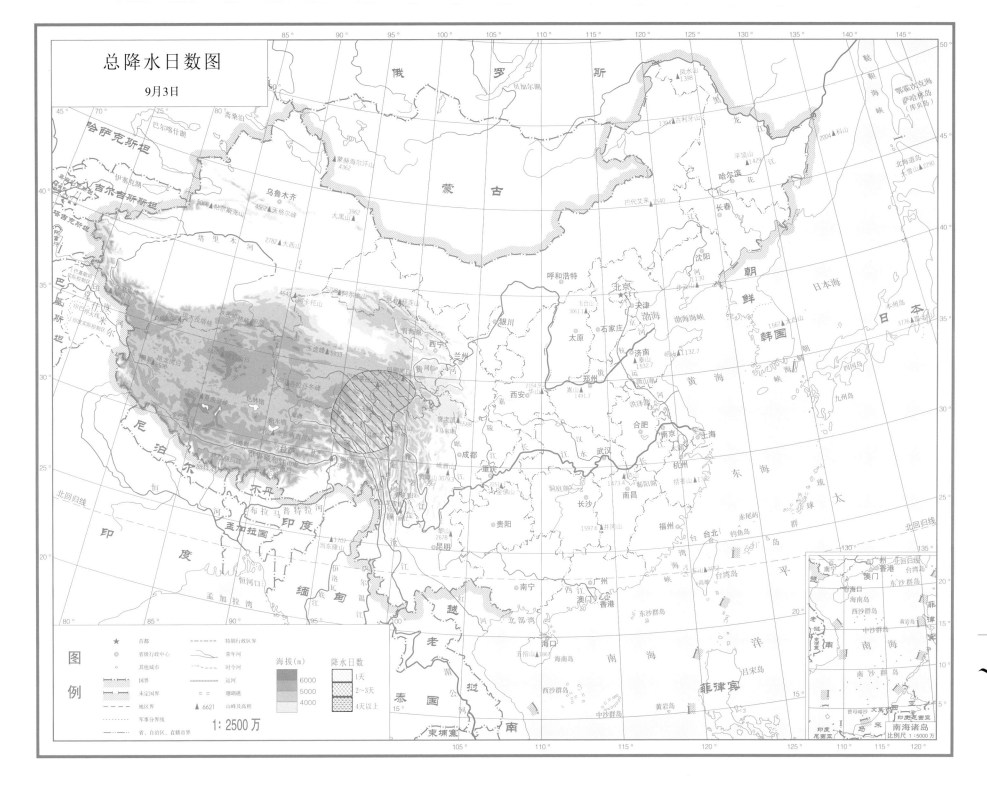

总降水日数图

9月3日

图例

	首都		特别行政区界
⊛	省级行政中心		常年河
○	其他城市		时令河
	国界		运河
	未定国界	▲ 6621	山峰及高程
	地区界		
	军事分界线		
	省、自治区、直辖市界		

海拔(m)
6000
5000
4000

降水日数
1天
2~3天
4天以上

1：2500万

南海诸岛
比例尺 1：5000万

高原低涡 第 7 部分

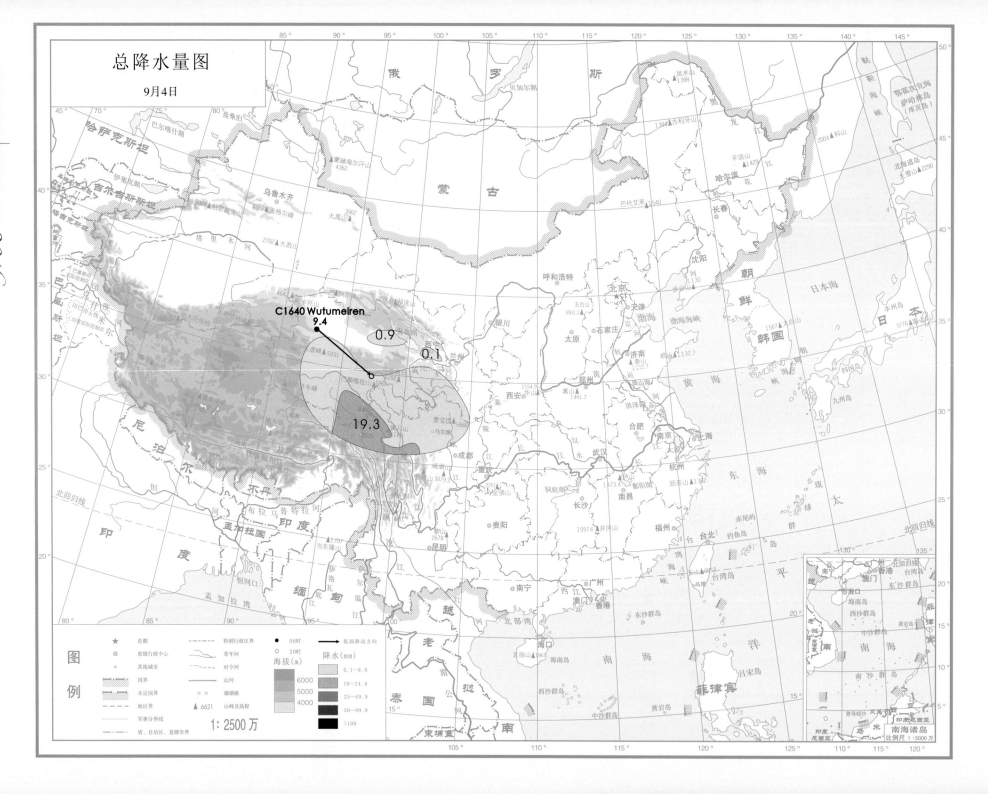

总降水量图

9月4日

总降水日数图

9月4日

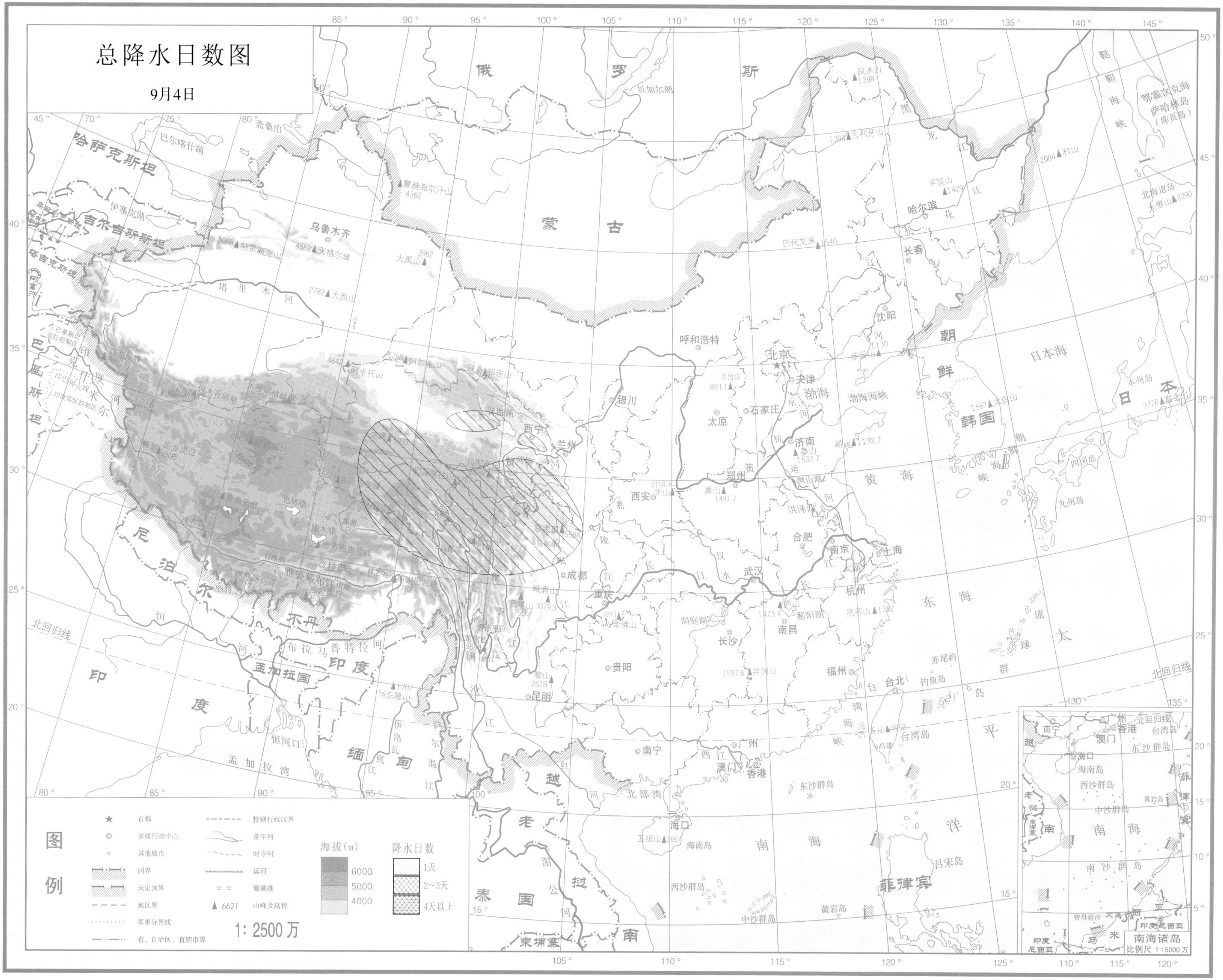

图例

符号	说明
★	首都
◎	省级行政中心
○	其他城市
	国界
	未定国界
	地区界
	军事分界线
	省、自治区、直辖市界
	特别行政区界
	常年河
	时令河
	运河
	瑚期礁
▲ 6621	山峰及高程

海拔(m)
6000
5000
4000

降水日数
1天
2~3天
4天以上

1:2500万

南海诸岛
比例尺 1:5000万

俄 罗 斯
蒙 古
哈萨克斯坦
吉尔吉斯斯坦
塔吉克斯坦
巴基斯坦
印 度
尼 泊 尔
不 丹
孟加拉国
缅 甸
老 挝
越 南
泰 国
柬 埔 寨
朝 鲜
韩 国
日 本

乌鲁木齐
哈尔滨
长春
沈阳
呼和浩特
北京
天津
银川
太原
石家庄
西宁
兰州
济南
郑州
西安
合肥
南京
上海
杭州
武汉
成都
重庆
长沙
南昌
福州
台北
贵阳
昆明
南宁
广州
香港
澳门
海口

贝加尔湖
巴尔喀什湖
里海
日本海
黄海
东海
南海
太平洋
孟加拉湾
北部湾

北回归线

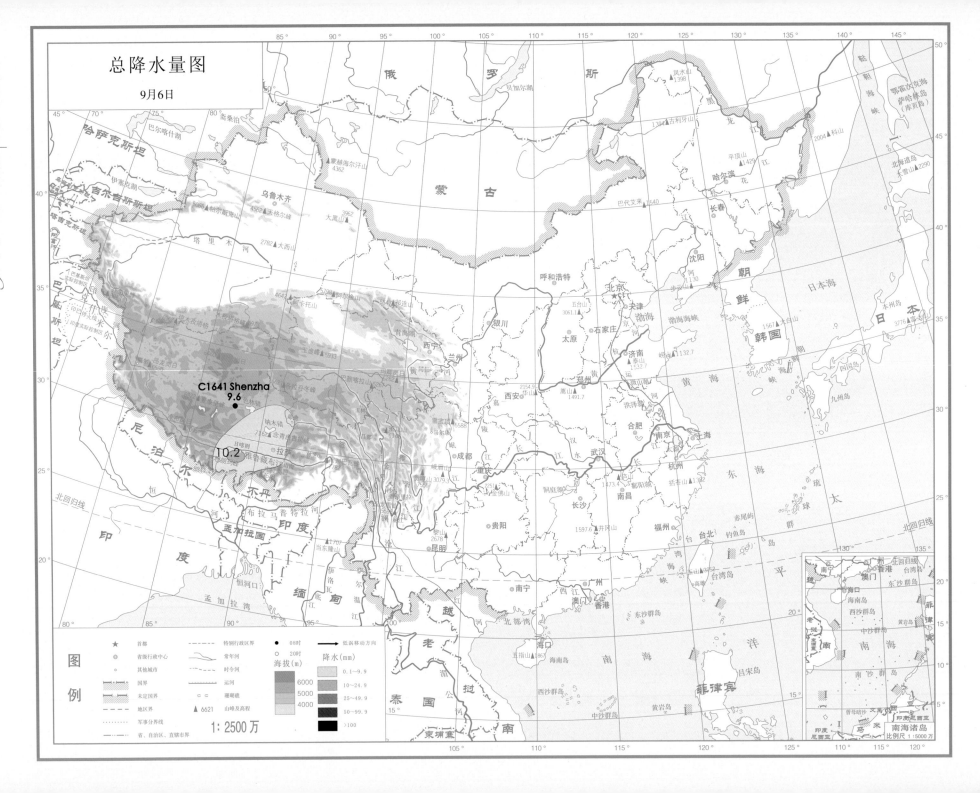

总降水量图

9月6日

C1641 Shenzha
9.6

10.2

1：2500万

图例

★ 首都
◎ 省级行政中心
○ 其他城市

----- 特别行政区界
~~~~~ 常年河
······· 时令河
----- 运河
▲ 6621 山峰及高程

● 08时
○ 20时

→ 低涡移动方向

降水(mm)

海拔(m)
6000
5000
4000

0.1~9.9
10~24.9
25~49.9
50~99.9
>100

总降水日数图

9月6日

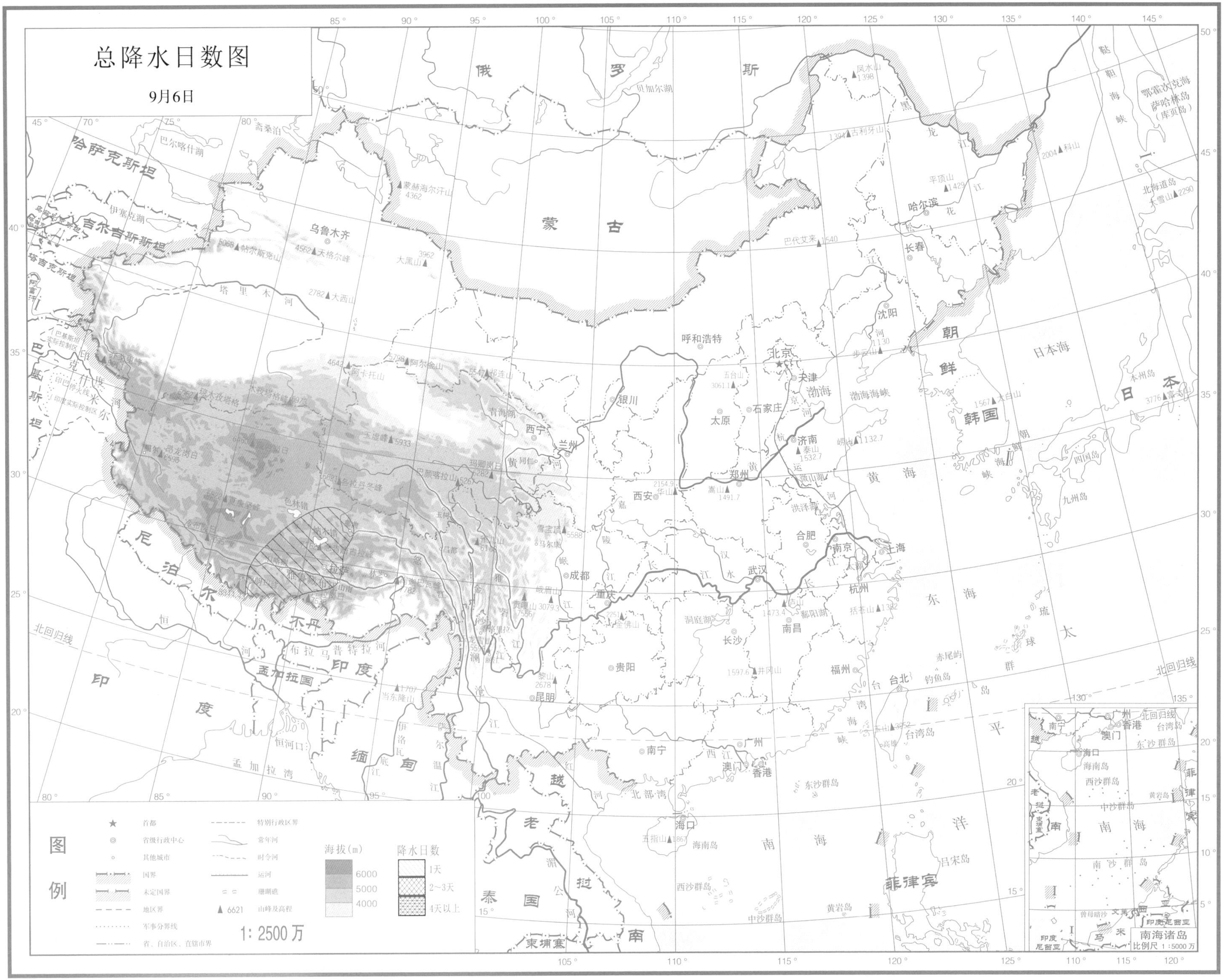

图例

★	首都	
◎	省级行政中心	
◦	其他城市	
	国界	
	未定国界	
	地区界	
	军事分界线	
	省、自治区、直辖市界	

	特别行政区界
	常年河
	时令河
	运河
	珊瑚礁
▲ 6621	山峰及高程

海拔(m)
6000
5000
4000

降水日数
1天
2～3天
4天以上

1：2500万

南海诸岛
比例尺 1：5000万

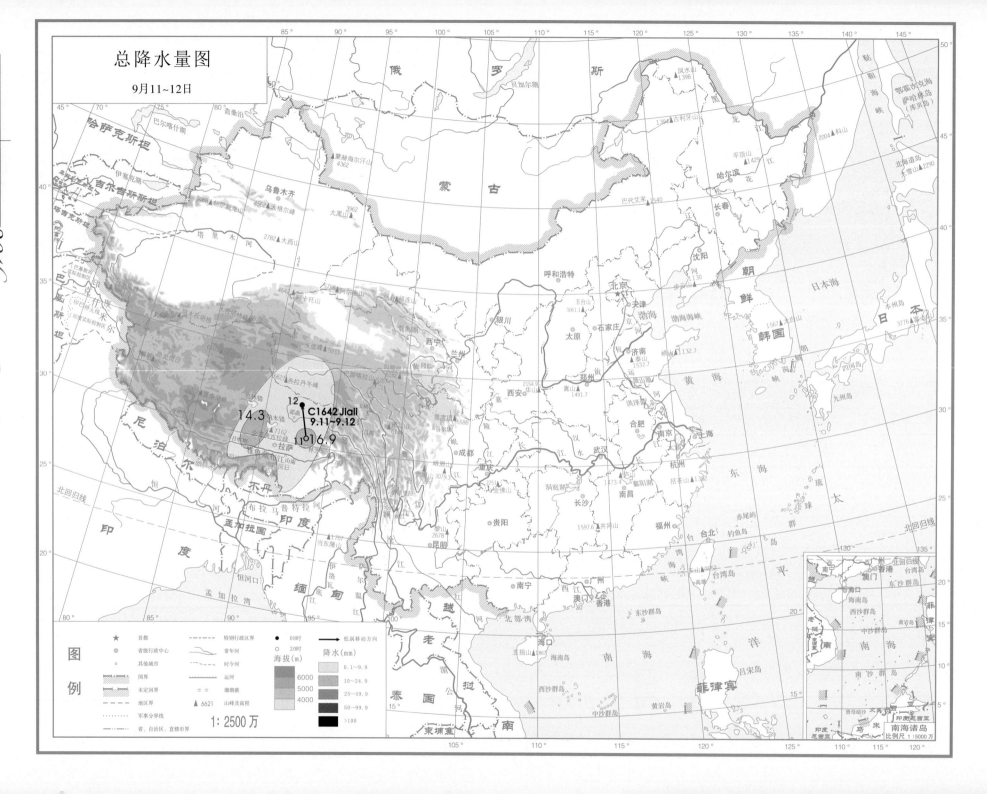

总降水量图

9月11~12日

C1642 Jiali
9.11~9.12

12
14.3
11 16.9

图例

★ 首都
◎ 省级行政中心
○ 其他城市
国界
未定国界
地区界
军事分界线
省、自治区、直辖市界

特别行政区界
常年河
时令河
运河
湖泊礁
▲6621 山峰及高程

● 08时
○ 20时

海拔(m)
6000
5000
4000

降水(mm)
0.1~9.9
10~24.9
25~49.9
50~99.9
>100

低涡移动方向

1:2500万

南海诸岛
比例尺 1:5000万

总降水日数图

9月11~12日

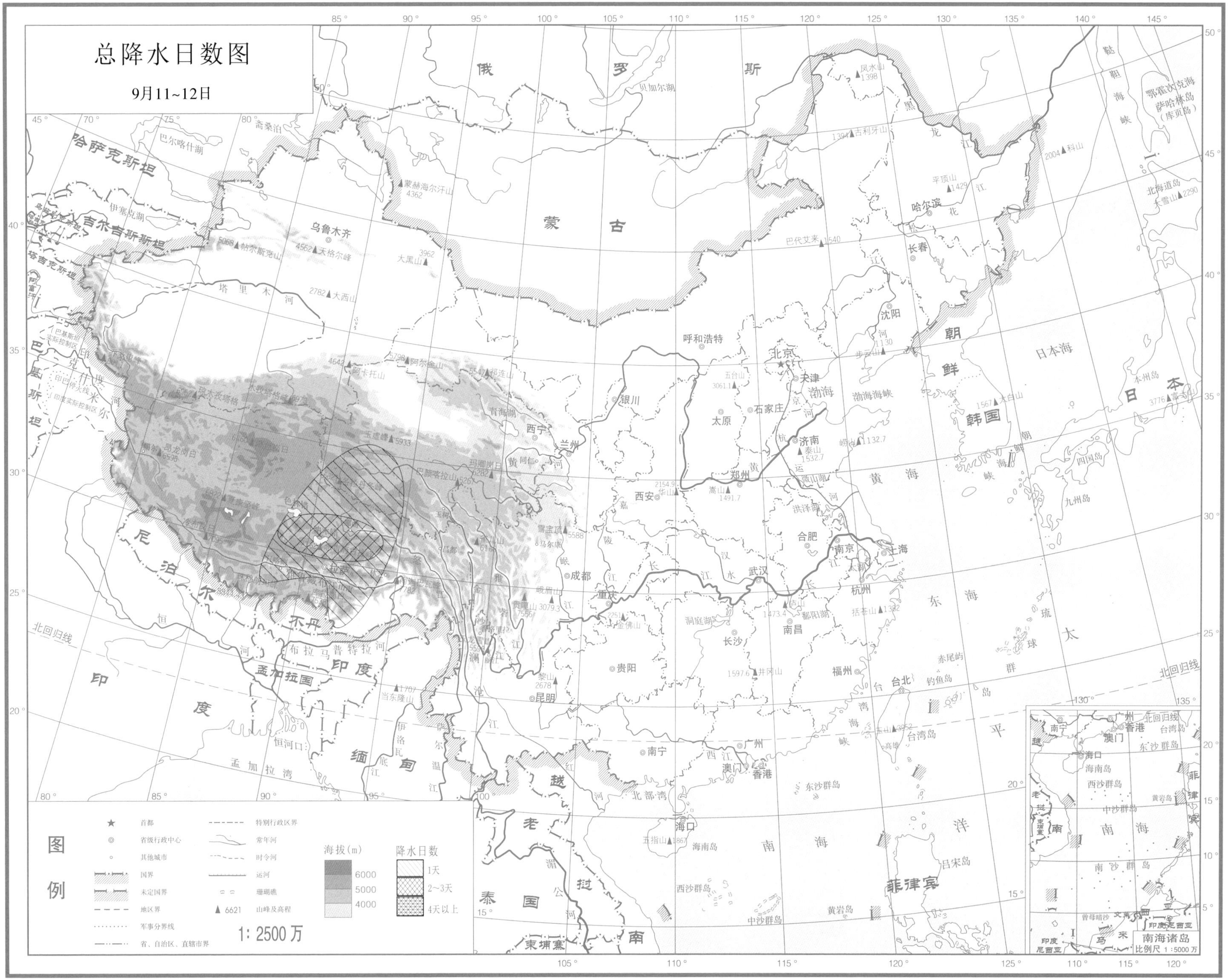

图例

★	首都		特别行政区界
◎	省级行政中心		常年河
○	其他城市		时令河
	国界		运河
	未定国界	▭	珊瑚礁
	地区界	▲ 6621	山峰及高程
	军事分界线		
	省、自治区、直辖市界		

海拔(m)
- 6000
- 5000
- 4000

降水日数
- 1天
- 2~3天
- 4天以上

1:2500万

南海诸岛
比例尺 1:5000万

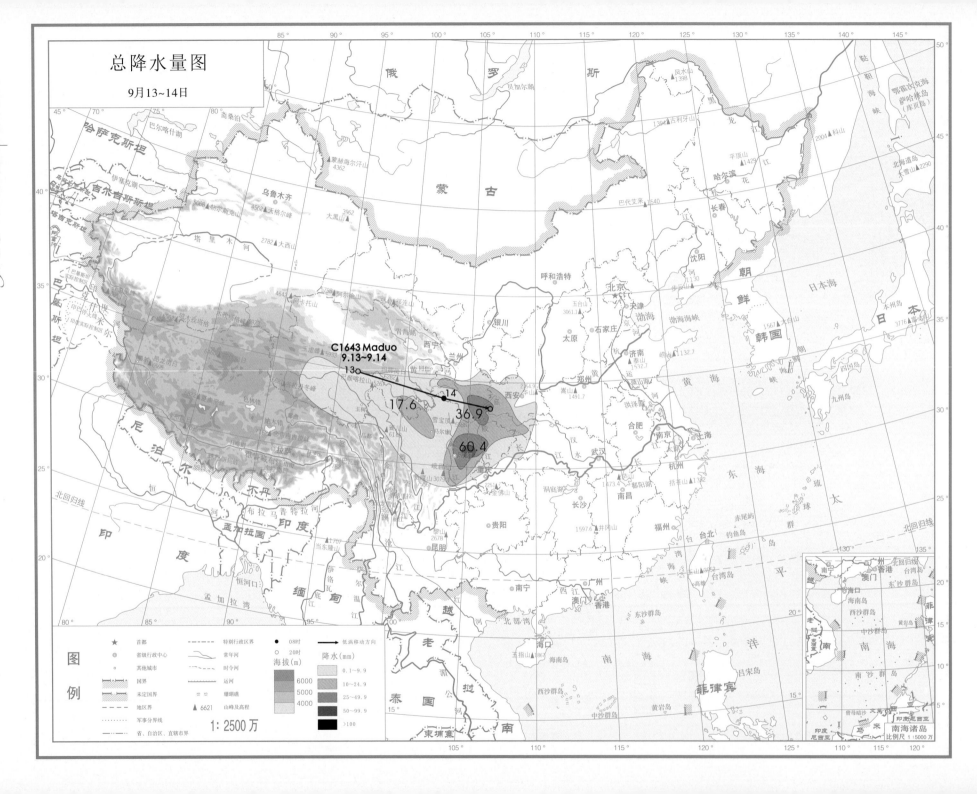

总降水量图

9月13~14日

C1643 Maduo
9.13~9.14

13o

14

17.6

36.9

60.4

图例

图例		
★	首都	
◎	省级行政中心	
○	其他城市	

特别行政区界
常年河
时令河
国界
未定国界
地区界
军事分界线
省、自治区、直辖市界
运河
遄期渠
▲ 6621 山峰及高程

● 08时
○ 20时
低涡移动方向

降水(mm)
海拔(m)

	降水(mm)
	0.1~9.9
	10~24.9
	25~49.9
	50~99.9
	>100

	海拔(m)
	6000
	5000
	4000

1:2500万

南海诸岛
比例尺 1:5000万

总降水日数图

9月13~14日

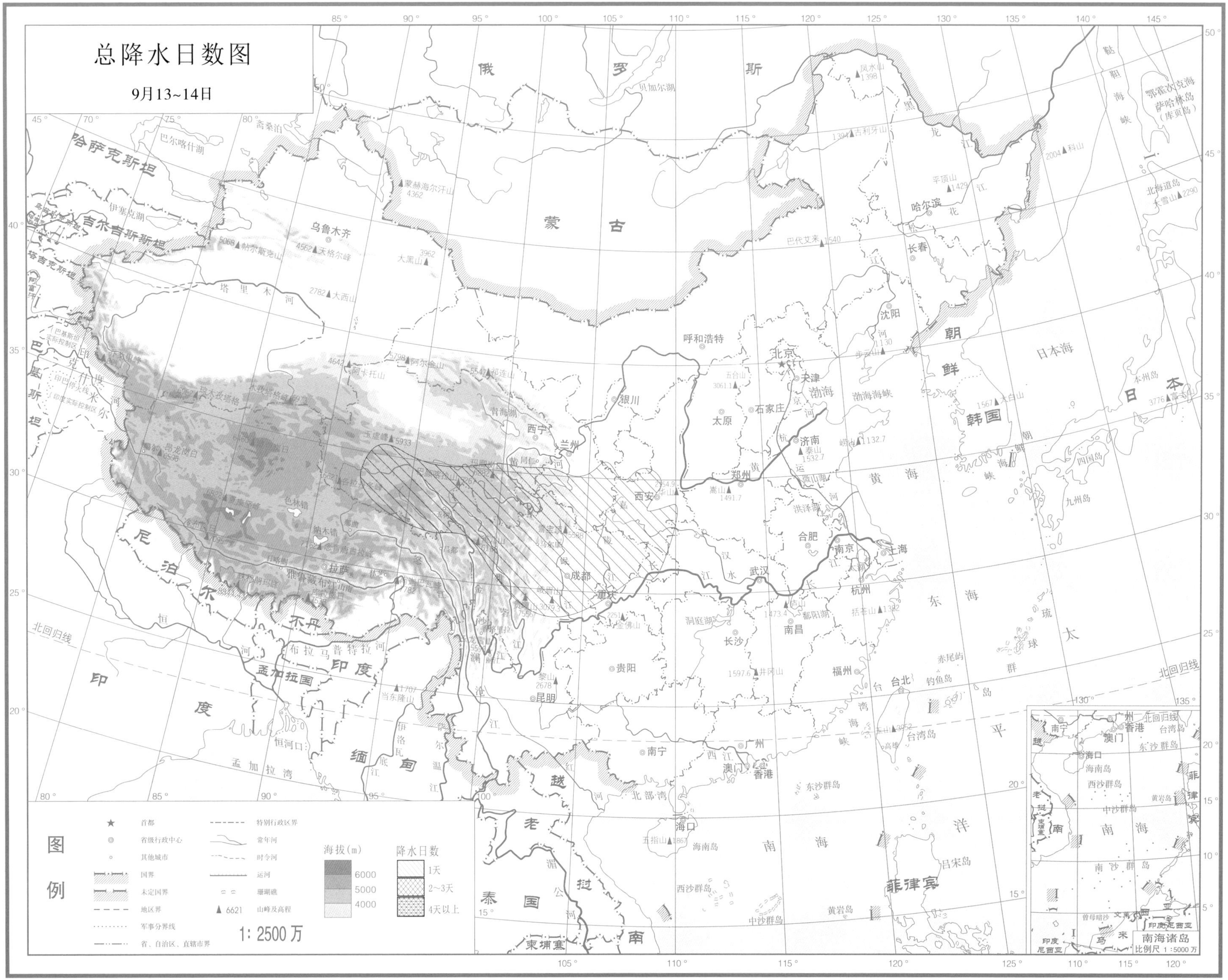

1:2500 万

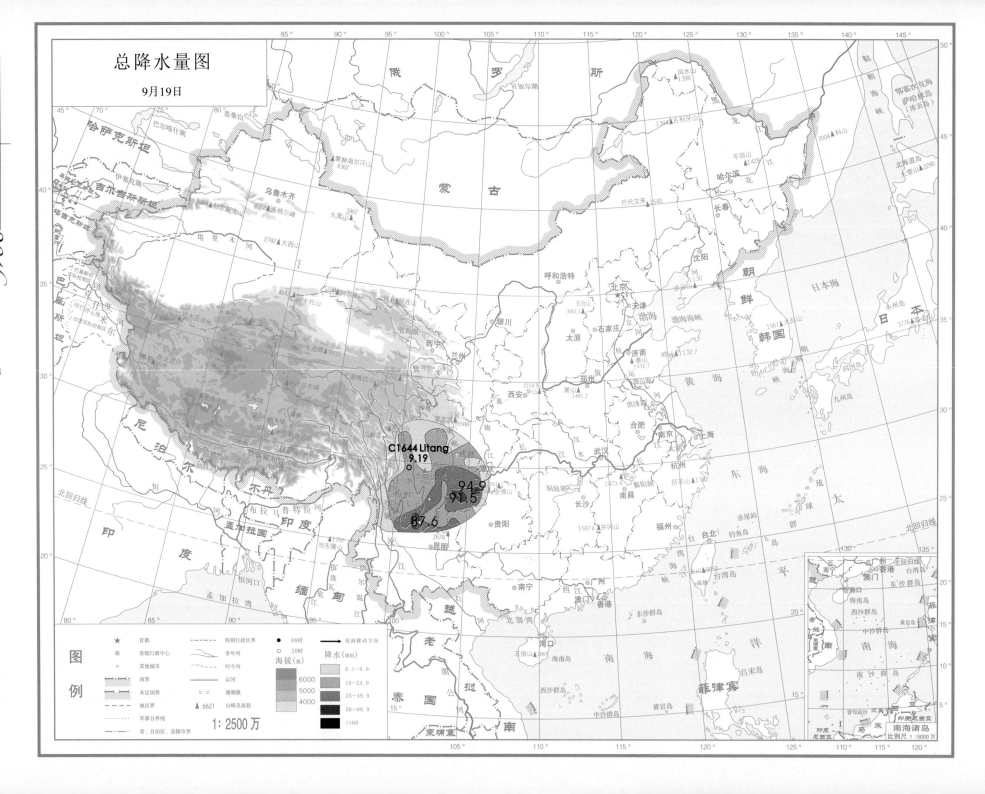

总降水量图

9月19日

图例

★	首都	-----	特别行政区界
◎	省级行政中心		常年河
○	其他城市		时令河
	国界		运河
	未定国界	□	珊瑚礁
---	地区界	▲ 6621	山峰及高程
⋯⋯	军事分界线		
	省、自治区、直辖市界		

海拔(m)
6000
5000
4000

● 08时
○ 20时
→ 低涡移动方向

降水(mm)
0.1～9.9
10～24.9
25～49.9
50～99.9
>100

1：2500万

C1644 Litang
9.19

94.9
91.5
87.6

南海诸岛
比例尺 1：5000万

总降水日数图

9月19日

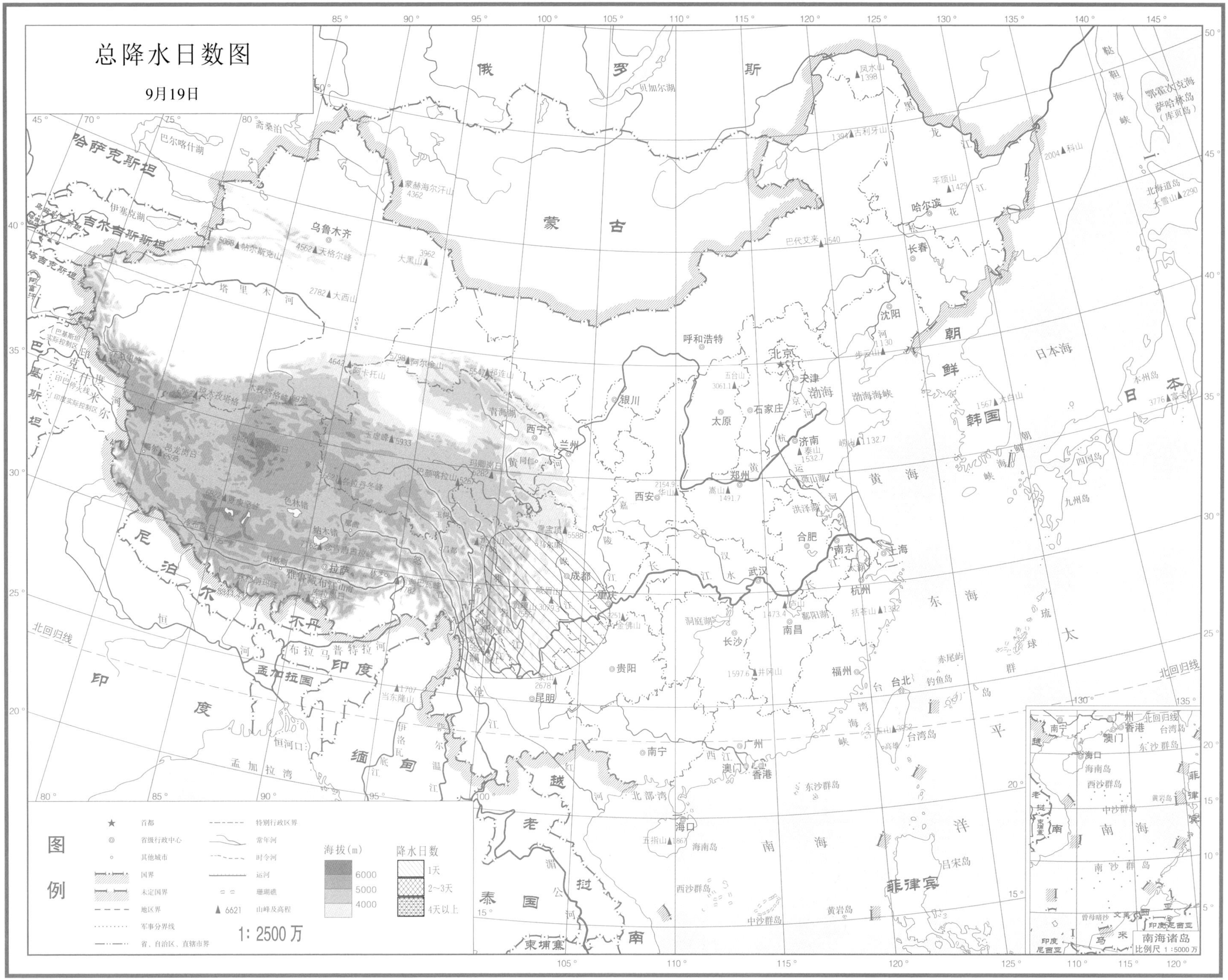

图例

符号	说明	符号	说明
★	首都	---·---	特别行政区界
◎	省级行政中心		常年河
○	其他城市		时令河
	国界		运河
	未定国界	==	珊瑚礁
	地区界	▲ 6621	山峰及高程
	军事分界线		
	省、自治区、直辖市界		

海拔(m)
6000
5000
4000

降水日数
1天
2～3天
4天以上

1:2500万

南海诸岛
比例尺 1:5000万

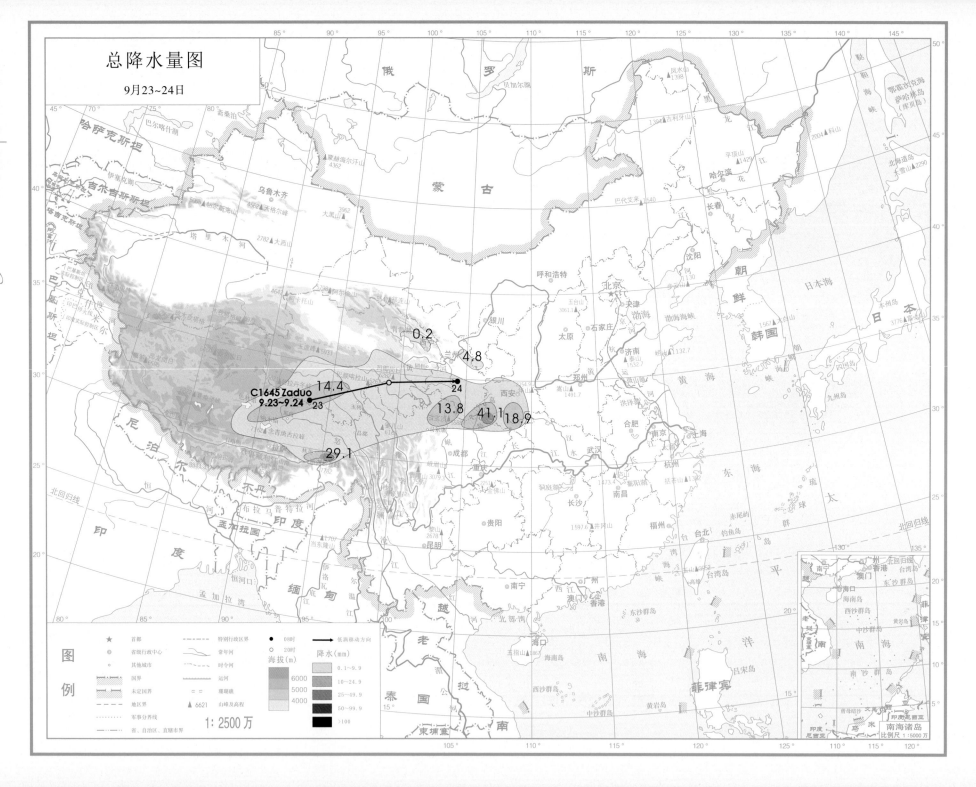

总降水量图

9月23~24日

C1645 Zaduo
9.23~9.24

14.4
0.2
4.8
24
13.8
41.1
18.9
29.1

图例

首都
省级行政中心
其他城市

特别行政区界
常年河
时令河
运河
珊瑚礁

国界
未定国界
地区界
军事分界线
省、自治区、直辖市界

▲6621 山峰及高程
海拔(m)
6000
5000
4000

08时
20时

低涡移动方向

降水(mm)
0.1~9.9
10~24.9
25~49.9
50~99.9
>100

1:2500万

南海诸岛
比例尺 1:5000万

总降水日数图

9月23~24日

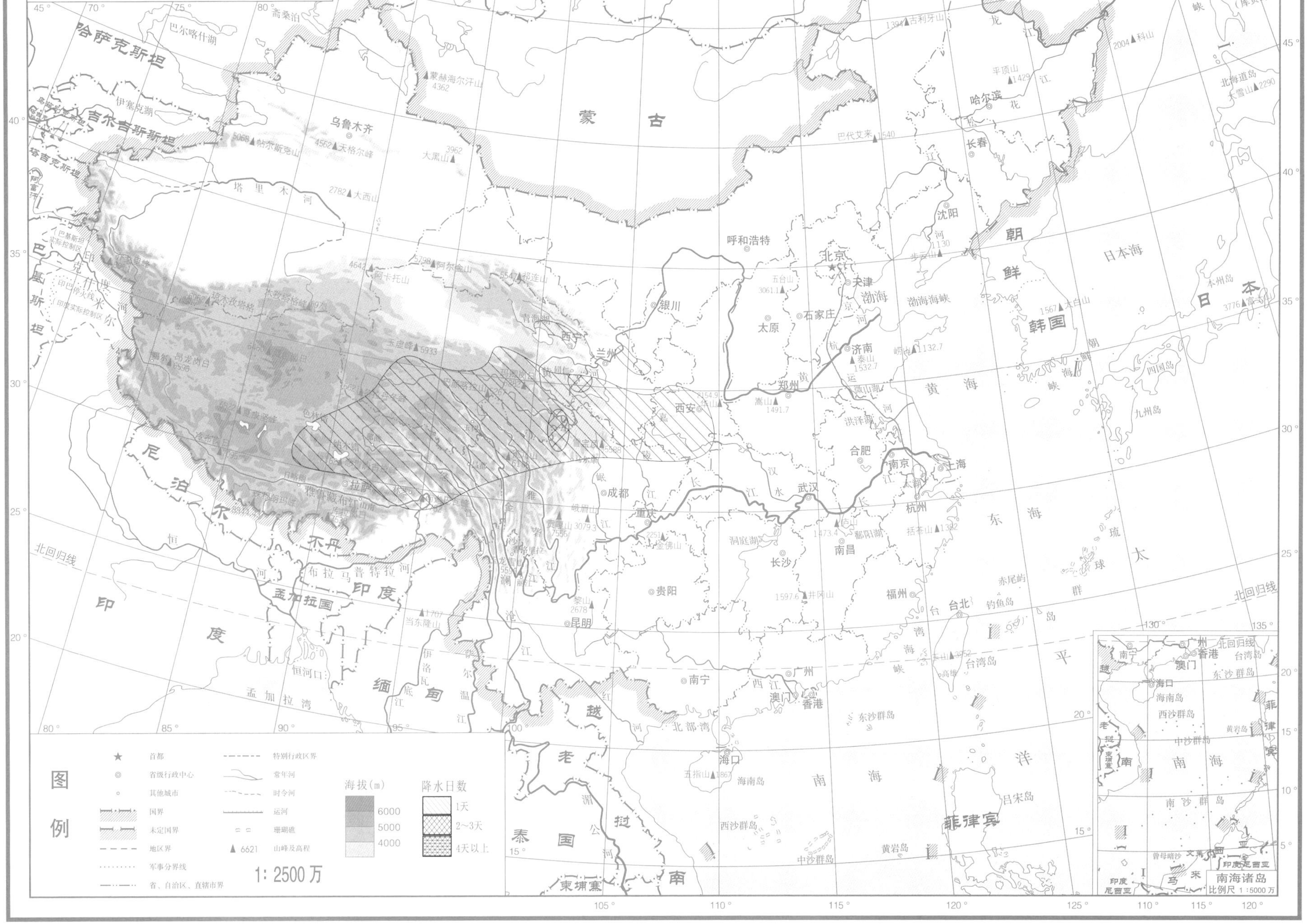

图例

★	首都
◎	省级行政中心
○	其他城市
	国界
	未定国界
	地区界
	军事分界线
	省、自治区、直辖市界

	特别行政区界
	常年河
	时令河
	运河
	珊瑚礁
▲ 6621	山峰及高程

海拔(m)
6000
5000
4000

降水日数
1天
2~3天
4天以上

1: 2500 万

南海诸岛
比例尺 1:5000万

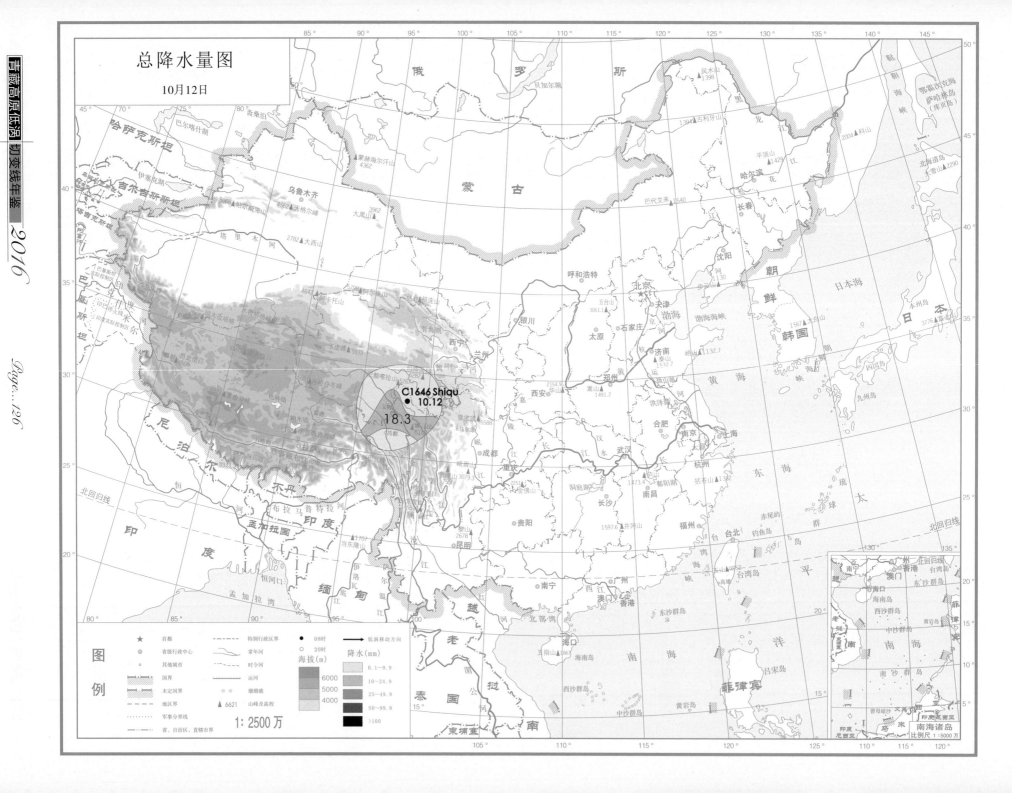

总降水量图

10月12日

C1646 Shiqu
10.12

18.3

图例

★	首都	⚊ ⚊	特别行政区界
⊛	省级行政中心		常年河
◎	其他城市		时令河
	国界		运河
	未定国界	⊐	珊瑚礁
⚊ ⚊	地区界	▲ 6621	山峰及高程
⋯⋯	军事分界线		
	省、自治区、直辖市界		

海拔(m)

6000
5000
4000

降水(mm)

● 08时
○ 20时

→ 低涡移动方向

0.1～9.9
10～24.9
25～49.9
50～99.9
>100

1：2500万

南海诸岛
比例尺 1：5000万

总降水日数图

10月12日

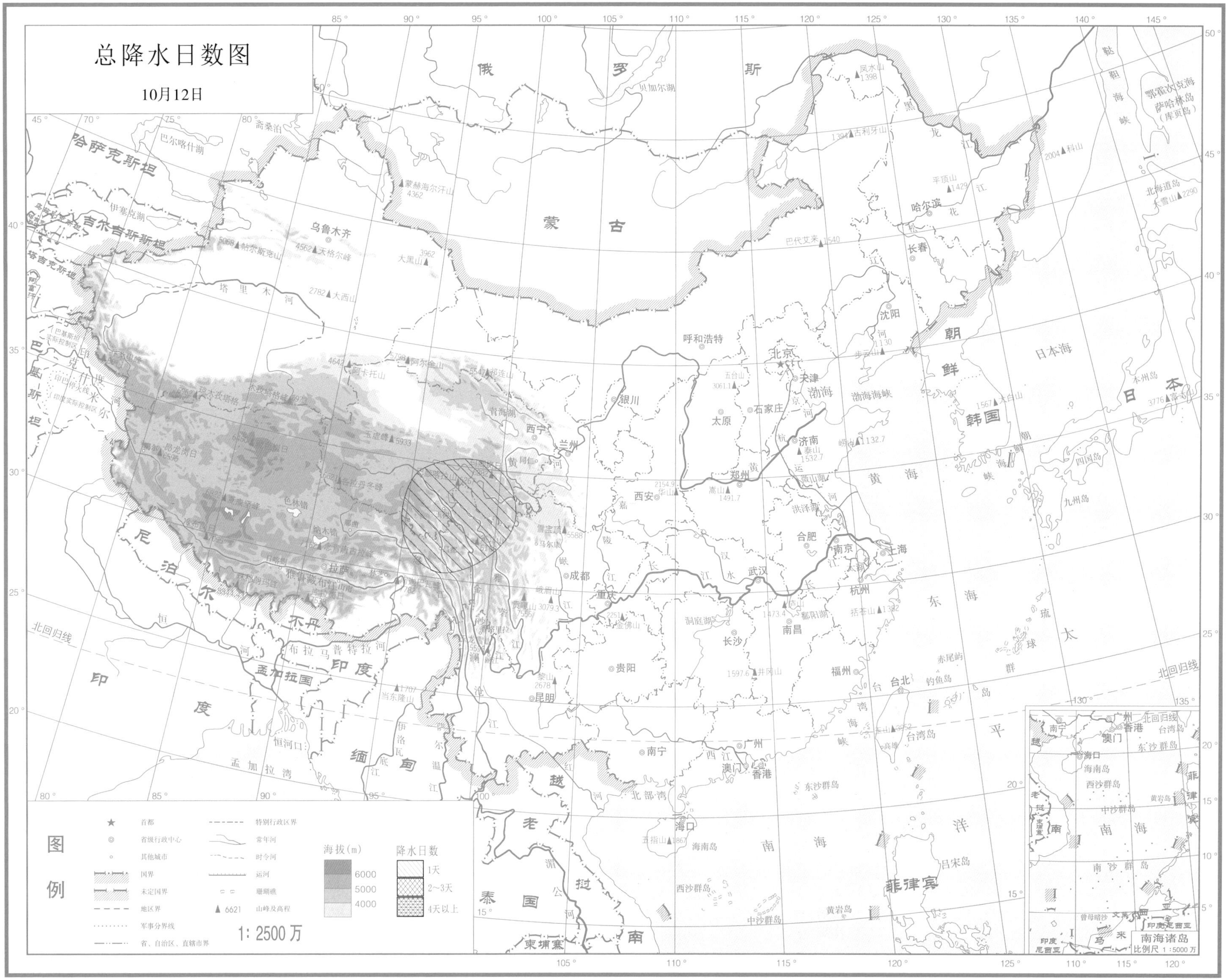

图例

★	首都
◎	省级行政中心
○	其他城市
	国界
	未定国界
	地区界
	军事分界线
	省、自治区、直辖市界

	特别行政区界
	常年河
	时令河
	运河
	珊瑚礁
▲ 6621	山峰及高程

海拔(m)

	6000
	5000
	4000

降水日数

	1天
	2~3天
	4天以上

1:2500万

南海诸岛
比例尺 1:5000万

高原低涡 第 1 部分

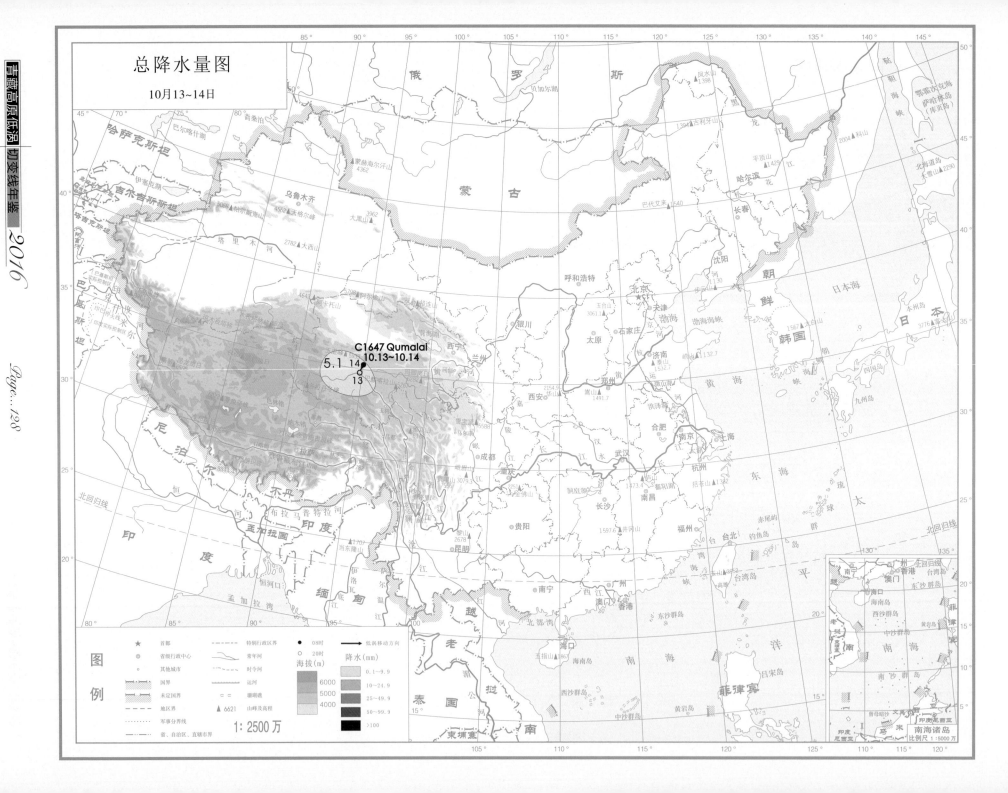

总降水量图

10月13~14日

C1647 Qumalai
10.13~10.14

5.1 14
13

青藏高原低涡 切变线年鉴 2016

图例

	首都		特别行政区界	●	08时	
	省级行政中心		常年河	○	20时	
	其他城市		时令河	→	低涡移动方向	
	国界		运河			
	未定国界		珊瑚礁			
	地区界	▲ 6621	山峰及高程			
	军事分界线					
	省、自治区、直辖市界					

海拔(m)
6000
5000
4000

降水(mm)
0.1~9.9
10~24.9
25~49.9
50~99.9
>100

1:2500万

南海诸岛
比例尺 1:5000万

总降水日数图

10月13~14日

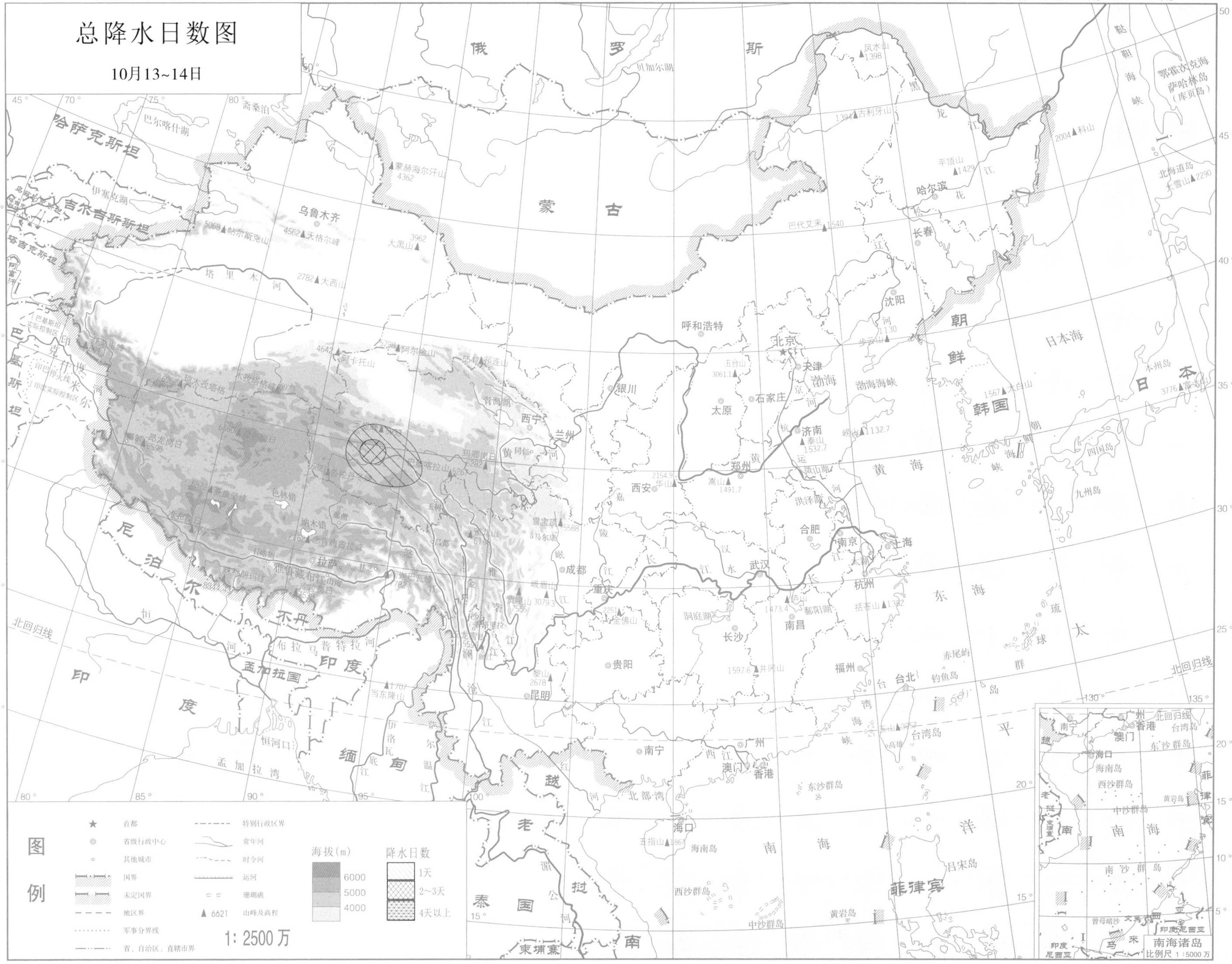

图例

★ 首都	----- 特别行政区界
◎ 省级行政中心	～～ 常年河
○ 其他城市	～～ 时令河
国界	运河
未定国界	○○ 珊瑚礁
地区界	▲ 6621 山峰及高程
军事分界线	
省、自治区、直辖市界	

海拔(m)
6000 5000 4000

降水日数
1天
2~3天
4天以上

1: 2500 万

南海诸岛
比例尺 1:5000 万

高原低涡 第 1 部分

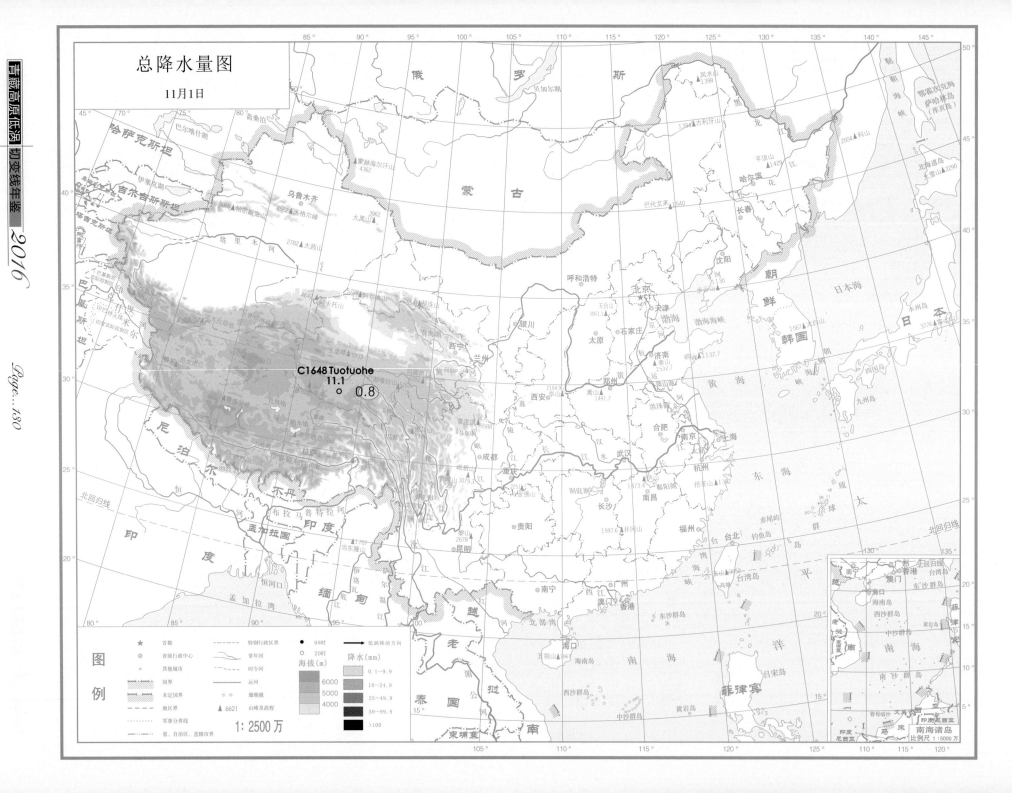

总降水量图

11月1日

C1648 Tuotuohe
11.1
0.8

图例

★ 首都
◎ 省级行政中心
○ 其他城市

特别行政区界
常年河
时令河
运河
珊瑚礁

▲ 6621 山峰及高程

● 08时
○ 20时

低涡移动方向

降水(mm)
海拔(m)

6000
5000
4000

0.1～9.9
10～24.9
25～49.9
50～99.9
>100

国界
未定国界
地区界
军事分界线
省、自治区、直辖市界

1:2500万

南海诸岛
比例尺 1:5000万

总降水日数图

11月1日

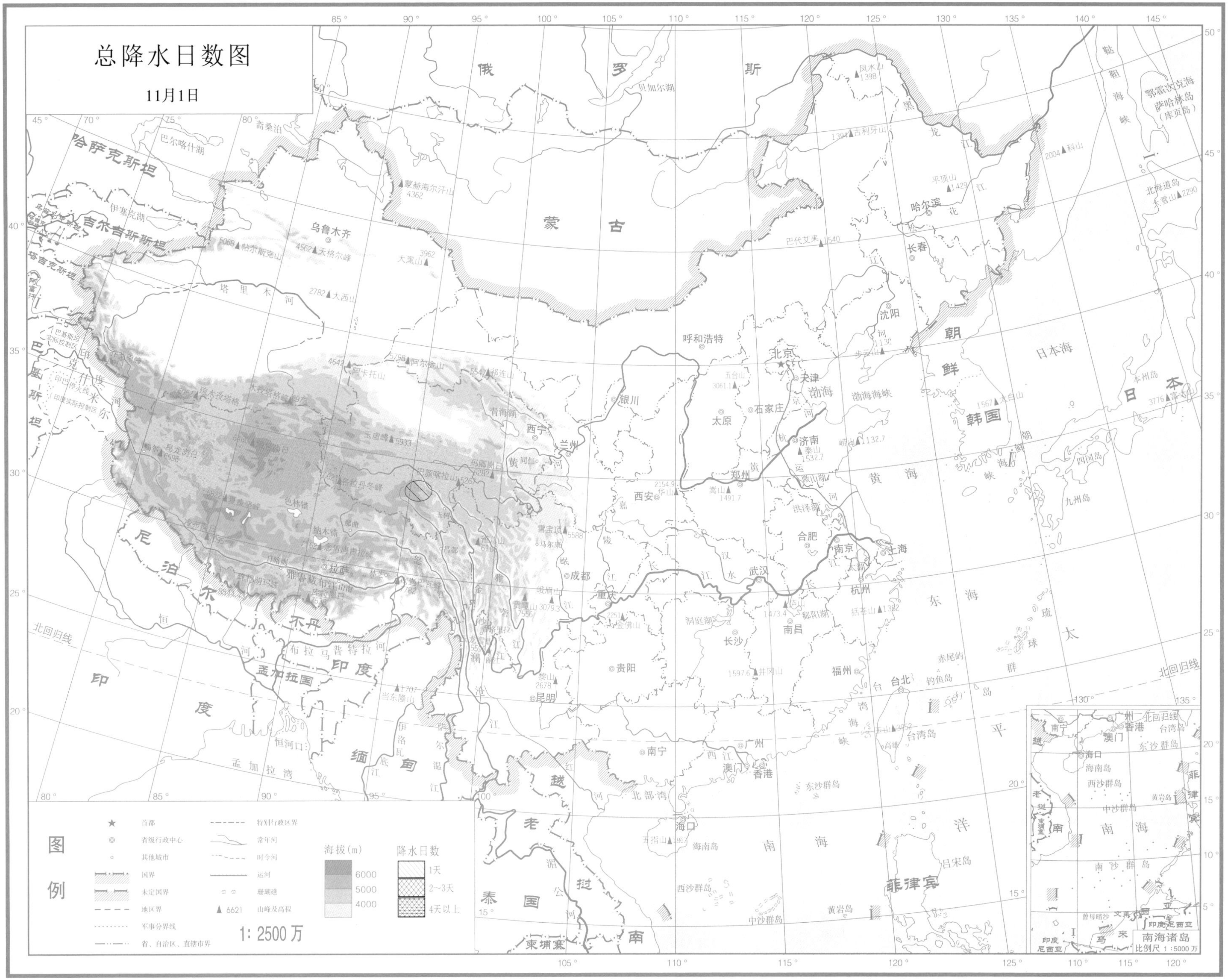

图例

- ★ 首都
- ◎ 省级行政中心
- ○ 其他城市
- 国界
- 未定国界
- 地区界
- 军事分界线
- 省、自治区、直辖市界
- 特别行政区界
- 常年河
- 时令河
- 运河
- 缊期湖
- ▲6621 山峰及高程

海拔(m)
- 6000
- 5000
- 4000

降水日数
- 1天
- 2~3天
- 4天以上

1:2500万

南海诸岛
比例尺 1:5000万

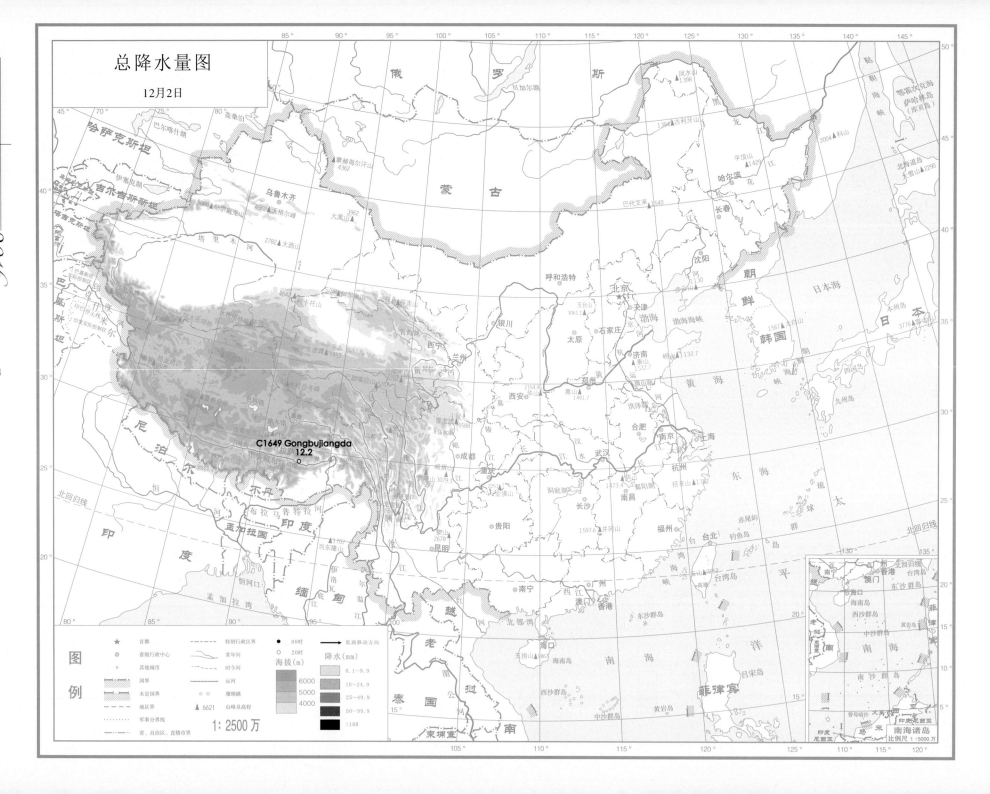

总降水量图

12月2日

C1649 Gongbujiangda
12.2

图例

★ 首都
◎ 省级行政中心
○ 其他城市
国界
未定国界
地区界
军事分界线
省、自治区、直辖市界

特别行政区界
常年河
时令河
运河
珊瑚礁
▲ 6621 山峰及高程

● 08时
○ 20时
海拔(m)
6000
5000
4000

低涡移动方向

降水(mm)
0.1~9.9
10~24.9
25~49.9
50~99.9
>100

1:2500万

南海诸岛
比例尺1:5000万

总降水日数图

12月2日

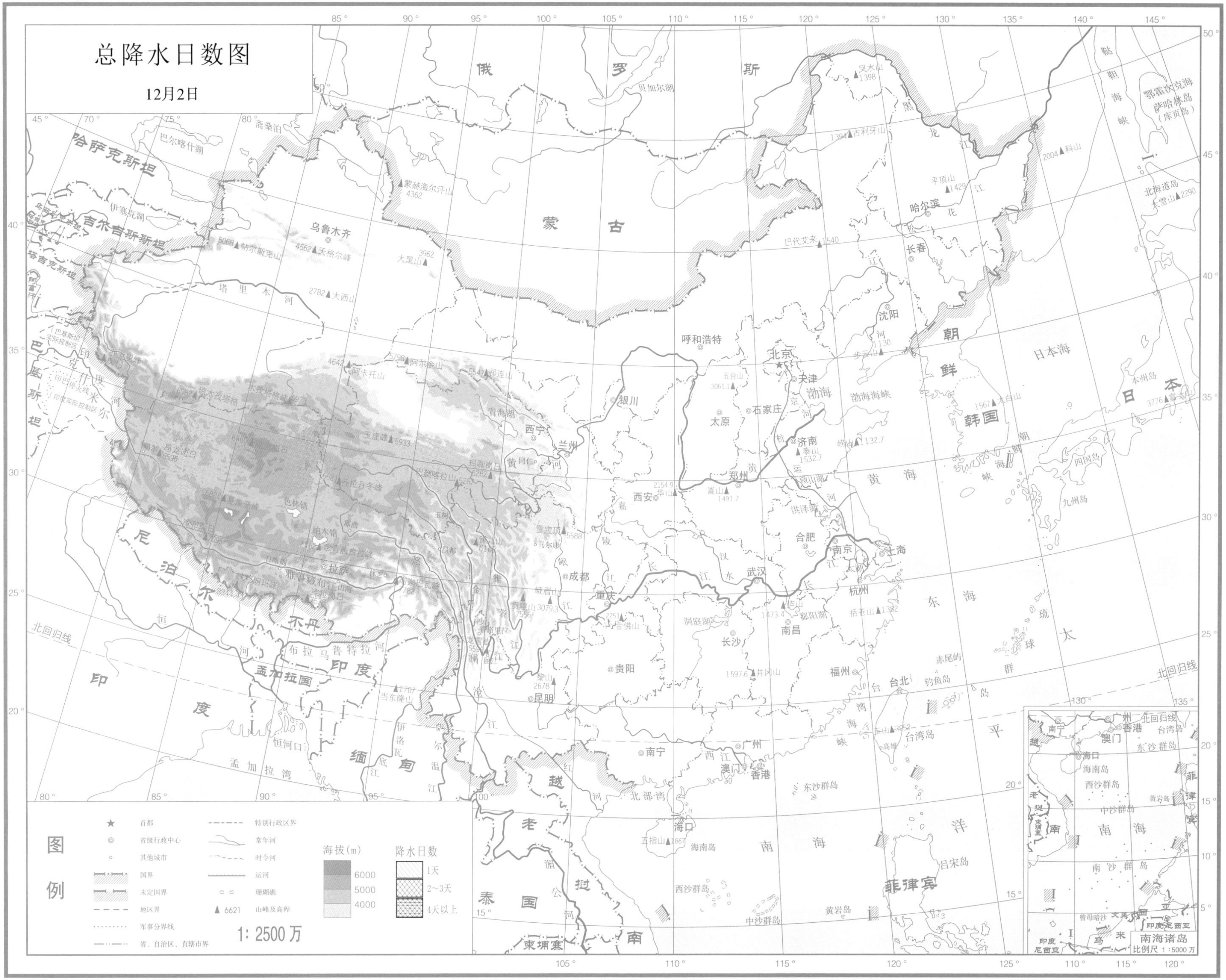

图例

符号	说明
★	首都
◎	省级行政中心
◦	其他城市

符号	说明
—·—·	特别行政区界
～～	常年河
=====	时令河

符号	说明
╫╫	国界
╫╫	未定国界
— —	地区界
········	军事分界线
—·—	省、自治区、直辖市界

符号	说明
～～	运河
═ ═	珊瑚礁
▲ 6621	山峰及高程

海拔(m)

颜色	海拔
	6000
	5000
	4000

降水日数

图案	日数
	1天
	2~3天
	4天及以上

1：2500万

南海诸岛
比例尺 1：5000万

高原低涡中心位置资料表

月	日	时	中心位置 北纬/(°)	中心位置 东经/(°)	位势高度/位势什米	月	日	时	中心位置 北纬/(°)	中心位置 东经/(°)	位势高度/位势什米	月	日	时	中心位置 北纬/(°)	中心位置 东经/(°)	位势高度/位势什米
① 2月26日 （C1601）拉孜，Lazi						④ 3月22~23日 （C1604）安多，Anduo						⑦ 4月7~8日 （C1607）曲麻莱，Qumalai					
2	26	20	29.6	87.0	575	3	22	08	33.0	92.4	566	4	7	20	34.4	95.0	573
消失								20	32.3	94.4	568		8	08	34.7	99.9	573
② 3月18~20日 （C1602）冷湖，Lenghu							23	08	32.6	99.0	570			20	35.9	105.6	569
3	18	20	38.7	93.8	564	消失						消失					
	19	08	40.0	97.0	564	⑤ 3月28~29日 （C1605）沱沱河，Tuotuohe						⑧ 4月14日 （C1608）沱沱河，Tuotuohe					
		20	40.0	98.9	566	3	28	20	32.8	93.1	572	4	14	08	34.1	91.5	566
	20	08	40.6	96.5	565		29	08	33.0	100.1	568	消失					
		20	37.0	104.8	566	消失						⑨ 4月21~23日 （C1609）冷湖，Lenghu					
消失						⑥ 3月31日~4月1日 （C1606）当雄，Dangxiong						4	21	08	38.3	93.2	569
③ 3月21~22日 （C1603）玛多，Maduo						3	31	08	30.8	90.8	576			20	38.3	95.0	571
3	21	20	35.3	96.8	566			20	30.3	93.0	575		22	08	38.3	98.6	568
	22	08	37.0	100.0	567	4	1	08	31.0	101.2	575			20	37.6	101.1	566
		20	38.2	99.9	569	消失							23	08	37.0	105.1	565
消失												消失					

高原低涡中心位置资料表（续-1）

月	日	时	中心位置		位势高度 /位势什米	月	日	时	中心位置		位势高度 /位势什米	月	日	时	中心位置		位势高度 /位势什米
			北纬/(°)	东经/(°)					北纬/(°)	东经/(°)					北纬/(°)	东经/(°)	
⑩ 4月23~25日						⑬ 4月29日						⑰ 5月12~13日					
（C1610）沱沱河，Tuotuohe						（C1613）兴海，Xinghai						（C1617）沱沱河，Tuotuohe					
4	23	08	34.3	91.0	568	4	29	20	35.4	100.0	576	5	12	20	34.2	91.0	576
		20	34.1	89.8	568	消失							13	08	35.7	96.5	573
	24	08	37.2	92.6	567	⑭ 4月30日~5月1日						消失					
		20	34.8	98.6	568	（C1614）尼木，Nimu						⑱ 5月15~17日					
	25	08	35.3	101.2	567	4	30	20	29.4	90.1	577	（C1618）安多，Anduo					
		20	36.7	108.0	570	5	1	08	30.2	97.3	577	5	15	20	32.7	91.0	580
消失						消失							16	08	34.3	91.0	574
⑪ 4月25日						⑮ 5月5~6日								20	34.6	98.0	574
（C1611）玉树，Yushu						（C1615）安多，Anduo							17	08	35.6	101.0	573
4	25	20	34.2	96.3	572	5	5	20	33.1	91.2	577						
消失							6	08	34.7	91.0	576						
⑫ 4月28~30日								20	32.6	99.4	576						
（C1612）德格，Dege						消失											
4	28	20	32.3	98.9	576	⑯ 5月8日											
	29	08	31.3	102.2	578	（C1616）囊谦，Nangqian						消失					
		20	31.6	105.2	576	5	8	08	32.0	96.2	578						
	30	08	31.4	106.6	576	消失											
消失																	

高原低涡中心位置资料表（续-2）

月	日	时	中心位置 北纬/(°)	中心位置 东经/(°)	位势高度/位势什米	月	日	时	中心位置 北纬/(°)	中心位置 东经/(°)	位势高度/位势什米	月	日	时	中心位置 北纬/(°)	中心位置 东经/(°)	位势高度/位势什米
⑲ 5月17~22日 （C1619）沱沱河，Tuotuohe						⑳ 5月25~26日 （C1620）改则，Gaize						㉒ 5月29日~6月1日 （C1622）改则，Gaize					
5	17	20	34.0	91.2	575	5	25	08	33.6	86.4	572	5	29	08	33.3	85.0	576
	18	08	34.2	95.1	576			20	32.8	88.3	571			20	33.7	87.9	574
		20	35.2	101.2	575		26	08	36.0	92.6	572		30	08	35.6	93.5	570
	19	08	34.6	104.2	576			20	34.9	95.0	572			20	38.1	95.2	573
		20	33.8	108.5	576	消失							31	08	38.2	96.0	574
	20	08	33.7	109.1	576	㉑ 5月28日 （C1621）刚察，Gangcha								20	36.6	96.3	576
		20	34.3	115.2	577	5	28	08	36.9	100.9	576	6	1	08	36.7	100.6	576
	21	08	34.8	115.3	580							消失					
		20	32.4	118.0	579	消失						㉓ 6月5~6日 （C1623）改则，Gaize					
	22	08	33.2	119.5	580							6	5	08	32.0	86.9	585
	22	20	33.6	121.8	580									20	33.2	93.0	583
消失													6	08	32.6	98.5	584
												消失					

高原低涡中心位置资料表（续-3）

月	日	时	中心位置 北纬/(°)	中心位置 东经/(°)	位势高度 / 位势什米	月	日	时	中心位置 北纬/(°)	中心位置 东经/(°)	位势高度 / 位势什米	月	日	时	中心位置 北纬/(°)	中心位置 东经/(°)	位势高度 / 位势什米
㉔ 6月6~9日 （C1624）噶尔，Gaer						㉖ 6月13~15日 （C1626）安多，Anduo						㉙ 6月30日~7月1日 （C1629）隆子，Longzi					
6	6	08	32.8	81.9	584	6	13	20	33.0	90.4	581	6	30	20	28.6	92.5	585
		20	31.8	86.0	583		14	08	31.3	93.5	582	7	1	08	30.8	94.1	584
	7	08	33.0	87.1	583			20	31.3	99.1	581			20	30.0	102.1	583
		20	33.5	91.4	582		15	08	30.6	102.7	580		消失				
	8	08	33.0	94.1	580		消失					㉚ 7月1日 （C1630）普兰，Pulan					
		20	31.8	100.8	581	㉗ 6月20日 （C1627）杂多，Zaduo											
	9	08	31.6	102.0	581	6	20	08	32.8	95.0	584	7	1	08	30.9	83.5	584
	消失							20	31.2	102.0	585			20	30.1	87.6	583
㉕ 6月11日 （C1625）贡觉，Gongjue							消失						消失				
						㉘ 6月29~30日 （C1628）色达，Seda						㉛ 7月4~5日 （C1631）曲麻莱，Qumalai					
6	11	08	29.8	98.3	582												
		20	30.0	98.1	582	6	29	20	32.4	99.2	585	7	4	20	34.5	95.5	579
							30	08	30.8	102.2	583		5	08	33.2	97.7	581
	消失						消失							20	34.2	98.8	583
													消失				

高原低涡中心位置资料表（续-4）

月	日	时	中心位置		位势高度/位势什米
			北纬/(°)	东经/(°)	
㉜7月7~10日（C1632）贵南，Guinan					
7	7	20	35.3	100.1	584
	8	08	32.7	100.8	584
		20	32.6	100.1	584
	9	08	32.3	97.0	584
		20	32.2	99.0	584
	10	08	33.9	94.8	582
		20	34.2	94.3	583
消失					
㉝7月22~24日（C1633）雅江，Yajiang					
7	22	08	30.0	101.0	584
		20	28.4	100.8	585
	23	08	29.8	102.3	584
		20	28.2	103.8	585
	24	08	29.4	100.3	584
消失					

月	日	时	中心位置		位势高度/位势什米
			北纬/(°)	东经/(°)	
㉞7月22~24日（C1634）班戈，Bange					
7	22	20	36.0	88.5	580
	23	08	37.5	93.8	579
		20	40.2	97.8	579
	24	08	41.2	98.8	581
消失					
㉟8月1~2日（C1635）久治，Jiuzhi					
8	1	08	33.9	101.8	585
		20	36.0	102.4	586
	2	08	37.8	101.2	585
消失					
㊱8月11日（C1636）改则，Gaize					
8	11	08	32.4	86.2	584
消失					

月	日	时	中心位置		位势高度/位势什米
			北纬/(°)	东经/(°)	
㊲8月14日（C1637）改则，Gaize					
8	14	20	32.0	86.2	584
消失					
㊳8月30日（C1638）果洛，Guoluo					
8	30	08	34.0	98.3	584
消失					
㊴9月3日（C1639）石渠，Shiqu					
9	3	08	32.5	99.1	581
消失					
㊵9月4日（C1640）乌图美仁，Wutumeiren					
9	4	08	37.0	92.7	581
		20	34.8	97.3	582
消失					

高原低涡中心位置资料表（续-5）

月	日	时	北纬/(°)	东经/(°)	位势高度/位势什米
㊶ 9月6日 （C1641）申扎，Shenzha					
9	6	08	31.8	87.8	584
消失					
㊷ 9月11~12日 （C1642）嘉黎，Jiali					
9	11	20	30.5	93.2	584
	12	08	32.4	92.5	584
消失					
㊸ 9月13~14日 （C1643）玛多，Maduo					
9	13	20	35.0	96.4	583
	14	08	34.0	103.0	584
		20	33.5	106.6	584
消失					

月	日	时	北纬/(°)	东经/(°)	位势高度/位势什米
㊹ 9月19日 （C1644）理塘，Litang					
9	19	20	29.7	100.7	584
消失					
㊺ 9月23~24日 （C1645）杂多，Zaduo					
9	23	08	32.8	93.5	579
		20	34.5	99.2	578
	24	08	34.9	104.3	577
消失					
㊻ 10月12日 （C1646）石渠，Shiqu					
10	12	08	33.3	98.5	579
消失					

月	日	时	北纬/(°)	东经/(°)	位势高度/位势什米
㊼ 10月13~14日 （C1647）曲麻莱，Qumalai					
10	13	20	34.8	94.8	576
	14	08	35.3	95.0	576
消失					
㊽ 11月1日 （C1648）沱沱河，Tuotuohe					
11	1	20	33.5	93.3	579
消失					
㊾ 12月2日 （C1649）工布江达，Gongbujiangda					
12	2	20	29.3	92.8	576
消失					

第二部分

高原切变线

Tibetan Plateau Shear Line

2016年
高原切变线概况

2016年发生在青藏高原上的切变线共有34次,其中在青藏高原东部生成的切变线共有24次,在青藏高原西部生成的切变线共有10次(表11~13)。

2016年初生高原切变线出现在1月中旬末,最后一个高原切变线生成在12月下旬(表11)。从月际分布看,7月和8月出现次数最多,各有7次;2016年切变线主要集中在6~8月,约占59%(表11)。移出高原的青藏高原切变线较少,全年只有1次,出现在7月(表14)。本年度除3月和11月外,每月均有高原切变线生成,且各月生成高原切变线的次数有差异,具体详见表11。

2016年青藏高原切变线源地主要在青藏高原东部(表12)。移出高原的青藏高原切变线共1次(表14~16),移出高原的地点在四川(表17)。

本年度高原切变线北、南两侧最大风速的最多频率分别为6~12m/s,约占87.7%和68.4%(表18)。夏半年,高原切变线北、南两侧最大风速的最多频率分别是北侧为6~12m/s,约占91.5%;南侧以4~12m/s,约占85.1%(表19)。冬半年,高原切变线北侧最大风速的最多频率为10~14m/s,占90%;南侧为12和16m/s,各占30%(表20)。

全年除影响青藏高原以外对我国其余地区有影响的高原切变线共有10次。其中6次高原切变线造成的过程降水量在50mm以上,它们是S1610、S1617、S1619、S1620、S1629、S1632高原切变线,分别在云南永胜、四川名山、四川大邑、四川峨眉、四川洪雅、四川新津造成过程降水量分别为54.9mm、106.9mm、63.6mm、110.2mm、51.6mm、54.1mm，降水日数分别为1天、2天、1天、2天、1天、1天。

2016年对我国影响较大的高原切变线主要是S1617、S1620，其中S1620高原切变线是造成我国降水最强、影响范围最广的的一次过程，有超过10个测站出现了暴雨、大暴雨，主要分布在西藏和四川。7月24日20时在高原东南部久治到浪卡子生成的S1620高原切变线，切变线北、南两侧最大风速均是8m/s，此切变线在高原东南部东北移。25日20时，切变线移至高原东部边缘，切变线北、南两侧最大风速分别是12m/s、10m/s，之后此切变线转为东南方向移动，26日20时移出高原，此时切变线北、南两侧最大风速均是10m/s。切变线移出高原后继续向东南方向移动，27日20时切变线减弱，北、南两侧最大风速分别是8m/s、6m/s，之后切变线转为东北移，28日08时，切变线北、南两侧最大风速分别是6m/s、14m/s，之后消失。在此切变线活动过程中，北侧风速先逐渐增强后减弱，25日20时达到最大值，为12m/s；南侧风速先逐渐增强后稍有减弱再增强。26日08时与28日08时达到最大值，为14m/s。受其影响，西藏东半部和四川盆地地区普遍降了大雨到暴雨，降水日数为1~3天。青海、甘肃、陕西、湖北等部分地区出现中到大雨，降水日数为1~3天。贵州、重庆和云南等部分地区出现小到中雨，降水日数为1~3天。7月12日20时生成于高原东南部兰州至改则的S1617高原切变线，是对青藏高原、长江上游降水影响最大的高原切变线，该高原切变线生成后先西北移再转为东南移，在切变线移动过程中，北侧最大风速先增强后保持不变，南侧风速先增强再减弱，12日20时高原切变线生成时，切变线北、南两侧最大风速分别为10m/s、8m/s，之后切变线西北移，13日08时切变线北、南两侧最大风速均增加到最大值，分别为12m/s、10m/s，后切变线转为东南移，13日20时切变线南侧风速减弱，为6m/s，北侧风速维持不变。之后切变线减弱消失。受其影响，西藏、四川部分地区降了大雨到暴雨，降水日数为1~2天。青海、宁夏和甘肃部分地区降了小到中雨，降水日数为1~2天。

表11 高原切变线出现次数

月 年	1	2	3	4	5	6	7	8	9	10	11	12	合计
2016	1	1	0	2	4	6	7	7	4	1	0	1	34
几率/%	2.94	2.94	0.00	5.88	11.76	17.65	20.59	20.59	11.76	2.94	0.00	2.94	99.99

表12 高原东部切变线出现次数

月 年	1	2	3	4	5	6	7	8	9	10	11	12	合计
2016	1	1	0	2	3	6	3	3	4	0	0	1	24
几率/%	4.17	4.17	0.00	8.33	12.50	25.00	12.50	12.50	16.66	0.00	0.00	4.17	100

表13 高原西部切变线出现次数

月 年	1	2	3	4	5	6	7	8	9	10	11	12	合计
2016	0	0	0	0	1	0	4	4	0	1	0	0	10
几率/%	0.00	0.00	0.00	0.00	10.00	0.00	40.00	40.00	0.00	10.00	0.00	0.00	100

表14 高原切变线移出高原次数

月 年	1	2	3	4	5	6	7	8	9	10	11	12	合计
2016	0	0	0	0	0	0	1	0	0	0	0	0	1
移出几率/%	0.00	0.00	0.00	0.00	0.00	0.00	2.94	0.00	0.00	0.00	0.00	0.00	2.94
月移出率/%	0.00	0.00	0.00	0.00	0.00	0.00	100	0.00	0.00	0.00	0.00	0.00	100

表15 高原东部切变线移出高原次数

月 年	1	2	3	4	5	6	7	8	9	10	11	12	合计
2016	0	0	0	0	0	0	1	0	0	0	0	0	1
移出几率/%	0.00	0.00	0.00	0.00	0.00	0.00	4.17	0.00	0.00	0.00	0.00	0.00	4.17
月移出率/%	0.00	0.00	0.00	0.00	0.00	0.00	100	0.00	0.00	0.00	0.00	0.00	100

表16 高原西部切变线移出高原次数

月 年	1	2	3	4	5	6	7	8	9	10	11	12	合计
2016	0	0	0	0	0	0	0	0	0	0	0	0	0
移出几率/%	0.00	0.00	0.00	0.00	0.00	0.00	0.00	0.00	0.00	0.00	0.00	0.00	0.00
月移出率/%	0.00	0.00	0.00	0.00	0.00	0.00	0.00	0.00	0.00	0.00	0.00	0.00	0.00

表17 高原切变线移出高原的地区分布

地区 年	湖南	甘肃	宁夏	四川	重庆	贵州	云南	广西	合计
2016				1					1
出高原率/%				100					100

表18 高原切变线两侧最大风速频率分布

最大风速/(m/s)	2	4	6	8	10	12	14	16	18	20	22	24	26	28	合计
北侧/%	0.00	5.26	17.54	24.56	31.58	14.04	7.02	0.00	0.00	0.00	0.00	0.00	0.00	0.00	100
南侧/%	1.75	8.77	15.79	17.54	19.30	15.79	7.02	8.77	1.75	0.00	0.00	1.75	0.00	1.75	99.98

表19　夏半年高原切变线两侧最大风速频率分布

最大风速/ (m/s)	2	4	6	8	10	12	14	16	18	20	22	24	26	28	合计
北侧/%	0.00	6.38	19.15	29.79	29.79	12.77	2.12	0.00	0.00	0.00	0.00	0.00	0.00	0.00	100
南侧/%	2.13	10.64	19.15	19.15	23.40	12.77	6.38	4.26	2.12	0.00	0.00	0.00	0.00	0.00	100

表20　冬半年高原切变线两侧最大风速频率分布

最大风速/ (m/s)	2	4	6	8	10	12	14	16	18	20	22	24	26	28	合计
北侧/%	0.00	0.00	10.00	0.00	40.00	20.00	30.00	0.00	0.00	0.00	0.00	0.00	0.00	0.00	100
南侧/%	0.00	0.00	0.00	10.00	0.00	30.00	10.00	30.00	0.00	0.00	0.00	10.00	0.00	10.00	100

高原切变线纪要表

序号	编号	中英文名称	起止日期 (月.日)	最大风速 / (m/s)		发现时起-终点经纬度	移出高原 的地区	移出高原 的时间	移出高原的 风速/(m/s)		路径趋向	影响切变线 移出高原的 天气系统
				北侧	南侧				北侧	南侧		
1	S1601	色达-拉孜, Seda-Lazi	1.20	10	24	100.0°E,32.8°N-86.9°E,29.8°N					原地生消	
2	S1602	甘孜-当雄, Ganzi-Dangxiong	2.22~2.25	14	28	100.0°E,31.7°N-91.2°E,30.3°N					南北摆动后 渐南移	
3	S1603	新龙-林芝, Xinlong-Linzhi	4.13	14	14	100.0°E,31.3°N-93.2°E,30.1°N					原地生消	
4	S1604	汶川-嘉黎, Wenchuan-Jiali	4.27	12	8	103.7°E,31.7°N-93.0°E,30.5°N					原地生消	
5	S1605	泽库-安多, Zeku-Anduo	5.7	8	10	102.4°E,35.5°N-91.5°E,33.0°N					西南移	
6	S1606	石渠-安多, Shiqu-Anduo	5.23	14	6	99.0°E,32.6°N-92.0°E,32.7°N					原地生消	
7	S1607	曲麻莱-拉孜, Qumalai-Lazi	5.25	12	18	95.6°E,34.1°N-85.8°E,29.7°N					东北移	
8	S1608	新龙-南木林, Xinlong-Nanmulin	5.28	8	10	100.0°E,30.6°N-88.0°E,30.0°N					原地生消	
9	S1609	红原-林芝, Hongyuan-Linzhi	6.9	10	6	103.0°E,33.0°N-96.1°E,29.6°N					原地生消	
10	S1610	巴塘-当雄, Batang-Dangxiong	6.10~6.11	10	16	98.8°E,30.6°N-91.2°E,30.7°N					东移转东南移	
11	S1611	甘孜-安多, Ganzi-Anduo	6.13	10	8	100.0°E,32.0°N-91.2°E,32.5°N					原地生消	
12	S1612	德令哈-五道梁, Delingha-Wudaoliang	6.17	8	10	97.0°E,36.8°N-91.0°E,35.5°N					原地生消	

高原切变线纪要表（续-1）

序号	编号	中英文名称	起止日期 (月.日)	最大风速 / (m/s)		发现时起-终点经纬度	移出高原 的地区	移出高原 的时间	移出高原的 风速/(m/s)		路径趋向	影响切变线 移出高原的 天气系统
				北侧	南侧				北侧	南侧		
13	S1613	杂多-锋当， Zaduo-Fengdang	6.21	4	6	95.0°E,33.8°N-92.1°E,28.7°N					原地生消	
14	S1614	玛沁-拉孜， Maqin-Lazi	6.25~6.26	10	12	99.2°E,33.9°N-87.0°E,30.1°N					东南移	
15	S1615	嘉黎-拉孜， Jiali-Lazi	7.2	8	12	93.5°E,30.6°N-84.0°E,30.0°N					原地生消	
16	S1616	玛沁-拉孜， Maqin-Lazi	7.11	8	4	98.8°E,34.4°N-86.0°E,30.0°N					原地生消	
17	S1617	兰州-改则， Lanzhou-Gaize	7.12~7.13	12	10	103.9°E,35.8°N-84.4°E,31.5°N					西北移转东南移	
18	S1618	乌图美仁-改则， Wutumeiren-Gaize	7.16	10	10	92.5°E,36.8°N-83.7°E,34.3°N					原地生消	
19	S1619	石渠-班戈， Shiqu-Bange	7.21	10	12	97.8°E,32.4°N-84.2°E,32.0°N					东移	
20	S1620	久治-浪卡子， Jiuzhi-Langkazi	7.24~7.28	12	14	101.1°E,33.8°N-91.1°E,28.6°N	荥经	7.26[20]	10	10	东北移转东南移 再转东移出高原	青藏高压
21	S1621	昌都-拉孜， Changdu-Lazi	7.28~7.29	8	10	97.3°E,31.1°N-85.0°E,30.1°N					西北移转南移	
22	S1622	德令哈-那曲， Delingha-Naqu	8.2	8	6	97.8°E,37.0°N-91.7°E,32.0°N					原地生消	
23	S1623	嘉黎-拉孜， Jiali-Lazi	8.3	6	6	92.8°E,30.7°N-84.9°E,30.3°N					原地生消	
24	S1624	新龙-申扎， Xinlong-Shenzha	8.5	10	4	100.0°E,31.0°N-88.2°E,30.2°N					原地生消	

高原切变线纪要表（续-2）

序号	编号	中英文名称	起止日期（月.日）	最大风速/(m/s) 北侧	最大风速/(m/s) 南侧	发现时起-终点经纬度	移出高原的地区	移出高原的时间	移出高原的风速/(m/s) 北侧	移出高原的风速/(m/s) 南侧	路径趋向	影响切变线移出高原的天气系统
25	S1625	嘉黎-拉孜，Jiali-Lazi	8.6	8	4	92.2°E,30.5°N-84.4°E,30.4°N					原地生消	
26	S1626	曲麻莱-拉孜，Qumalai-Lazi	8.11	6	4	96.0°E,35.4°N-86.1°E,30.5°N					原地生消	
27	S1627	若羌-拉孜，Ruoqiang-Lazi	8.13	10	8	86.2°E,38.5°N-86.8°E,29.2°N					原地生消	
28	S1628	北川-沱沱河，Beichuan-Tuotuohe	8.29	8	6	104.0°E,32.0°N-92.0°E,34.2°N					原地生消	
29	S1629	黑水-当雄，Heishui-Dangxiong	9.3	12	8	103.2°E,31.8°N-91.4°E,30.5°N					原地生消	
30	S1630	囊谦-当雄，Nangqian-Dangxiong	9.12	6	4	97.6°E,32.3°N-91.5°E,30.5°N					原地生消	
31	S1631	石渠-安多，Shiqu-Anduo	9.17	6	10	97.5°E,32.6°N-92.2°E,32.6°N					原地生消	
32	S1632	丹巴-林芝，Danba-Linzhi	9.20	12	14	101.6°E,31.0°N-94.4°E,28.2°N					原地生消	
33	S1633	林芝-拉孜，Linzhi-Lazi	10.16	10	16	95.5°E,28.5°N-85.0°E,30.0°N					东北移	
34	S1634	理县-拉萨，Lixian-Lasa	12.26	10	12	103.1°E,31.7°N-92.1°E,29.5°N					原地生消	

高原切变线对我国影响简表

序号	编号	简述活动的情况	高原切变线对我国的影响			
			项目	时间（月.日）	概况	极值
1	S1601	高原南部原地生消	降水	1.20	西藏南、中、东北部，青海南部和四川西北部地区降水量为0.1～20mm，降水日数为1天	西藏聂拉木 19.8mm（1天）
2	S1602	高原东南部南北摆动后渐南移	降水	2.22~2.25	西藏南、东南、东北、东部，青海南部和四川西北部地区降水量为0.1～34mm，降水日数为1～4天	西藏波密 33.6mm（4天）
3	S1603	高原东南部原地生消	降水	4.13	西藏东南、东部和四川西部地区降水量为0.1～12mm，降水日数为1天	西藏波密 11.7mm（1天）
4	S1604	高原东南部原地生消	降水	4.27	西藏南、东北部，青海南部和四川西北、北部地区降水量为0.1～12mm，降水日数为1天	四川平武 11.6mm（1天）
5	S1605	高原东部西南移	降水	5.7	西藏南、中、北部，青海南、东南、东、东北部和甘肃西南部、四川西北部个别地区降水量为0.1～18mm，降水日数为1天	青海河南 17.6mm（1天）
6	S1606	高原东部原地生消	降水	5.23	西藏东部和四川西部地区降水量为0.1～5mm，降水日数为1天	四川雅江 4.7mm（1天）
7	S1607	高原南部东北移	降水	5.25	西藏南、中、北部，青海中、南、东南部和四川西北部个别地区降水量为0.1～17mm，降水日数为1天	西藏班戈 16.3mm（1天）
8	S1608	高原南部原地生消	降水	5.28	西藏东、中、南部和四川西部地区降水量为0.1～11mm，降水日数为1天	西藏日喀则 10.8mm（1天）
9	S1609	高原东南部原地生消	降水	6.9	西藏南、中、北部和青海西南部个别地区降水量为0.1～21mm，降水日数为1天	西藏林芝 20.7mm（1天）
10	S1610	高原南部东移转东南移	降水	6.10~6.11	西藏东半部、中部，青海南部个别地区，四川、重庆大部和云南东北、西北部地区降水量为0.1～55mm，降水日数为1天	云南永胜 54.9mm（1天）

高原切变线对我国影响简表（续-1）

序号	编号	简述活动的情况	高原切变线对我国的影响			
			项目	时间（月.日）	概况	极值
11	S1611	高原东部原地生消	降水	6.13	西藏南、东半部，青海西南部和四川西部地区降水量为0.1~20mm，降水日数为1天	四川巴塘 19.6mm（1天）
12	S1612	高原北部原地生消	降水	6.17	青海西部个别地区降水量为0.1~5mm，降水日数为1天	青海五道梁 4.8mm（1天）
13	S1613	高原南部原地生消	降水	6.21	西藏南、中、北、东北部，青海南、西南部和四川西北部个别地区降水量为0.1~21mm，降水日数为1天	西藏嘉黎 20.1mm（1天）
14	S1614	高原南部原地生消	降水	6.25~6.26	西藏南、中、东半部，青海南、东南部，四川大部和云南西北部地区降水量为0.1~45mm，降水日数为1~2天	四川道孚 44.3mm（2天）
15	S1615	高原南部原地生消	降水	7.2	西藏南、中部地区降水量为0.1~34mm，降水日数为1天	西藏贡嘎 33.3mm（1天）
16	S1616	高原南部原地生消	降水	7.11	西藏南、东、东北部，青海西南、南部和四川西北部个别地区降水量为0.1~36mm，降水日数为1天	青海沱沱河 35.0mm（1天）
17	S1617	高原东南部西北移转东南移	降水	7.12~7.13	西藏南部、东半部，青海东、东南、南部，甘肃、宁夏南部，四川中、西、西北、北部地区降水量为0.1~110mm，降水日数为1~2天。其中西藏、四川有成片降水量大于25mm的降水区，降水日数为2天	四川名山 106.9mm（2天）
18	S1618	高原北部原地生消	降水	7.16	无降水	无
19	S1619	高原南部东移	降水	7.21	西藏南部、东半部，青海南、东南部，甘肃西南部和四川西、西北、北、中部地区降水量为0.1~65mm，降水日数为1天	四川大邑 63.6mm（1天）

高原切变线对我国影响简表（续-2）

序号	编号	简述活动的情况	高原切变线对我国的影响			
			项目	时间(月.日)	概况	极值
20	S1620	高原东南部东北移转东南移再转东移出高原	降水	7.24~7.28	西藏南、中部、东半部，青海南、东南部，甘肃南部，陕西西南部，湖北中、西部，重庆，四川，贵州西、北部和云南北、西北、东北部地区降水量为0.1~115mm，降水日数为1~4天。其中四川有成片降水量大于50mm的降水区，降水日数为1~4天	四川峨眉110.2mm（2天）
21	S1621	高原南部西北移转东南移	降水	7.28~7.29	西藏南、中、东南、东北部和青海南部地区降水量为0.1~31mm，降水日数为1~2天	西藏贡嘎30.6mm（2天）
22	S1622	高原东部原地生消	降水	8.2	西藏东南、东北、东部，青海南、东南部和四川西、西北部地区降水量为0.1~10mm，降水日数为1天	四川巴塘9.8mm（1天）
23	S1623	高原南部原地生消	降水	8.3	西藏南、东北、中部地区降水量0.1~9mm，降水日数为1天	西藏安多8.5mm（1天）
24	S1624	高原南部原地生消	降水	8.5	西藏南部、东半部，青海南、东南部和四川西北、西部地区降水量为0.1~39mm，降水日数为1天	四川道孚38.3mm（1天）
25	S1625	高原南部原地生消	降水	8.6	西藏南、中部地区降水量为0.1~9mm，降水日数为1天	西藏申扎8.8mm（1天）
26	S1626	高原中部原地生消	降水	8.11	西藏南、东南、东部，青海中部和四川西北部个别地区降水量为0.1~16mm，降水日数为1天	青海五道梁15.5mm（1天）
27	S1627	高原西部原地生消	降水	8.13	西藏南、中、北部，青海西南部地区降水量为0.1~29mm，降水日数为1天	西藏浪卡子28.1mm（1天）

高原切变线对我国影响简表（续-3）

序号	编号	简述活动的情况	高原切变线对我国的影响			
			项目	时间（月.日）	概　况	极值
28	S1628	高原东部原地生消	降水	8.29	西藏北、东、东北、中部，青海东、东北、中、东南、南部，甘肃南部，陕西西南部，重庆西北部，四川大部和宁夏南部个别地区降水量为0.1~35mm，降水日数为1天	青海贵南34.7mm（1天）
29	S1629	高原东南部原地生消	降水	9.3	西藏南部、东半部，青海南、东南部、甘肃西南部个别地区和四川西、西北、北、中部地区降水量为0.1~55mm，降水日数为1天	四川洪雅51.6mm（1天）
30	S1630	高原南部原地生消	降水	9.12	西藏南、中、北、东北部，青海西南部个别地区和四川西北部地区降水量为0.1~18mm，降水日数为1天	西藏昌都17.7mm（1天）
31	S1631	高原东部原地生消	降水	9.17	西藏东半部，青海中、南部和四川西北部地区降水量为0.1~8mm，降水日数为1天	四川石渠7.8mm（1天）
32	S1632	高原东南部原地生消	降水	9.20	西藏东、东北、东南部，青海东南部，四川中、西、西北部和云南西北部地区降水量为0.1~55mm，降水日数为1天	四川新津54.1mm（1天）
33	S1633	高原南部东北移	降水	10.16	西藏东北部、青海西南部个别地区和四川西北部地区降水量为0.1~3mm，降水日数为1天	西藏林芝2.6mm（1天）
34	S1634	高原东南部原地生消	降水	12.26	西藏南、东北部，青海南、东南部，甘肃南部和四川中、西北、北部地区降水量为0.1~4mm，降水日数为1天	青海甘德3.8mm（1天）

2016年高原切变线编号、名称、日期对照表

未移出高原的高原切变线		移出高原的高原切变线
① S1601 色达-拉孜	⑨ S1609 红原-林芝	⑳ S1620 久治-浪卡子
Seda-Lazi	Hongyuan-Linzhi	Jiuzhi-Langkazi
1.20	6.9	7.24~7.28
② S1602 甘孜-当雄	⑩ S1610 巴塘-当雄	
Ganzi-Dangxiong	Batang-Dangxiong	
2.22~2.25	6.10~6.11	
③ S1603 新龙-林芝	⑪ S1611 甘孜-安多	
Xinlong-Linzhi	Ganzi-Anduo	
4.13	6.13	
④ S1604 汶川-嘉黎	⑫ S1612 德令哈-五道梁	
Wenchuan-Jiali	Delingha-Wudaoliang	
4.27	6.17	
⑤ S1605 泽库-安多	⑬ S1613 杂多-锋当	
Zeku-Anduo	Zaduo-Fengdang	
5.7	6.21	
⑥ S1606 石渠-安多	⑭ S1614 玛沁-拉孜	
Shiqu-Anduo	Maqin-Lazi	
5.23	6.25~6.26	
⑦ S1607 曲麻莱-拉孜	⑮ S1615 嘉黎-拉孜	
Qumalai-Lazi	Jiali-Lazi	
5.25	7.2	
⑧ S1608 新龙-南木林	⑯ S1616 玛沁-拉孜	
Xinlong -Nanmulin	Maqin-Lazi	
5.28	7.11	

2016年高原切变线编号、名称、日期对照表（续-1）

未移出高原的高原切变线		
⑰ S1617 兰州–改则	㉔ S1624 新龙–申扎	㉚ S1630 囊谦–当雄
Lanzhou–Gaize	Xinlong–Shenzha	Nangqian–Dangxiong
7.12~7.13	8.5	9.12
⑱ S1618 乌图美仁–改则	㉕ S1625 嘉黎–拉孜	㉛ S1631 石渠–安多
Wutumeiren–Gaize	Jiali–Lazi	Shiqu–Anduo
7.16	8.6	9.17
⑲ S1619 石渠–班戈	㉖ S1626 曲麻莱–拉孜	㉜ S1632 丹巴–林芝
Shiqu–Bange	Qumalai–Lazi	Danba–Linzhi
7.21	8.11	9.20
㉑ S1621 昌都–拉孜	㉗ S1627 若羌–拉孜	㉝ S1633 林芝–拉孜
Changdu–Lazi	Ruoqiang–Lazi	Linzhi–Lazi
7.28~7.29	8.13	10.16
㉒ S1622 德令哈–那曲	㉘ 1628 北川–沱沱河	㉞ S1634 理县–拉萨
Delingha–Naqu	Beichuan–Tuotuohe	Lixian–Lasa
8.2	8.29	12.26
㉓ S1623 嘉黎–拉孜	㉙ S1629 黑水–当雄	
Jiali–Lazi	Heshui–Dangxiong	
8.3	9.3	

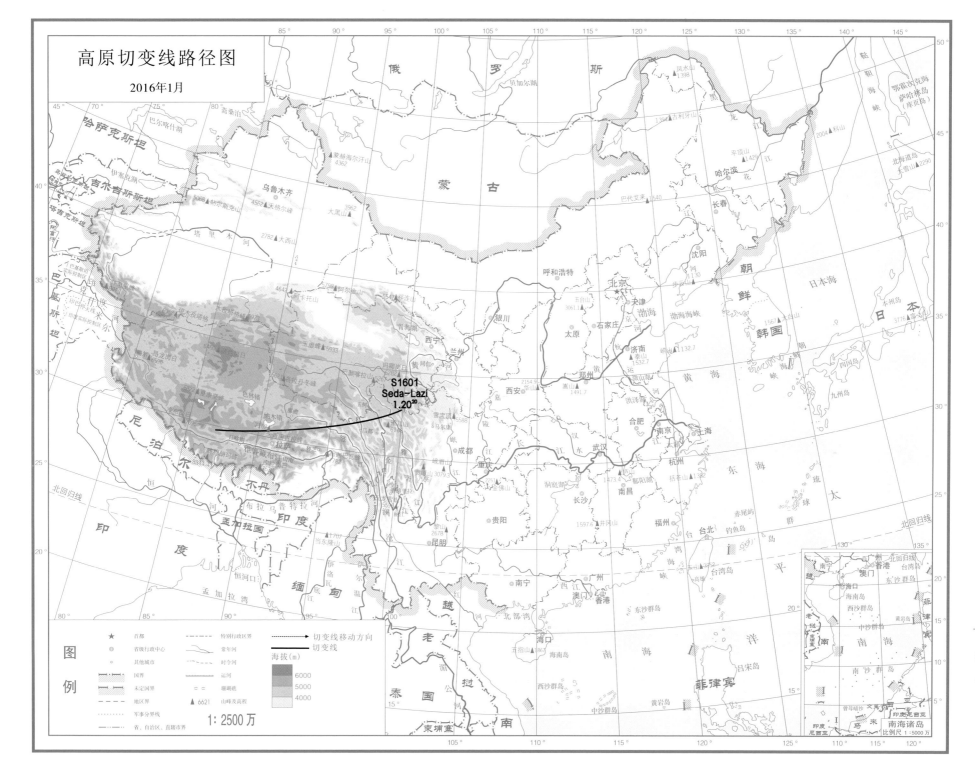

高原切变线路径图

2016年1月

S1601
Seda~Lazi
1.20[20]

1: 2500 万

图例

★ 首都	特别行政区界
◎ 省级行政中心	常年河
○ 其他城市	时令河
国界	运河
未定国界	礁珊瑚
地区界	▲6621 山峰及高程
省、自治区、直辖市界	
军事分界线	

切变线移动方向

切变线

海拔(m)

6000
5000
4000

高原切变线 第2部分

南海诸岛
比例尺 1:5000万

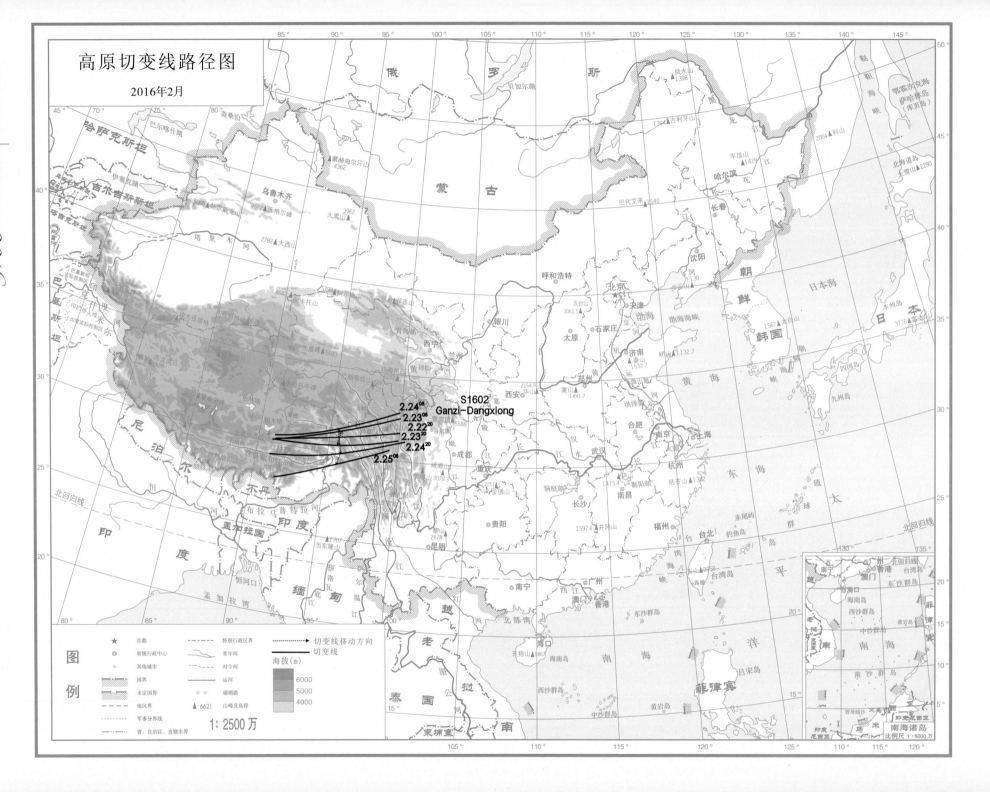

高原切变线路径图

2016年2月

S1602
Ganzi-Dangxiong

2.24⁰⁸
2.23⁰⁸
2.22²⁰
2.23²⁰
2.24²⁰
2.25⁰⁸

1:2500万

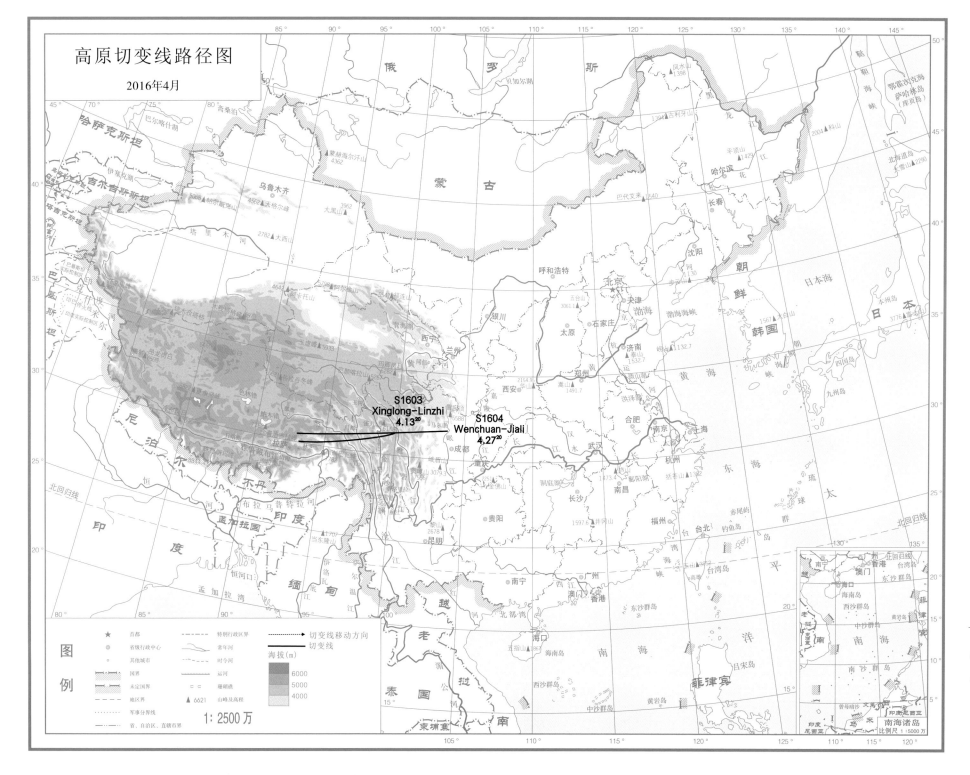

高原切变线路径图

2016年4月

S1603
Xinglong-Linzhi
4.13[20]

S1604
Wenchuan-Jiali
4.27[20]

图例

★ 首都
◎ 省级行政中心
○ 其他城市
国界
未定国界
地区界
军事分界线
省、自治区、直辖市界

路径界
特别行政区界
常年河
时令河
运河
珊瑚礁
▲ 6621 山峰及高程

切变线移动方向
切变线

海拔(m)

6000
5000
4000

1 : 2500 万

南海诸岛
比例尺 1 : 5000 万

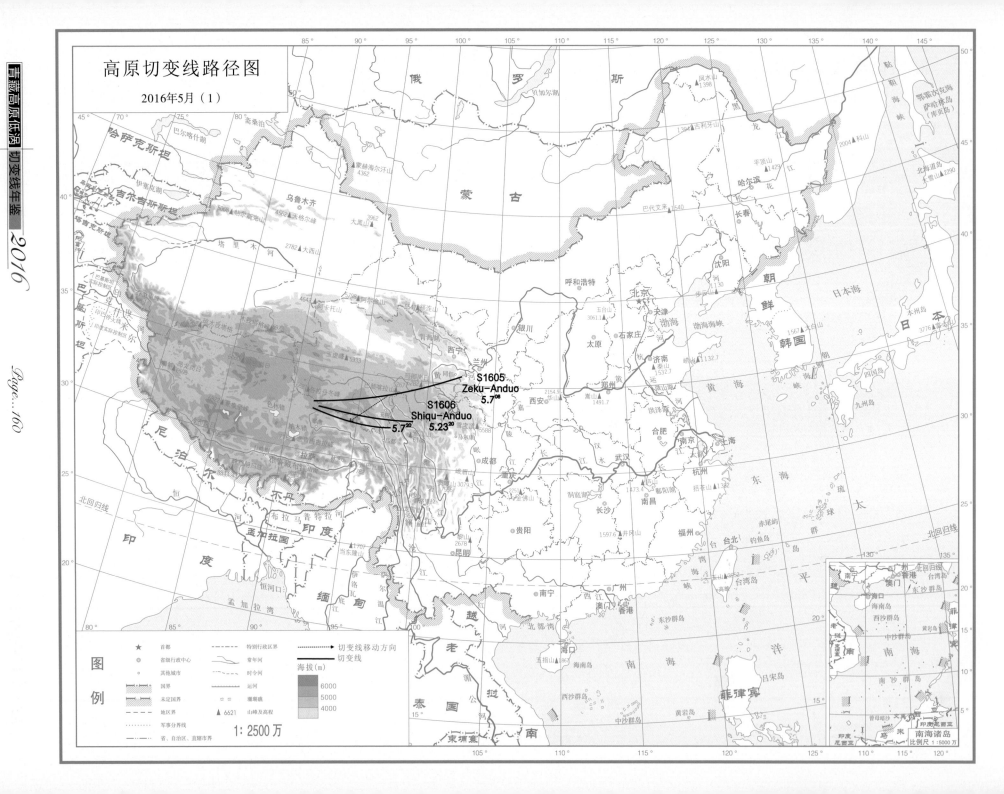

高原切变线路径图

2016年5月（1）

S1605
Zeku-Anduo
5.7[08]

S1606
Shiqu-Anduo
5.23[20]

5.7[20]

图例

★	首都	-----	特别行政区界
◎	省级行政中心		常年河
○	其他城市		时令河
	国界		运河
	未定国界	▲ 6621	山峰及高程
	地区界	□□	珊瑚礁
	军事分界线		
	省、自治区、直辖市界		

切变线移动方向

切变线

海拔（m）
6000
5000
4000

1：2500 万

南海诸岛
比例尺 1：5000 万

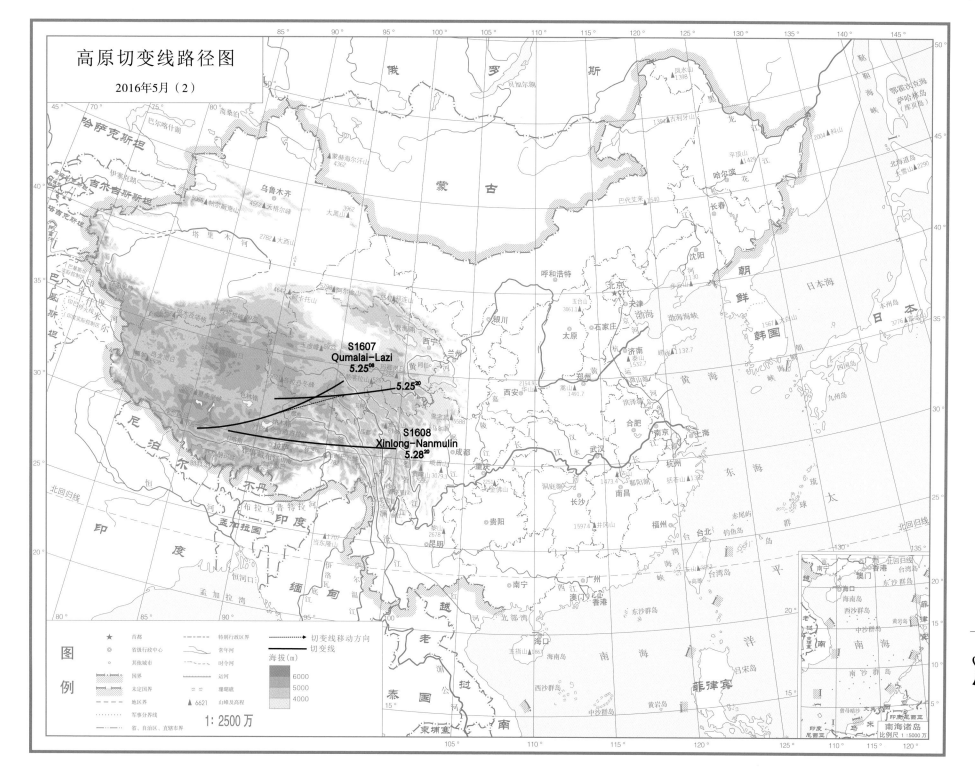

高原切变线路径图

2016年5月（2）

S1607
Qumalai-Lazi
5.25⁰⁸

5.25²⁰

S1608
Xinlong-Nanmulin
5.28²⁰

1:2500万

图例

首都		特别行政区界
省级行政中心		常年河
其他城市		时令河
国界		运河
未定国界		珊瑚礁
地区界	▲6621	山峰及高程
军事分界线		
省、自治区、直辖市界		

切变线移动方向

切变线

海拔（m）
6000
5000
4000

南海诸岛 比例尺 1：5000万

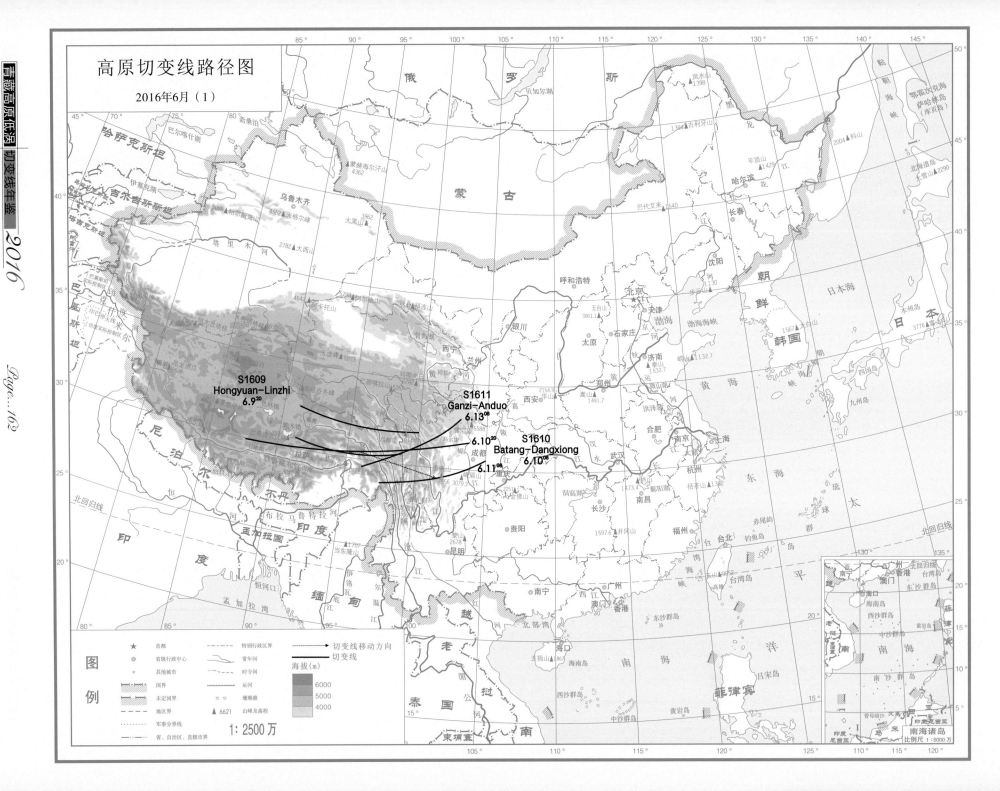

高原切变线路径图

2016年6月（1）

S1609
Hongyuan–Linzhi
6.9²⁰

S1611
Ganzi–Anduo
6.13⁰⁸

6.10²⁰

S1610
Batang–Dangxiong
6.10⁰⁸

6.11⁰⁸

图例

★	首都	------	特别行政区界
◎	省级行政中心	〰	常年河
○	其他城市	⋯⋯	时令河
	国界	=	运河
	未定国界	⌒⌒	珊瑚礁
	地区界	▲ 6621	山峰及高程
	军事分界线		
	省、自治区、直辖市界		

切变线移动方向
切变线

海拔(m)
6000
5000
4000

1：2500 万

南海诸岛
比例尺 1：5000 万

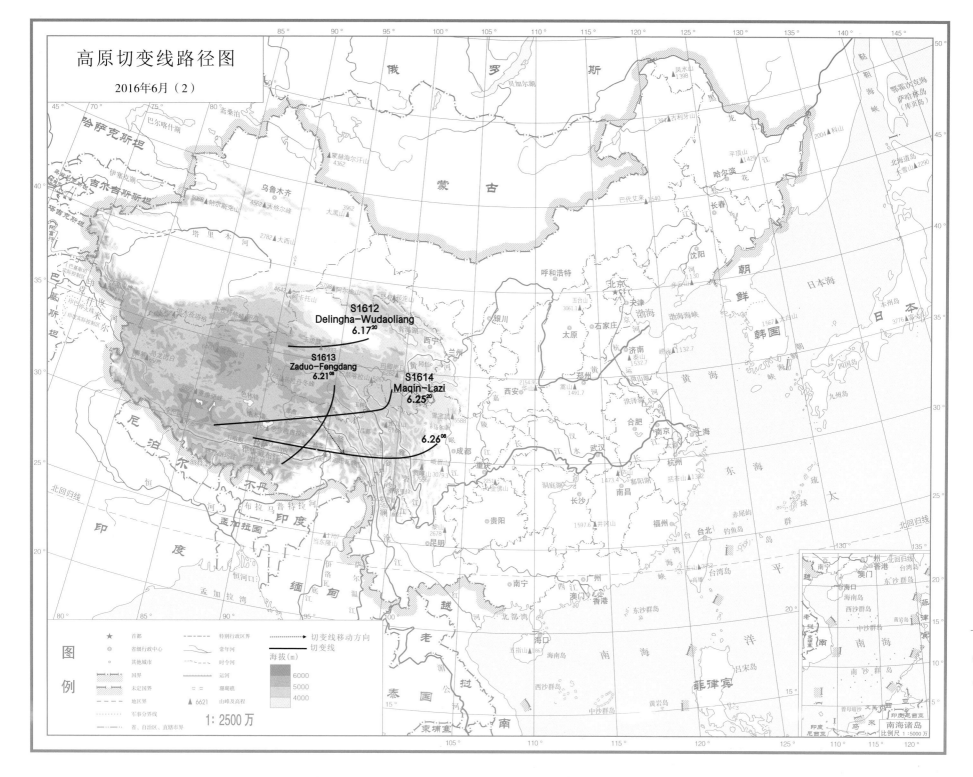

高原切变线路径图

2016年6月（2）

S1612
Delingha-Wudaoliang
6.17²⁰

S1613
Zaduo-Fengdang
6.21⁰⁸

S1614
Maqin-Lazi
6.25²⁰

6.26⁰⁸

1：2500万

高原切变线 第 2 部分

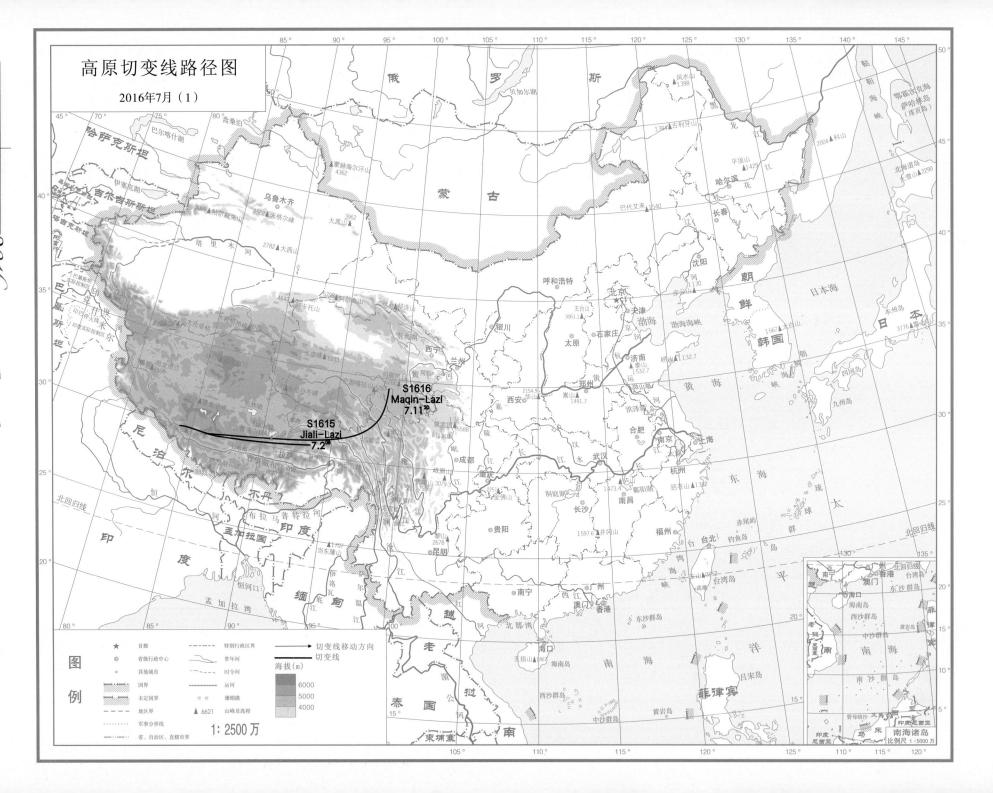

高原切变线路径图

2016年7月（1）

S1616
Maqin-Lazi
7.11[20]

S1615
Jiali-Lazi
7.2[08]

图例

★	首都	----- 特别行政区界	----► 切变线移动方向
◎	省级行政中心	～～ 常年河	—— 切变线
○	其他城市	---- 时令河	海拔(m)
	国界	⊢⊢⊢ 运河	6000
	未定国界	⊂⊃ 湖泊沼泽	5000
---	地区界	▲6621 山峰及高程	4000
··········	军事分界线		
----	省、自治区、直辖市界		

1:2500万

南海诸岛
比例尺 1:5000万

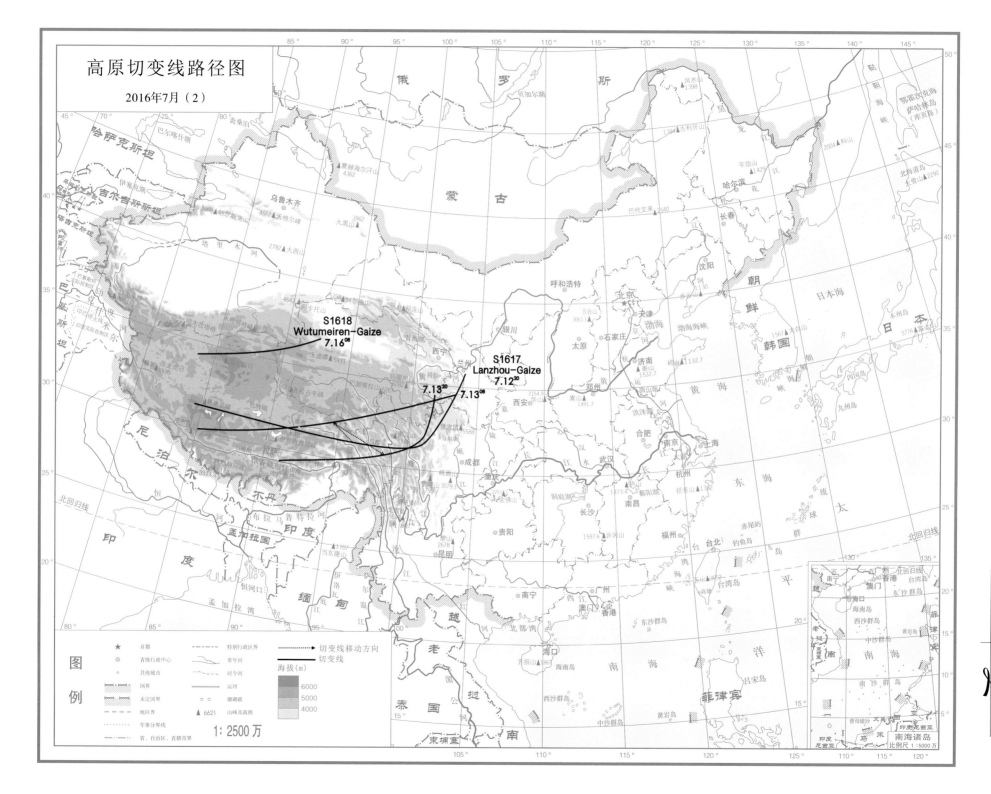

高原切变线路径图

2016年7月（2）

S1618
Wutumeiren-Gaize
7.16⁰⁸

S1617
Lanzhou-Gaize
7.12²⁰

7.13²⁰

7.13⁰⁸

图例

图例	
★ 首都	----- 特别行政区界
◎ 省级行政中心	----- 常年河
○ 其他城市	----- 时令河
国界	运河
未定国界	▯▯ 珊瑚礁
地区界	▲6621 山峰及高程
军事分界线	
省、自治区、直辖市界	

┄┄► 切变线移动方向

━━━ 切变线

海拔(m)
6000
5000
4000

1：2500 万

南海诸岛
比例尺 1：5000 万

高原切变线 第 2 部分

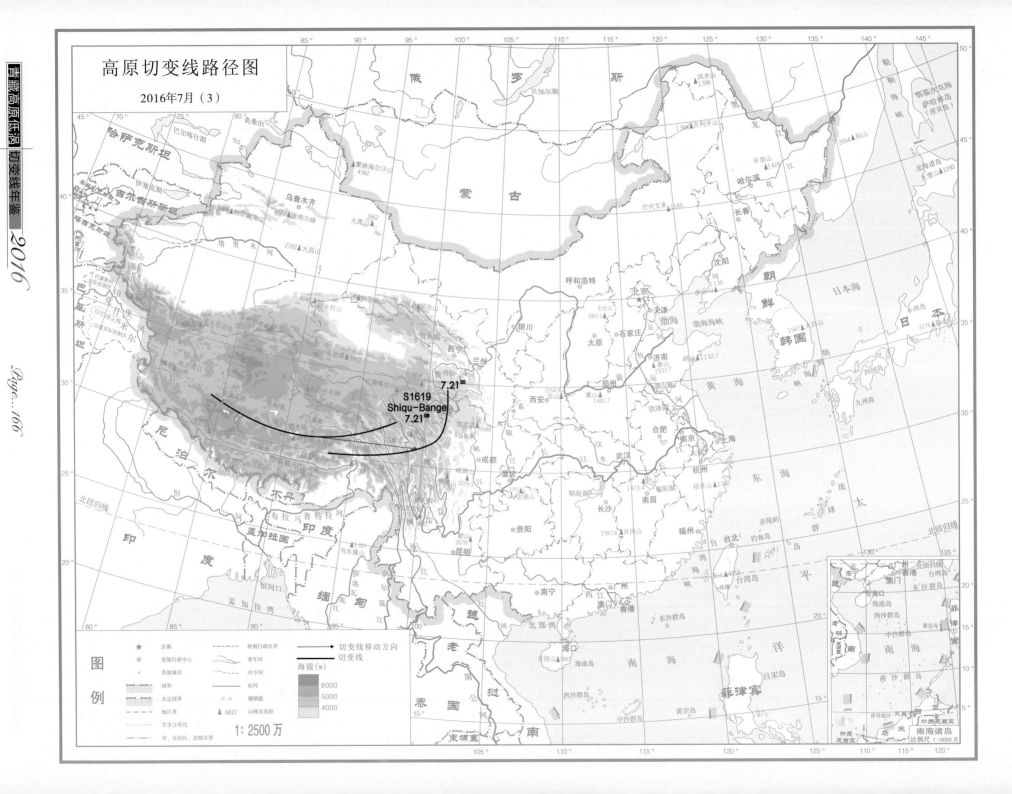

高原切变线路径图

2016年7月（3）

S1619
Shiqu-Bange
7.21⁰⁸

7.21²⁰

图例

★	首都	- - - -	特别行政区界
◎	省级行政中心		常年河
○	其他城市	- - -	时令河
	国界		运河
	未定国界	= =	珊瑚礁
	地区界	▲ 6621	山峰及高程
	军事分界线		
	省、自治区、直辖市界		

切变线移动方向
切变线

海拔(m)
6000
5000
4000

1：2500万

南海诸岛
比例尺 1：5000万

高原切变线路径图

2016年7月（4）

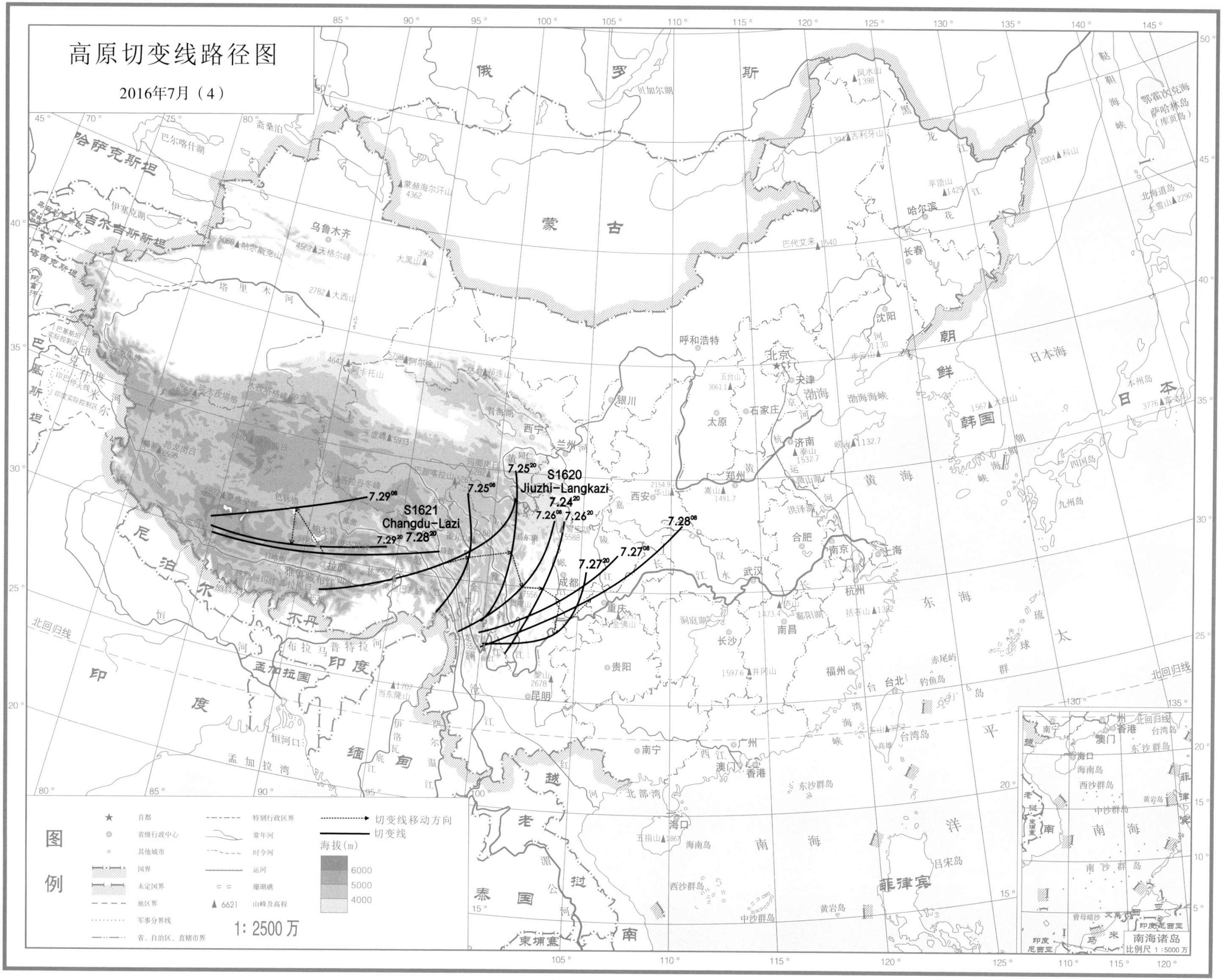

高原切变线 第 2 部分

S1621
Changdu-Lazi
7.29²⁸ 7.28²⁰

7.29⁰⁸

7.25²⁰
7.25⁰⁸

S1620
Jiuzhi-Langkazi
7.24²⁰
7.26⁰⁸ 7.26²⁰

7.28⁰⁸

7.27²⁰
7.27⁰⁸

图例

★	首都	
◎	省级行政中心	
○	其他城市	

国界
未定国界
地区界
军事分界线
省、自治区、直辖市界

特别行政区界
常年河
时令河
运河
雕塘礁
▲ 6621 山峰及高程

切变线移动方向
切变线

海拔（m）
6000
5000
4000

1:2500万

南海诸岛
比例尺 1:5000万

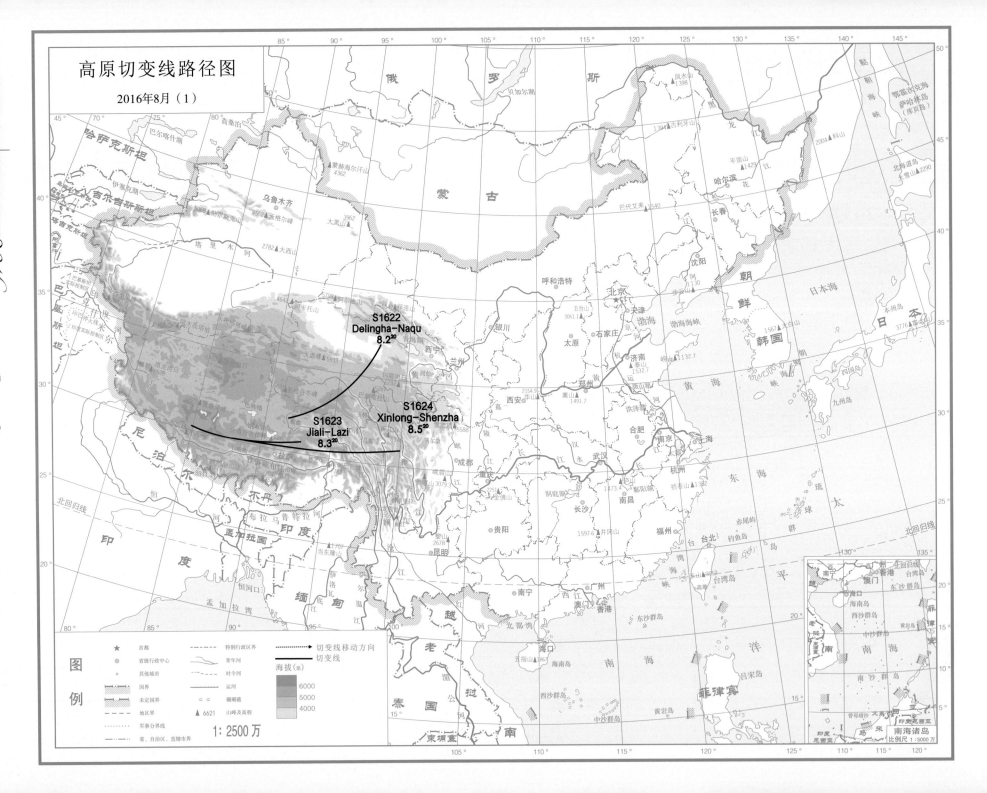

高原切变线路径图

2016年8月（1）

S1622
Delingha-Naqu
8.2[20]

S1624
Xinlong-Shenzha
8.5[20]

S1623
Jiali-Lazi
8.3[20]

图例

★ 首都
◎ 省级行政中心
○ 其他城市

国界
未定国界
地区界
军事分界线
省、自治区、直辖市界

特别行政区界
常年河
时令河
运河
珊瑚礁
▲ 6621 山峰及高程

切变线移动方向
切变线

海拔（m）
6000
5000
4000

1:2500万

南海诸岛
比例尺 1:5000万

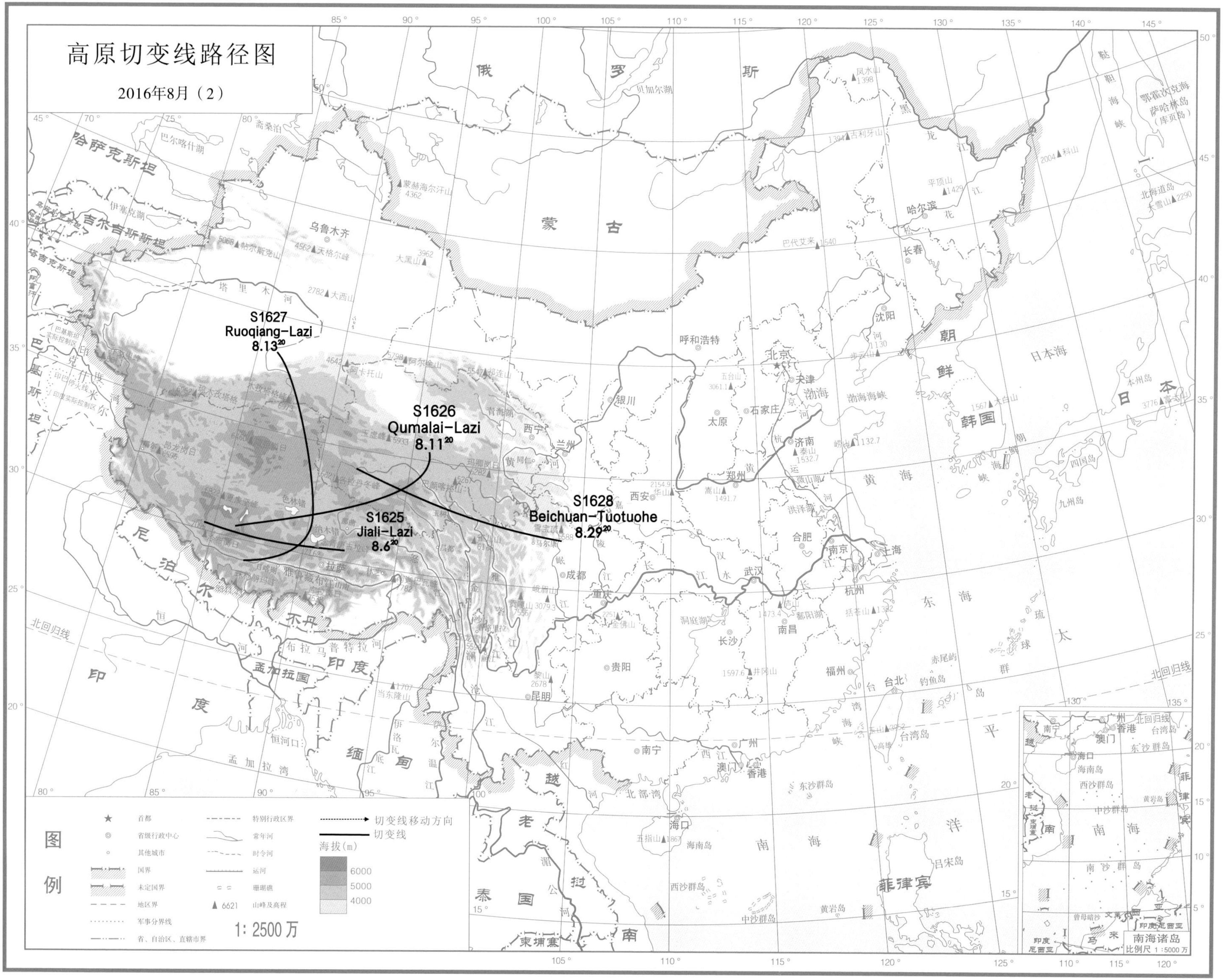

高原切变线路径图

2016年8月（2）

S1627
Ruoqiang-Lazi
8.13[20]

S1626
Qumalai-Lazi
8.11[20]

S1628
Beichuan-Tuotuohe
8.29[20]

S1625
Jiali-Lazi
8.6[20]

图例

★ 首都
◎ 省级行政中心
○ 其他城市
国界
未定国界
地区界
军事分界线
省、自治区、直辖市界

特别行政区界
常年河
时令河
运河
珊瑚礁
▲ 6621 山峰及高程

→ 切变线移动方向
切变线

海拔（m）
6000
5000
4000

1：2500 万

高原切变线 第2部分

南海诸岛
比例尺 1：5000万

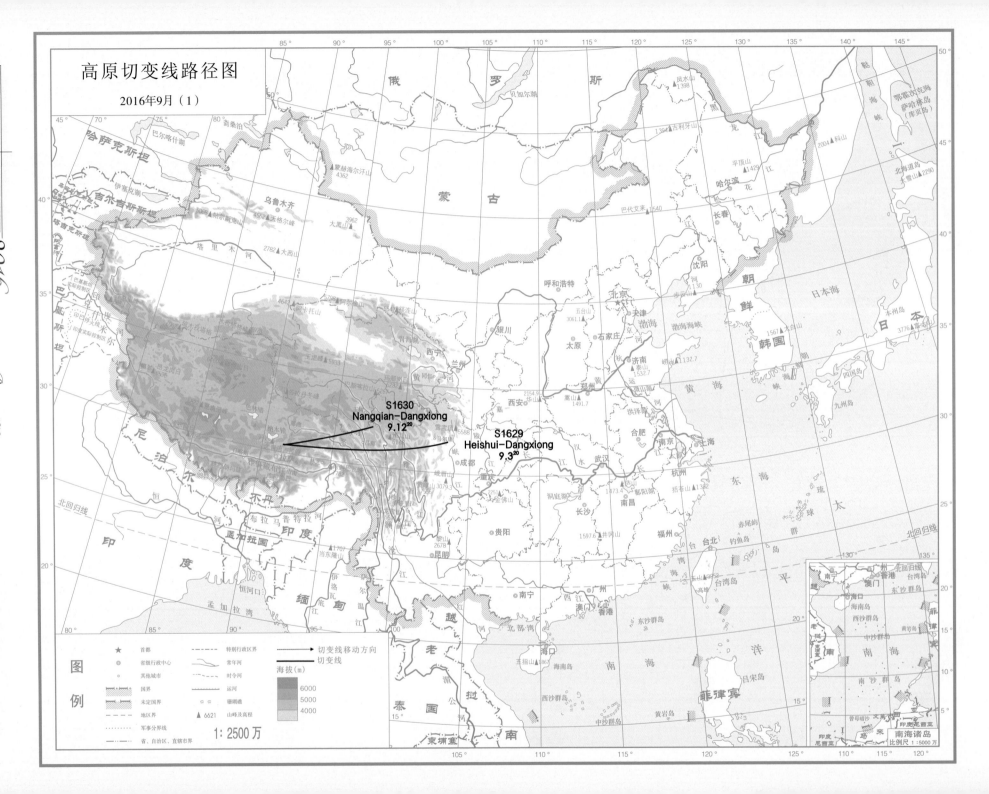

高原切变线路径图

2016年9月（1）

S1630
Nangqian-Dangxiong
9.12²⁰

S1629
Heishui-Dangxiong
9.3²⁰

图例

★	首都		特别行政区界		切变线移动方向
◎	省级行政中心		常年河		切变线
○	其他城市		时令河	海拔(m)
	国界		运河	6000
	未定国界	○○	珊瑚礁	5000
	地区界	▲6621	山峰及高程	4000
	军事分界线			
	省、自治区、直辖市界			

1：2500万

南海诸岛
比例尺 1：5000万

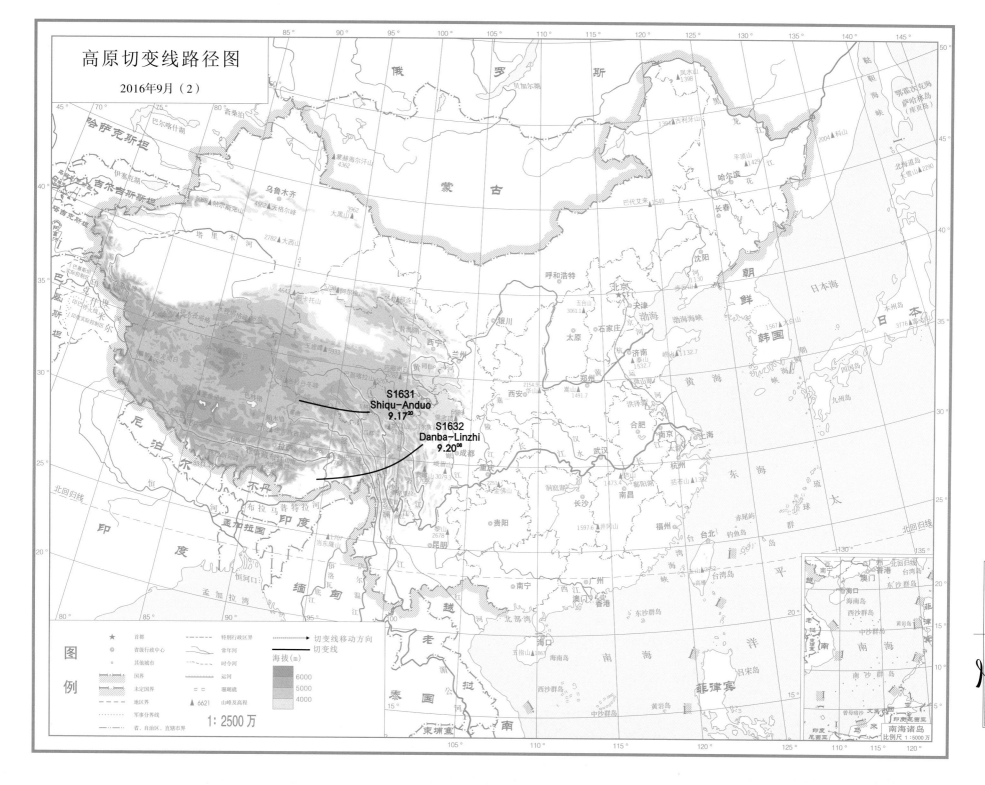

高原切变线路径图

2016年9月（2）

S1631
Shiqu-Anduo
9.17^{20}

S1632
Danba-Linzhi
9.20^{08}

图例

★	首都	--·--	特别行政区界
◎	省级行政中心		常年河
○	其他城市		时令河
	国界	= =	运河
	未定国界		
	地区界	▲ 6621	山峰及高程
	军事分界线		
	省、自治区、直辖市界		

切变线移动方向
切变线

海拔(m)
6000
5000
4000

1：2500 万

高原切变线 第2部分

南海诸岛
比例尺 1：5000 万

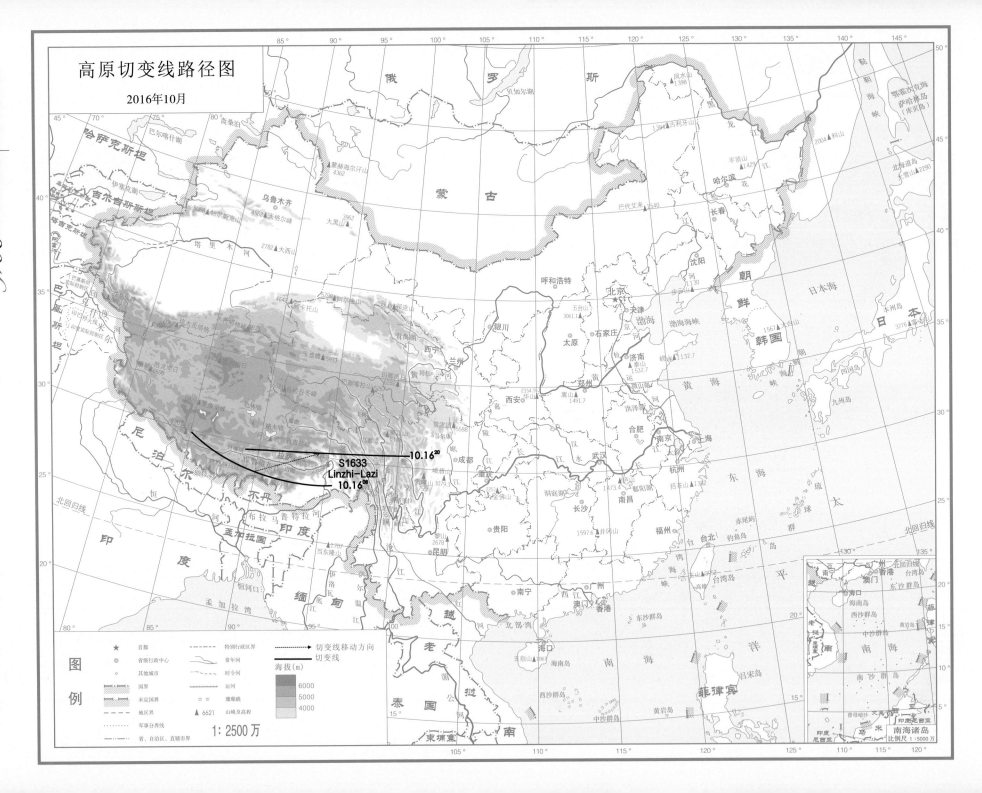

高原切变线路径图

2016年10月

S1633
Linzhi-Lazi
10.16⁰⁸
10.16²⁰

图例

★ 首都
◎ 省级行政中心
○ 其他城市
国界
未定国界
地区界
军事分界线
省、自治区、直辖市界

特别行政区界
常年河
时令河
运河
珊瑚礁
▲6621 山峰及高程

切变线移动方向
切变线

海拔(m)
6000
5000
4000

1:2500万

南海诸岛
比例尺 1:5000万

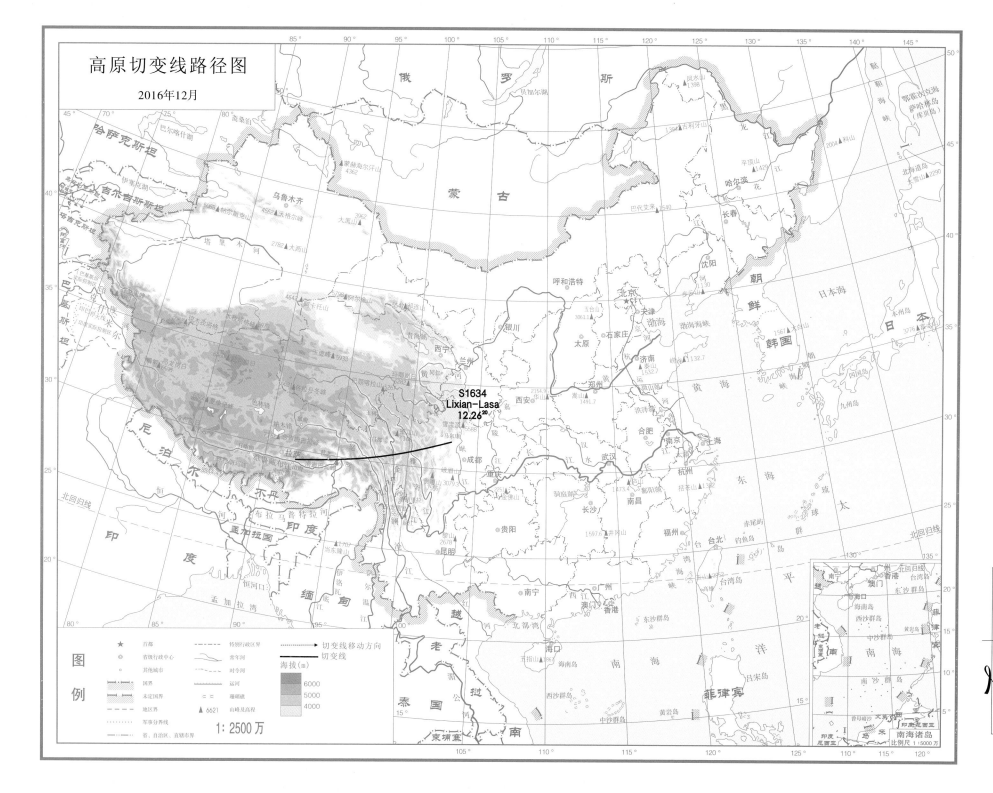

高原切变线路径图

2016年12月

S1634
Lixian-Lasa
12.26²⁰

图例

	首都		特别行政区界		切变线移动方向
	省级行政中心		常年河		切变线
	其他城市		时令河		
	国界		运河	海拔(m)	
	未定国界		珊瑚礁		
	地区界	▲ 6621	山峰及高程		
	军事分界线				
	省、自治区、直辖市界				

1:2500万

南海诸岛
比例尺 1:5000万

青藏高原切变线降水资料

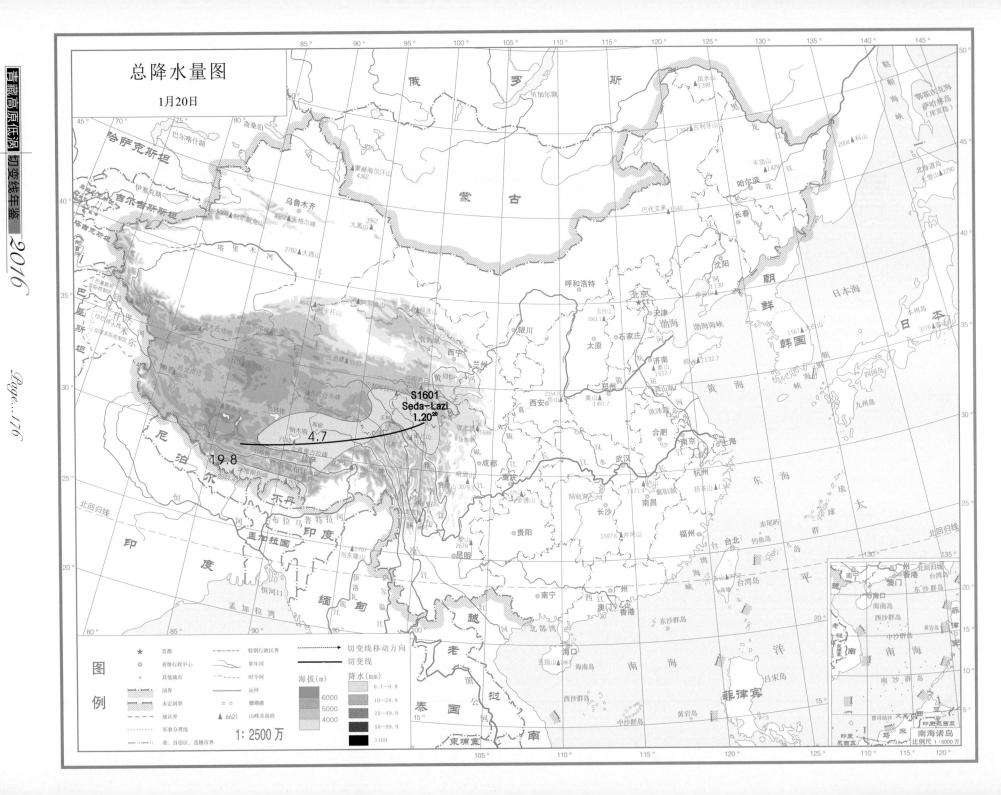

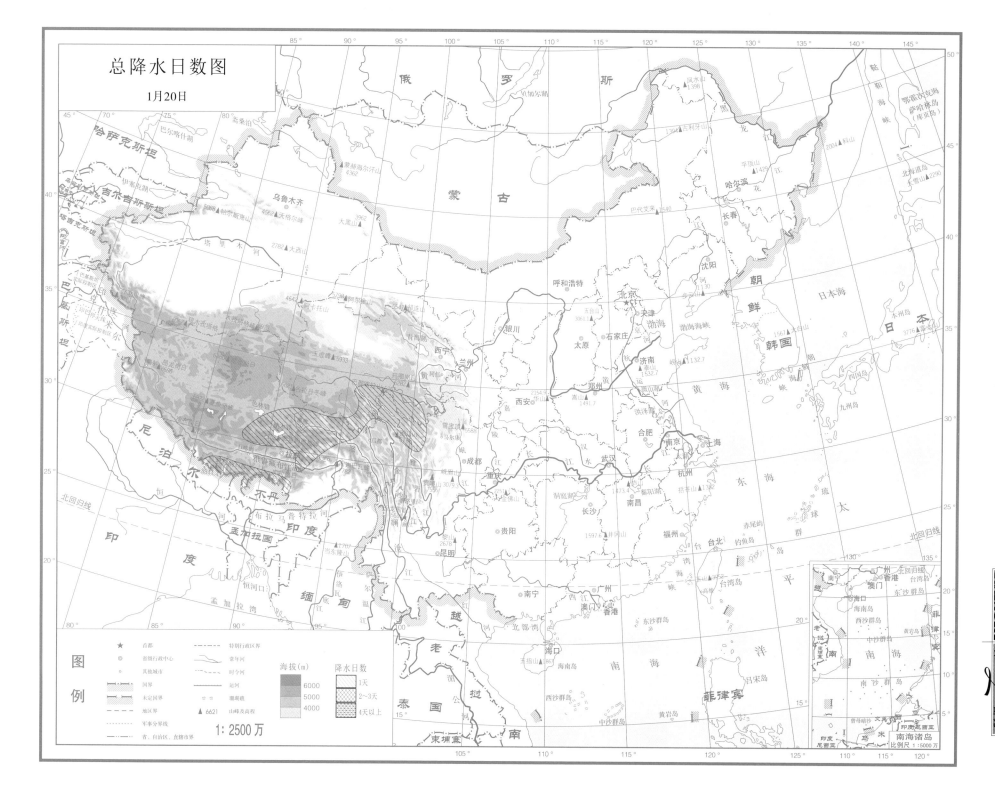

总降水日数图

1月20日

高原切变线 第 2 部分

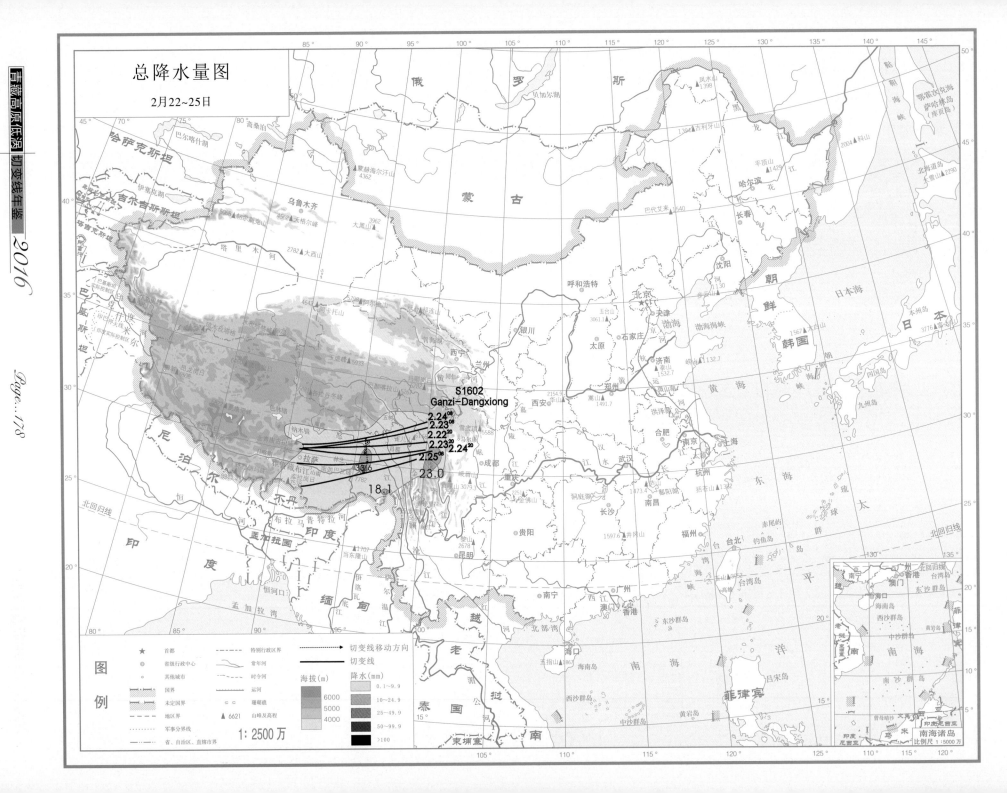

总降水量图

2月22~25日

S1602
Ganzi-Dangxiong

2.24⁰⁸
2.23⁰⁸
2.22²⁰
2.23²⁰　2.24²⁰
2.25⁰⁸

33.6
23.0

18.1

图例

★　首都
◎　省级行政中心
○　其他城市

‑‑‑‑　特别行政区界
━━　常年河
‑‑‑‑　时令河
━━　运河
‑ ‑　珊瑚礁
▲ 6621　山峰及高程

⇢　切变线移动方向
━━　切变线

海拔(m)
6000
5000
4000

降水(mm)
0.1~9.9
10~24.9
25~49.9
50~99.9
>100

国界
未定国界
地区界
军事分界线
省、自治区、直辖市界

1：2500万

南海诸岛
比例尺 1：5000万

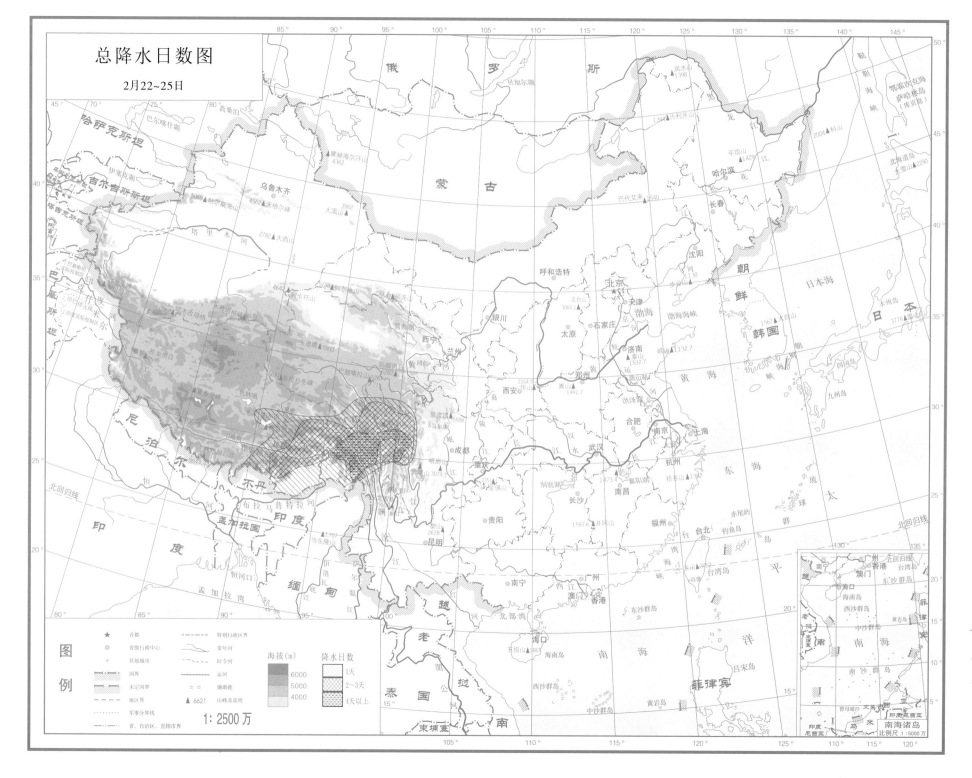

总降水日数图

2月22~25日

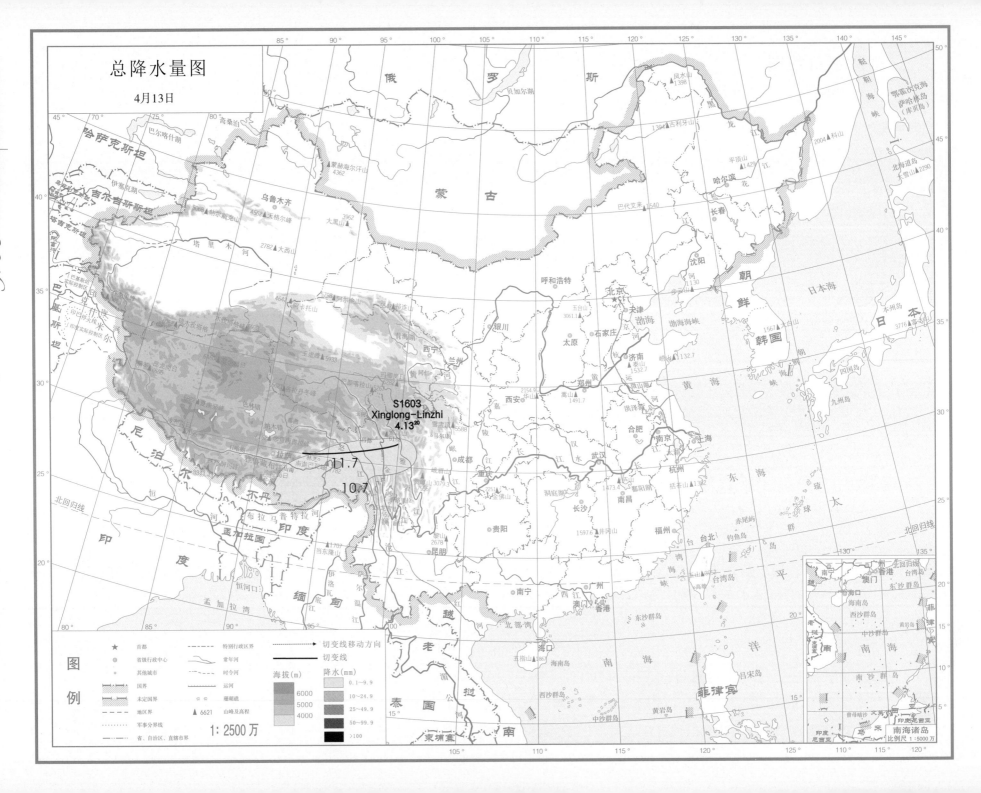

总降水量图

4月13日

S1603
Xinglong–Linzhi
4.13²⁰

11.7

10.7

青藏高原低涡切变线年鉴 2016

Page...180

图
例

★	首都		特别行政区界
◎	省级行政中心		常年河
○	其他城市		时令河
	国界		运河
	未定国界		珊瑚礁
	地区界	▲ 6621	山峰及高程
	军事分界线		
	省、自治区、直辖市界		

1：2500 万

海拔(m)
6000
5000
4000

降水(mm)
0.1～9.9
10～24.9
25～49.9
50～99.9
>100

切变线移动方向
切变线

南海诸岛
比例尺 1：5000 万

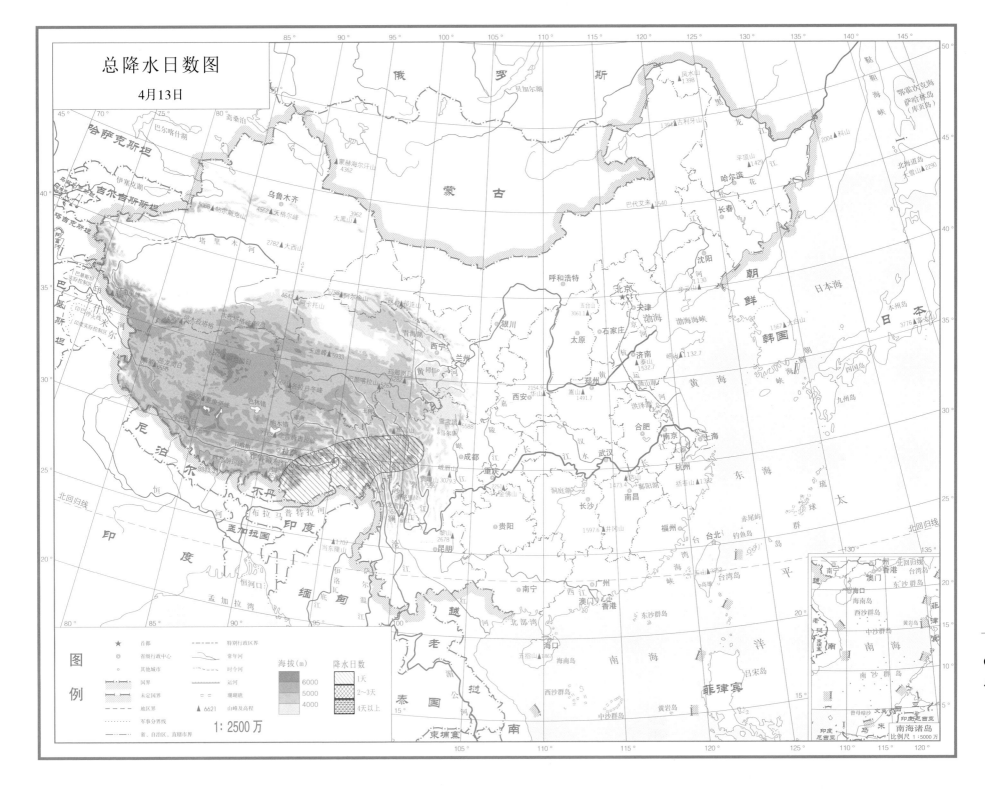

总降水日数图

4月13日

高原切变线 第 2 部分

图例

★	首都	
◎	省级行政中心	
○	其他城市	

特别行政区界	
常年河	
时令河	
运河	
珊瑚礁	
▲ 6621	山峰及高程

国界
未定国界
地区界
军事分界线
省、自治区、直辖市界

海拔（m）
6000
5000
4000

降水日数
1天
2～3天
4天以上

1：2500 万

南海诸岛
比例尺 1：5000 万

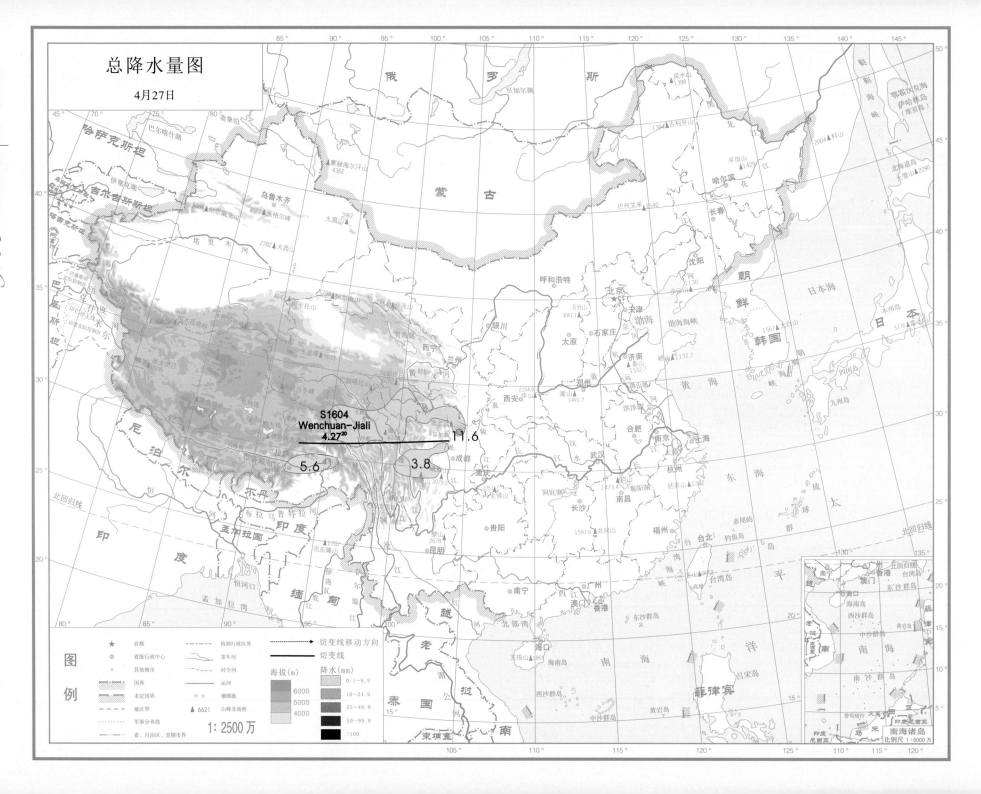

总降水量图

4月27日

S1604
Wenchuan-Jiali
4.27[20]   11.6

5.6   3.8

图例

★ 首都
◎ 省级行政中心
○ 其他城市
国界
未定国界
地区界
军事分界线
省、自治区、直辖市界

特别行政区界
常年河
时令河
运河
珊瑚礁
▲ 6621 山峰及高程

切变线移动方向
切变线

海拔(m)
6000
5000
4000

降水(mm)
0.1~9.9
10~24.9
25~49.9
50~99.9
>100

1:2500万

南海诸岛
比例尺 1:5000万

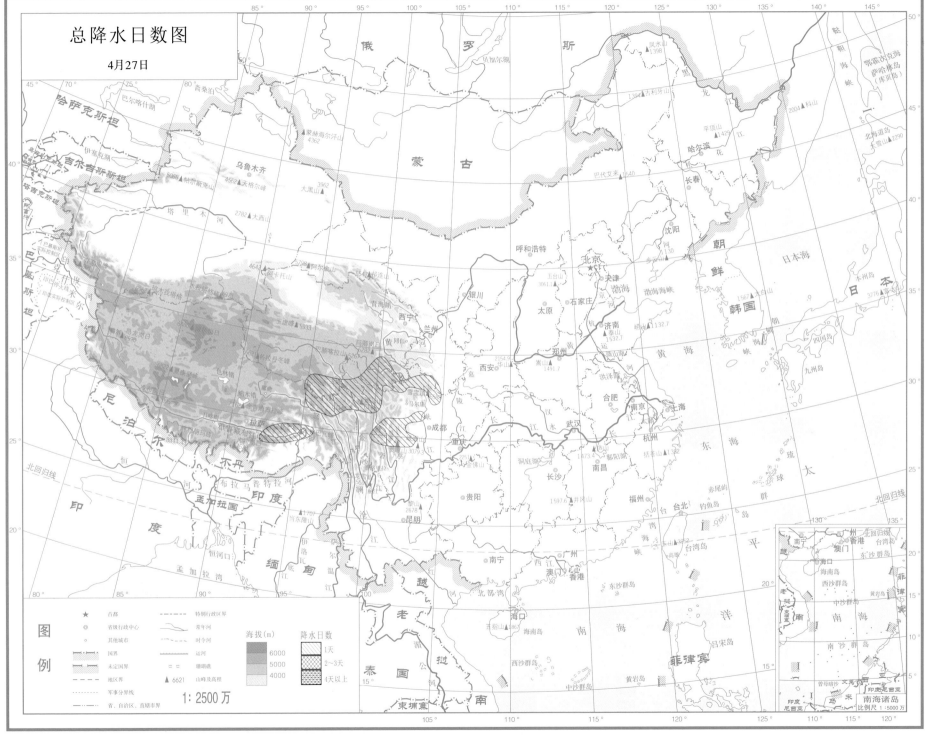

总降水日数图

4月27日

图例

★	首都	- - - 特别行政区界
◎	省级行政中心	常年河
○	其他城市	时令河
	国界	运河
	未定国界	湖泊礁
- - -	地区界	▲6621 山峰及高程
	军事分界线	
	省、自治区、直辖市界	

海拔(m)
6000
5000
4000

降水日数
1天
2～3天
4天以上

1: 2500万

南海诸岛
比例尺 1:5000万

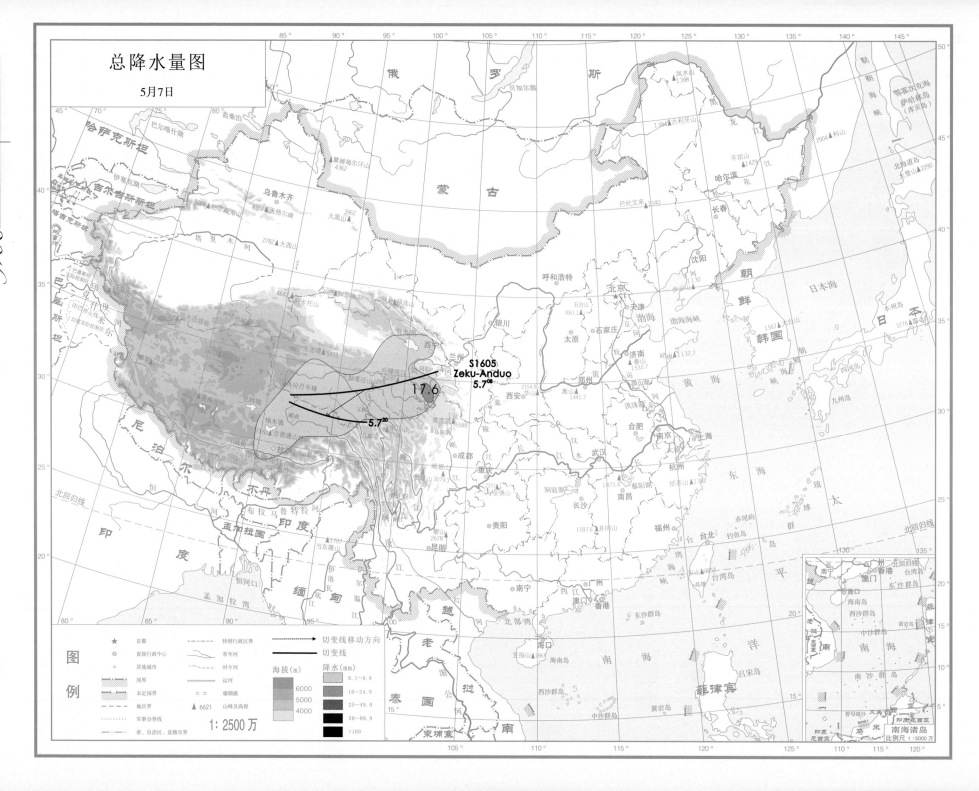

总降水量图

5月7日

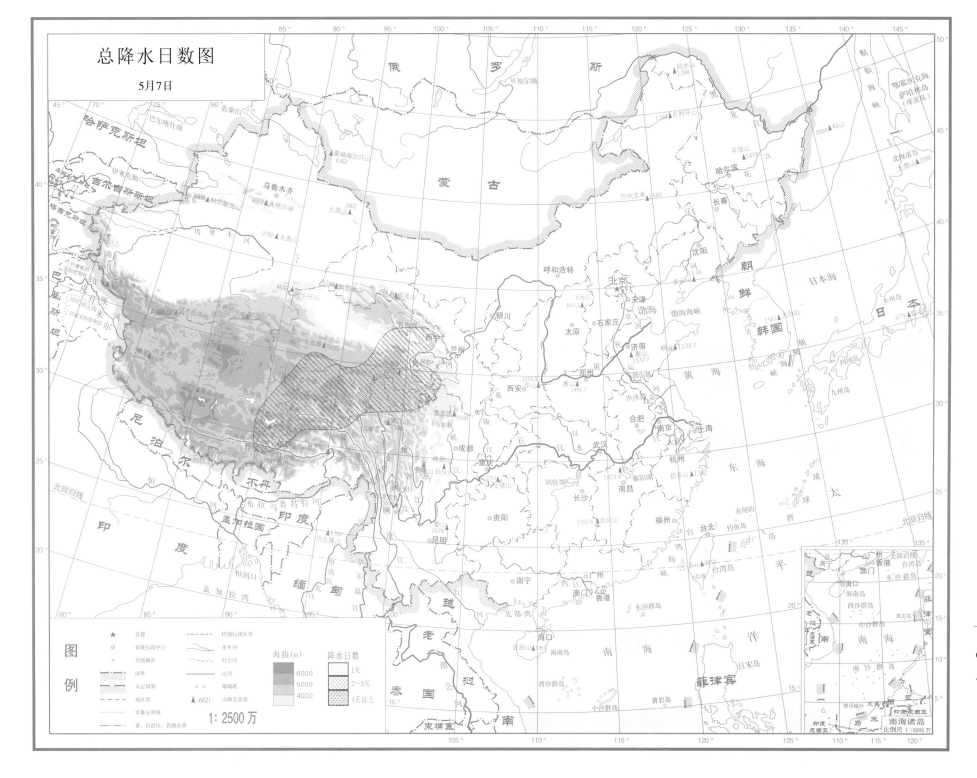

总降水日数图

5月7日

1:2500万

高原切变线 第2部分

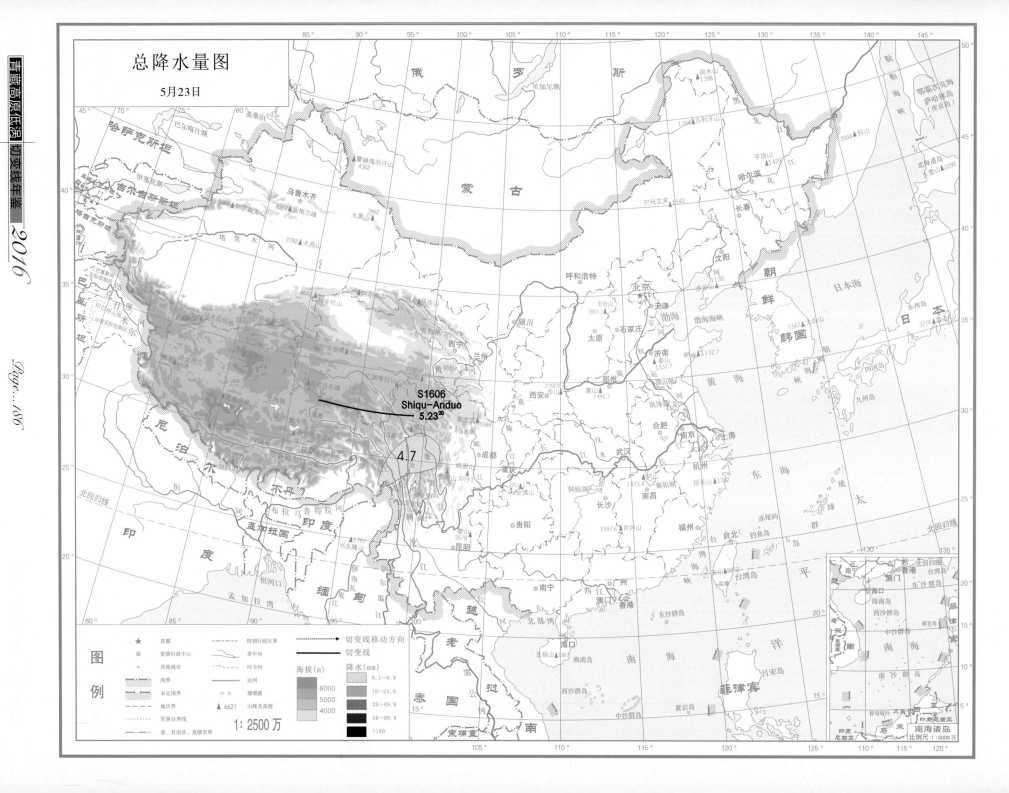

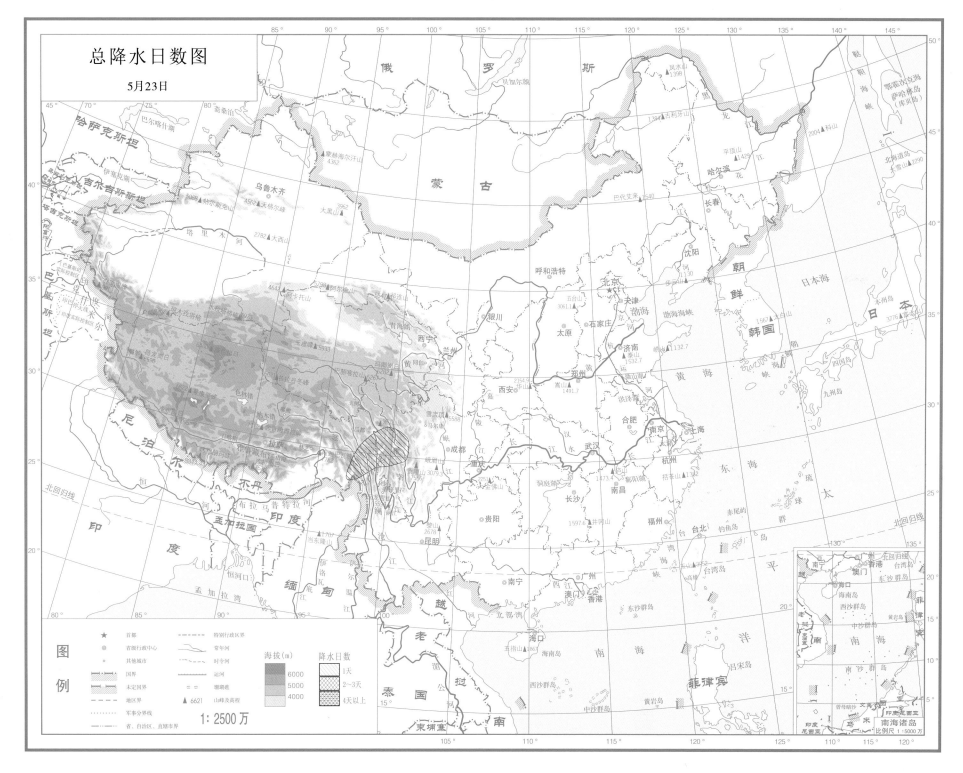

总降水日数图

5月23日

比例尺 1:2500万

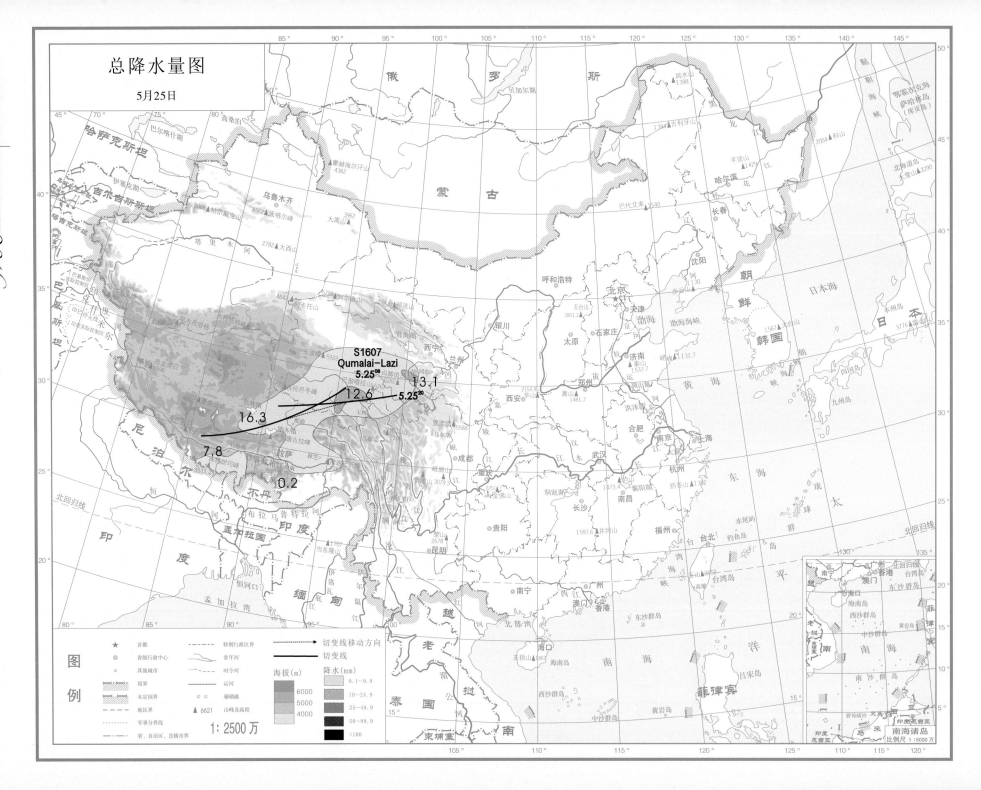

总降水量图

5月25日

S1607
Qumalai-Lazi
5.25⁰⁶

13.1
5.25²⁰

12.6

16.3

7.8

0.2

图例

★	首都	
◎	省级行政中心	
○	其他城市	

国界
未定国界
地区界
军事分界线
省、自治区、直辖市界

特别行政区界
常年河
时令河
运河
珊瑚礁
▲ 6621 山峰及高程

海拔(m)
6000
5000
4000

降水(mm)
0.1~9.9
10~24.9
25~49.9
50~99.9
>100

切变线移动方向
切变线

1: 2500 万

青藏高原低涡 切变线年鉴 2016

南海诸岛 比例尺 1: 5000 万

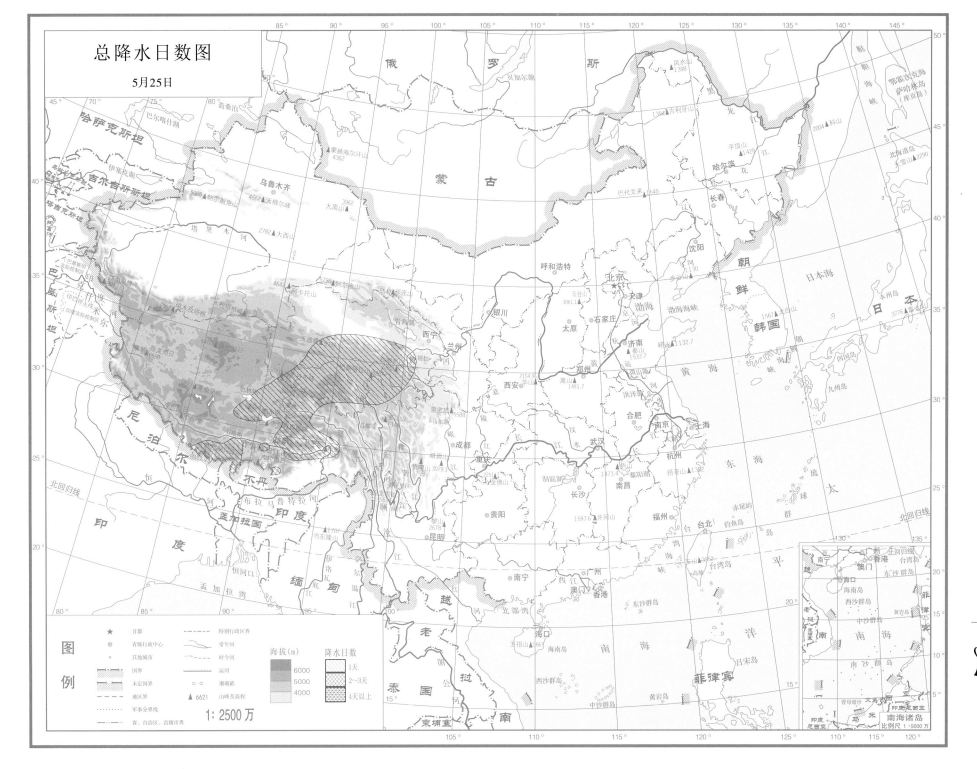

总降水日数图

5月25日

高原切变线 第 2 部分

南海诸岛

图例

1：2500万

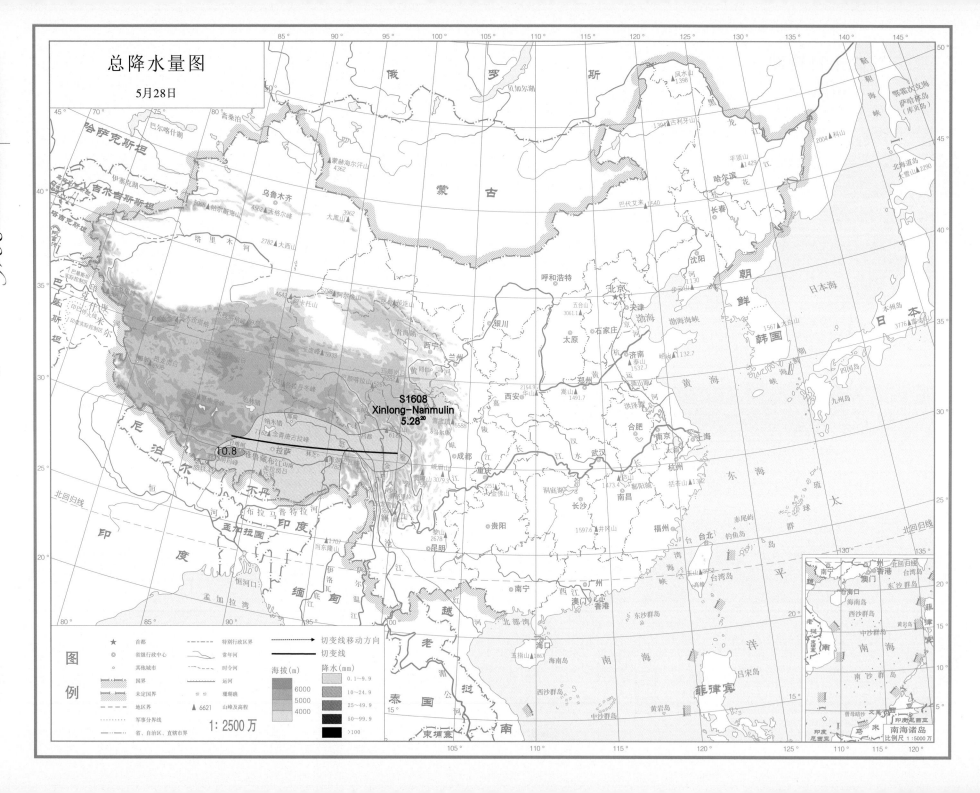

总降水量图

5月28日

S1608
Xinlong-Nanmulin
5.28[20]

10.8

图例

图例	
★ 首都	特别行政区界
◎ 省级行政中心	常年河
○ 其他城市	时令河
国界	运河
未定国界	珊瑚礁
地区界	
▲ 6621 山峰及高程	
军事分界线	
省、自治区、直辖市界	

切变线移动方向
切变线

海拔(m)
6000
5000
4000

降水(mm)
0.1～9.9
10～24.9
25～49.9
50～99.9
>100

1:2500万

南海诸岛
比例尺 1:5000万

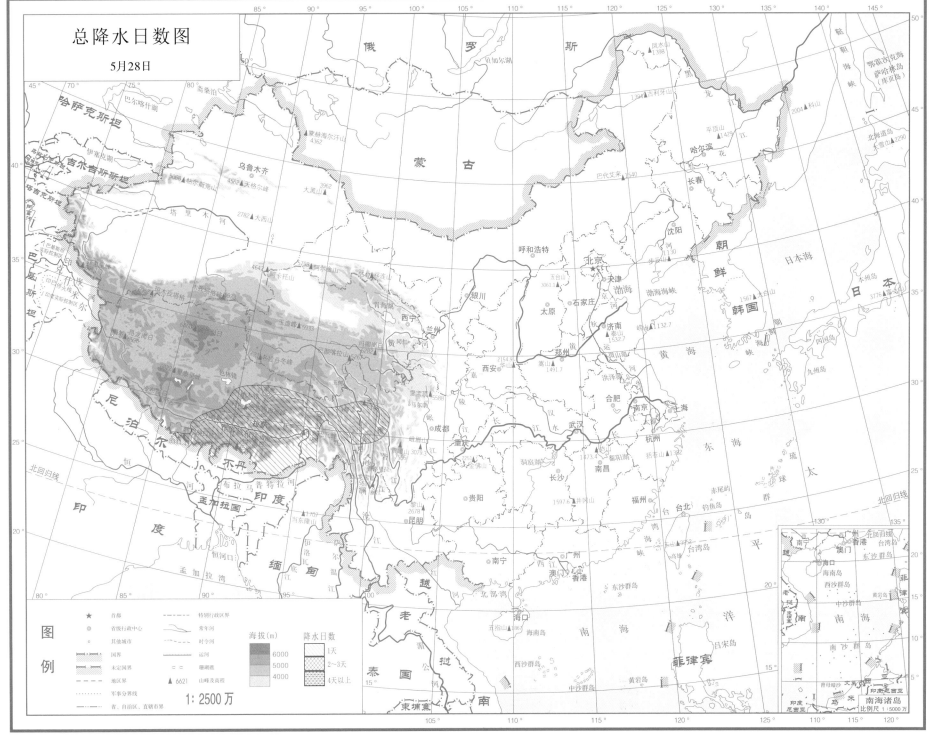

总降水日数图

5月28日

高原切变线 第 2 部分

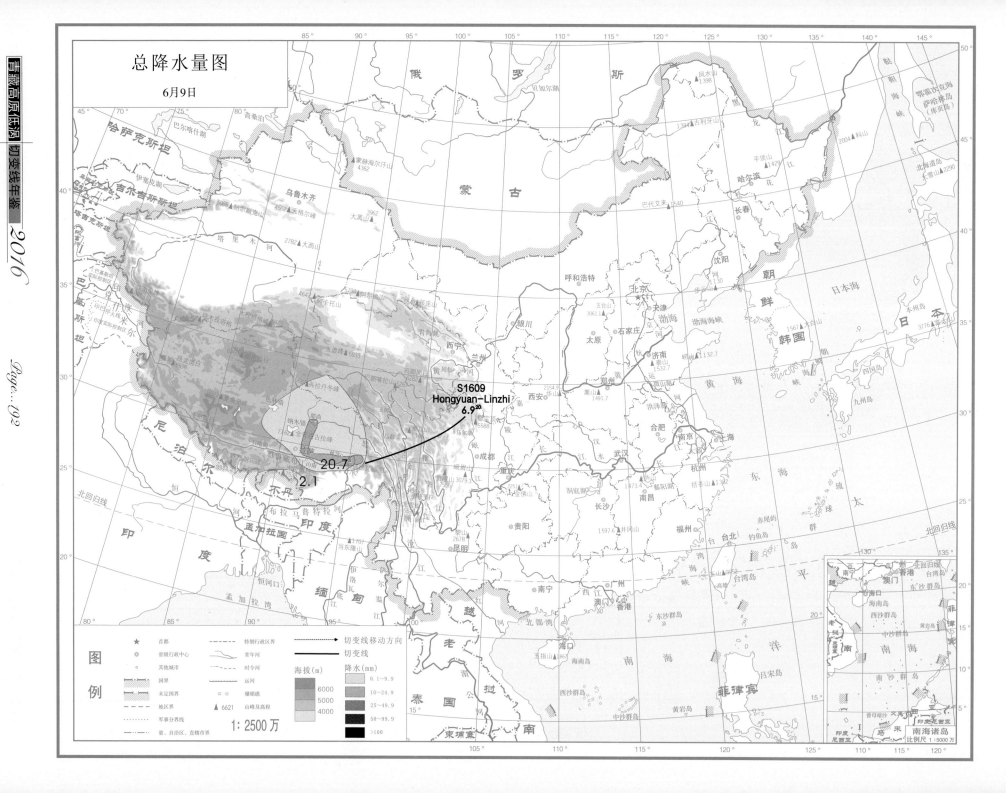

总降水量图

6月9日

S1609
Hongyuan-Linzhi
6.9[20]

20.7

2.1

图例

★	首都	
◎	省级行政中心	
○	其他城市	

	国界
	未定国界
	地区界
	军事分界线
	省、自治区、直辖市界

	特别行政区界
	常年河
	时令河
	运河
	珊瑚礁
▲ 6621	山峰及高程

切变线移动方向
切变线

海拔(m)
6000
5000
4000

降水(mm)
0.1~9.9
10~24.9
25~49.9
50~99.9
>100

1:2500万

南海诸岛
比例尺 1:5000万

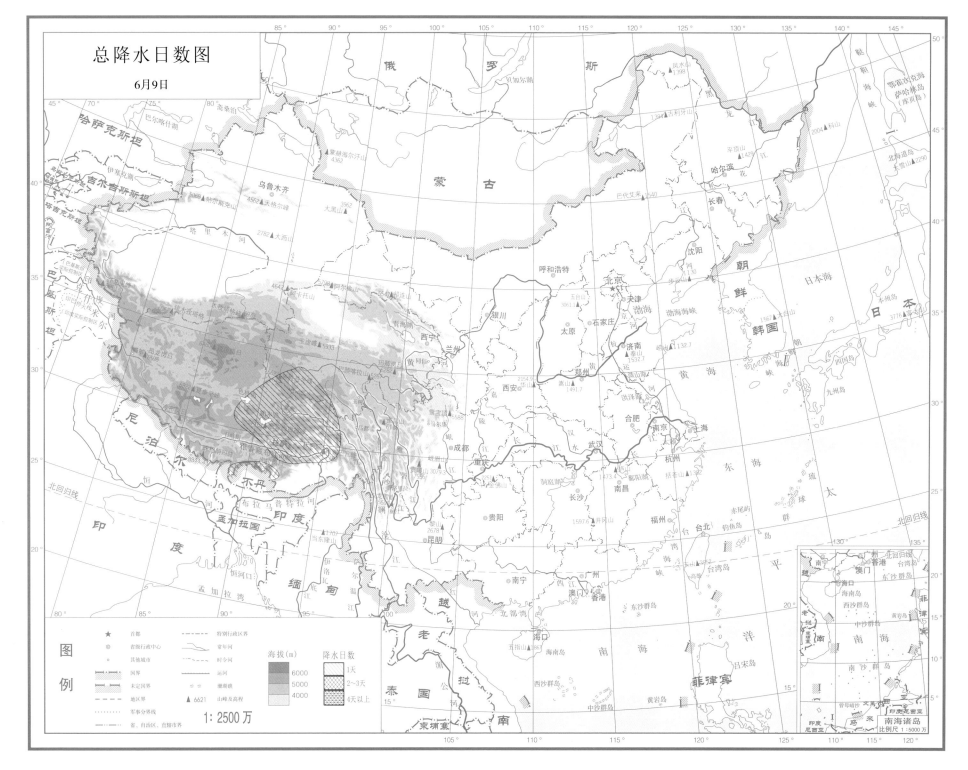

总降水日数图

6月9日

1 : 2500 万

高原切变线 第2部分

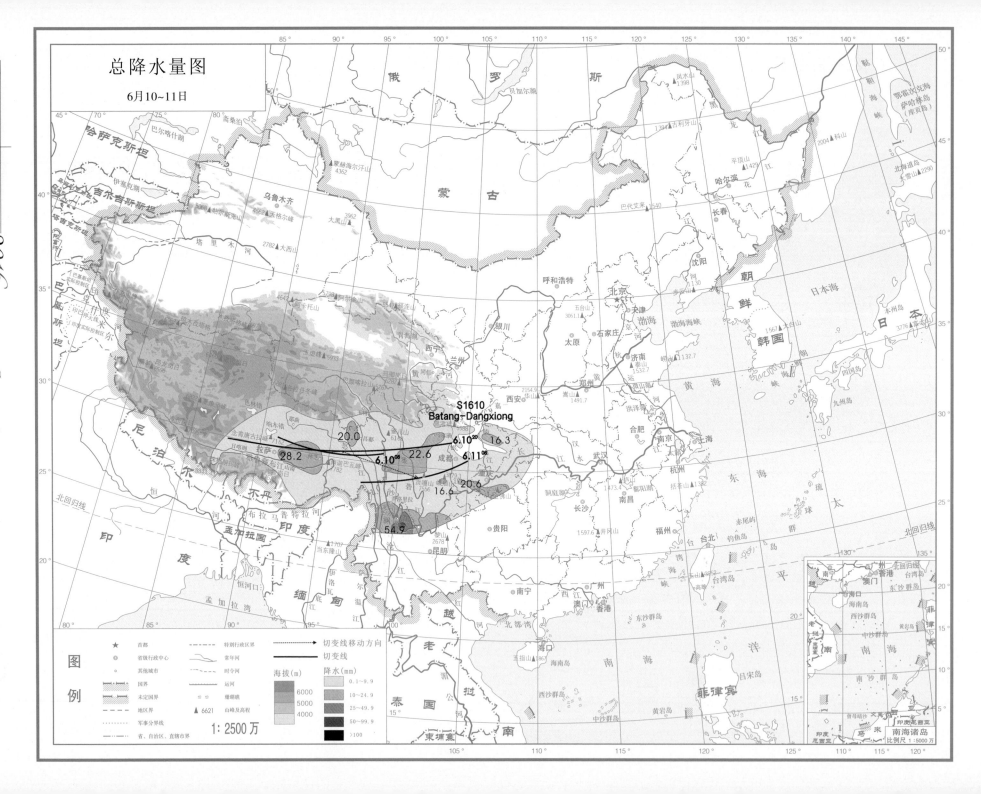

总降水量图

6月10~11日

S1610
Batang-Dangxiong

20.0

6.10²⁰ 16.3

28.2

6.10⁰⁸ 22.6 6.11⁰⁸

16.6 20.6

54.9

图例

★ 首都
◎ 省级行政中心
○ 其他城市
　　国界
　　未定国界
　　地区界
　　军事分界线
　　省、自治区、直辖市界

　　特别行政区界
　　常年河
　　时令河
　　运河
　　珊瑚礁
▲6621 山峰及高程

切变线移动方向
切变线

海拔(m)
6000
5000
4000

降水(mm)
0.1~9.9
10~24.9
25~49.9
50~99.9
>100

1：2500万

南海诸岛
比例尺 1：5000万

总降水日数图

6月10~11日

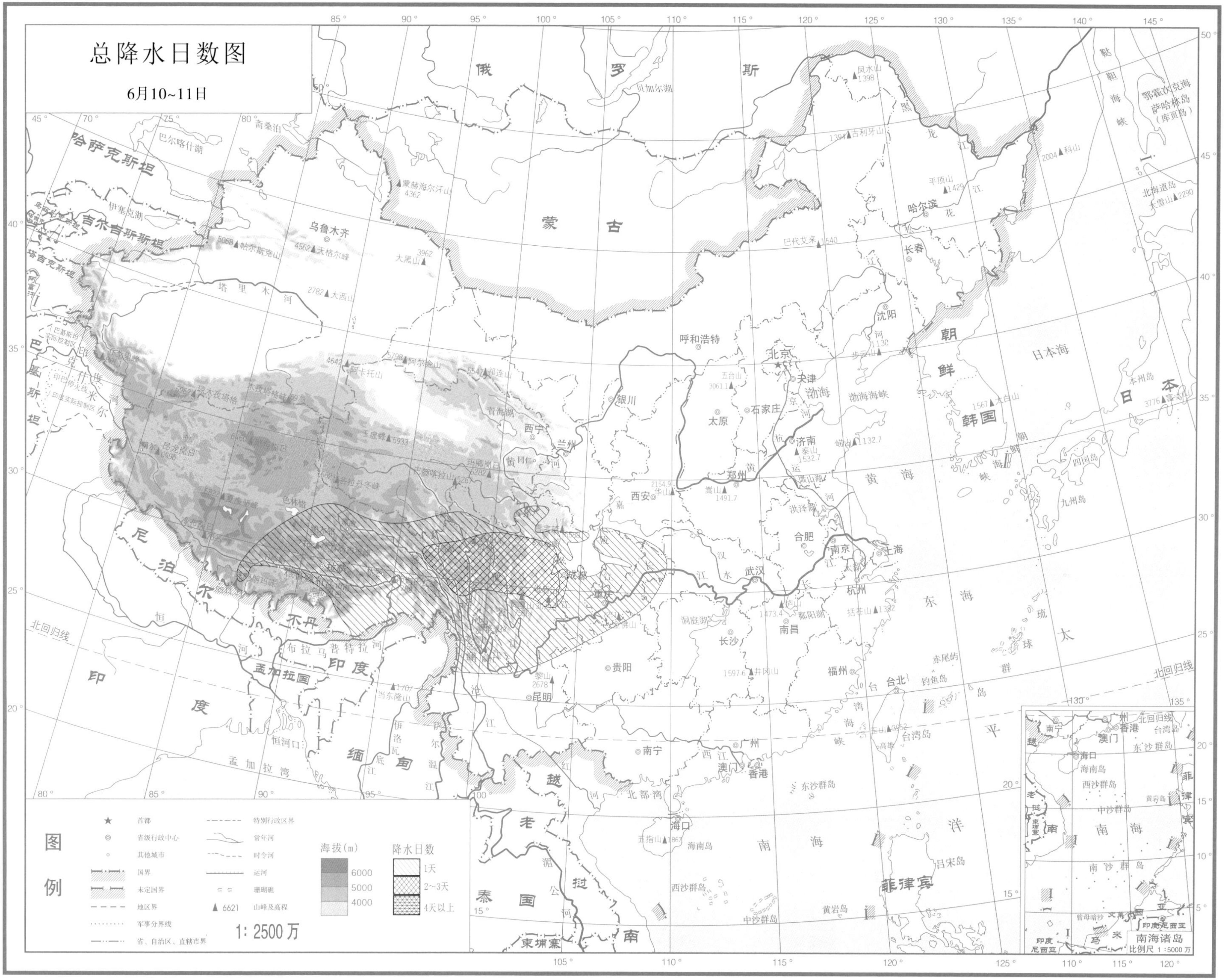

高原切变线 第 2 部分

图例

★	首都	—·—·—	特别行政区界
◎	省级行政中心		常年河
○	其他城市		时令河
	国界		运河
	未定国界	⊂⊃	珊瑚礁
	地区界	▲ 6621	山峰及高程
	军事分界线		
	省、自治区、直辖市界		

海拔(m)
6000
5000
4000

降水日数
1天
2~3天
4天以上

1:2500万

南海诸岛
比例尺 1:5000万

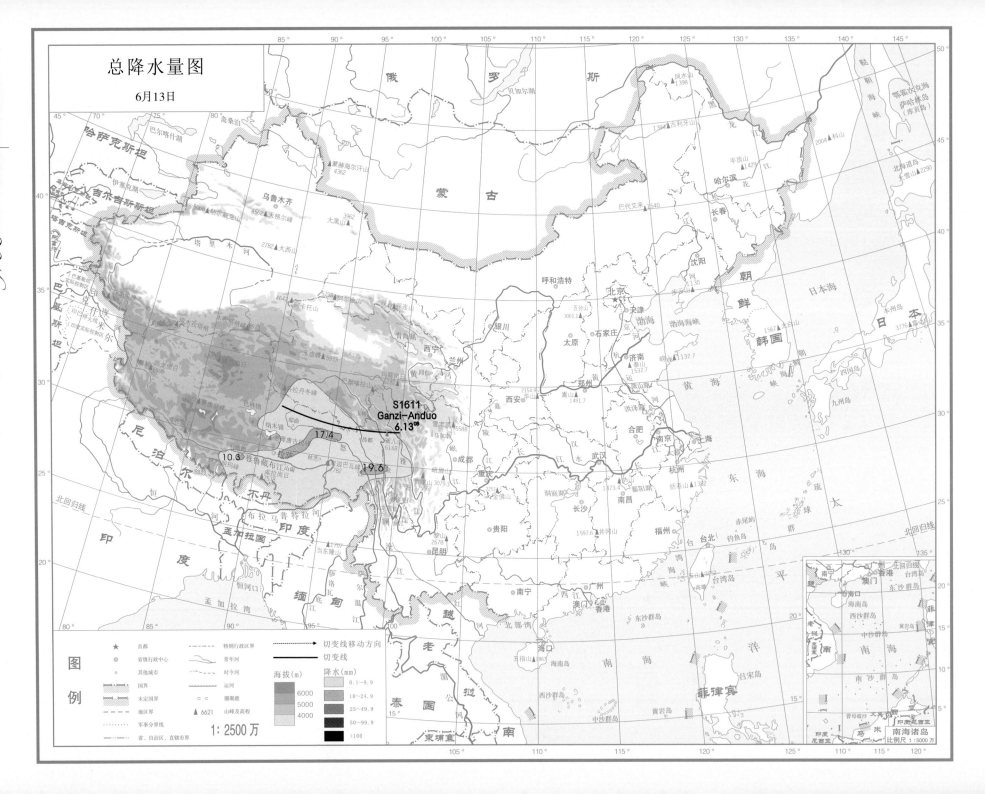

总降水量图

6月13日

S1611
Ganzi-Anduo
6.13⁰⁸

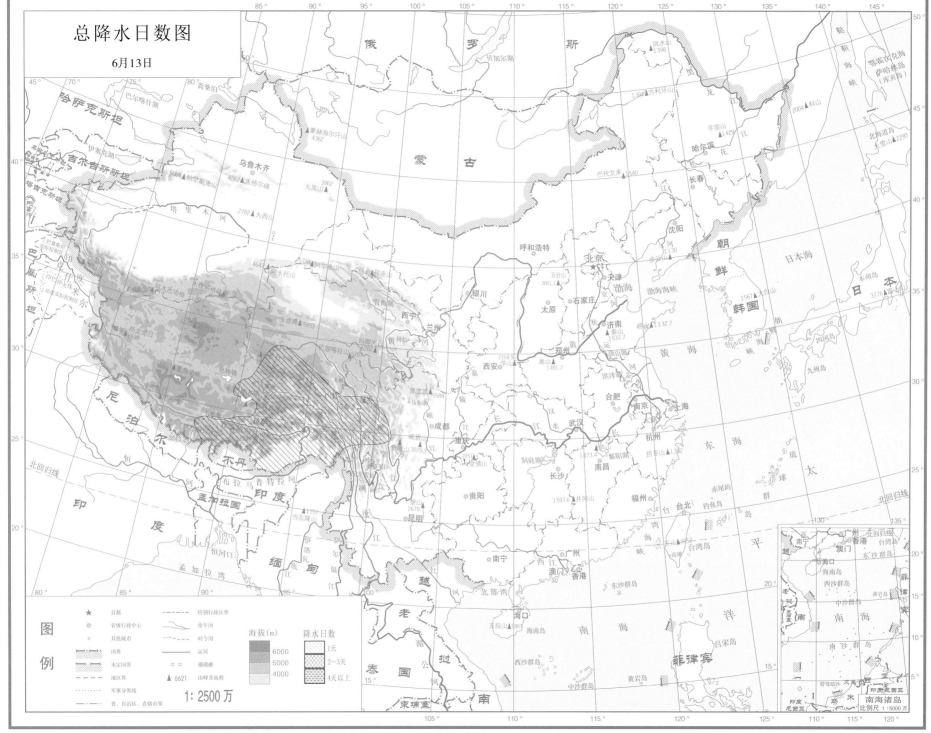

总降水日数图

6月13日

图例

★	首都	
◎	省旗行政中心	
○	其他城市	
	国界	
	未定国界	
	地区界	
	军事分界线	
	省、自治区、直辖市界	

	特别行政区界
	常年河
	时令河
	运河
○	珊瑚礁
▲ 6621	山峰及高程

海拔(m)
6000
5000
4000

降水日数
1天
2～3天
4天以上

1:2500万

南海诸岛
比例尺 1:5000万

高原切变线 第2部分

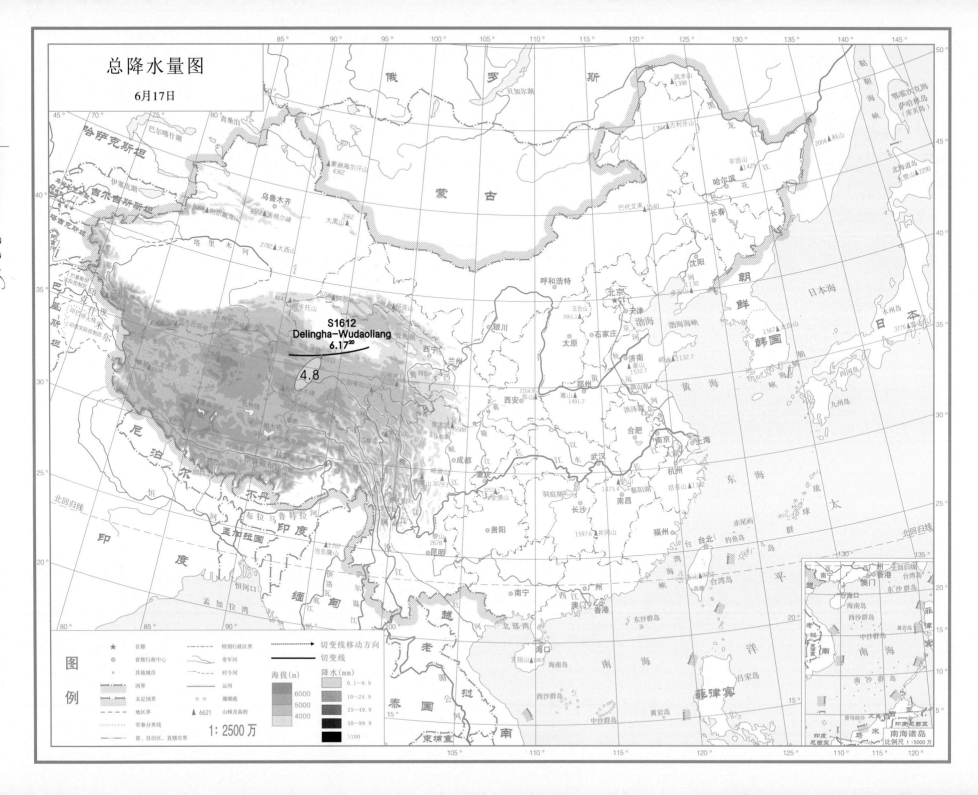

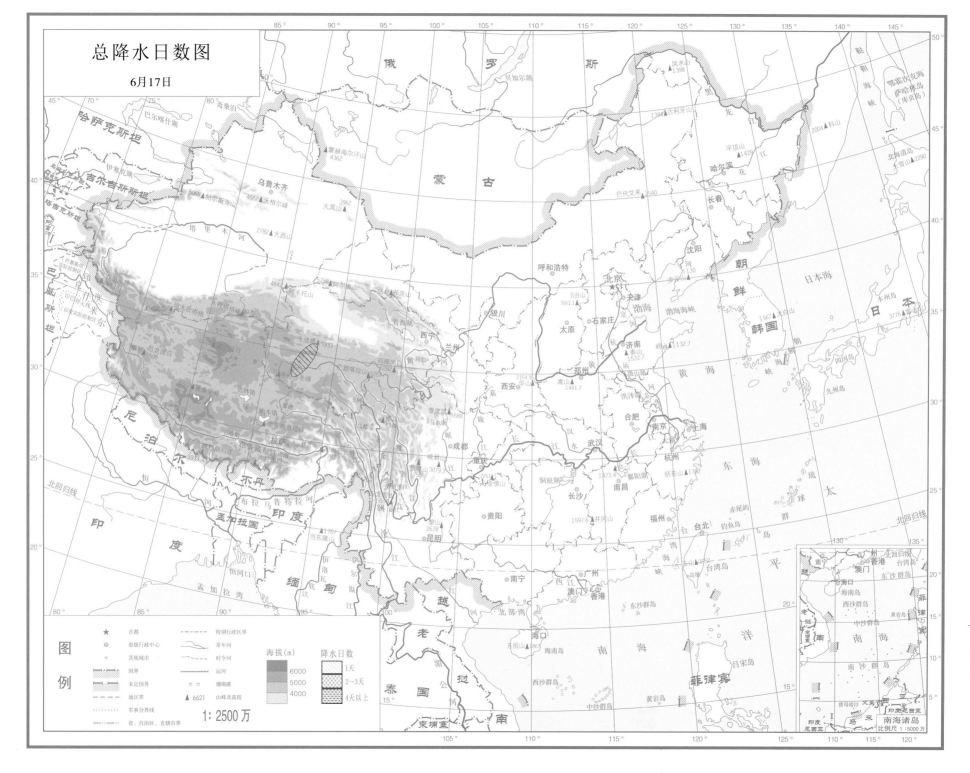

总降水日数图

6月17日

图例

图例		
★	首都	
◎	省级行政中心	
○	其他城市	
	国界	
	未定国界	
	地区界	
	军事分界线	
	省、自治区、直辖市界	

	特别行政区界
	常年河
	时令河
	运河
	珊瑚礁
▲ 6621	山峰及高程

海拔(m)
6000
5000
4000

降水日数
1天
2~3天
4天以上

1：2500万

南海诸岛
比例尺 1：5000万

高原切变线 第2部分

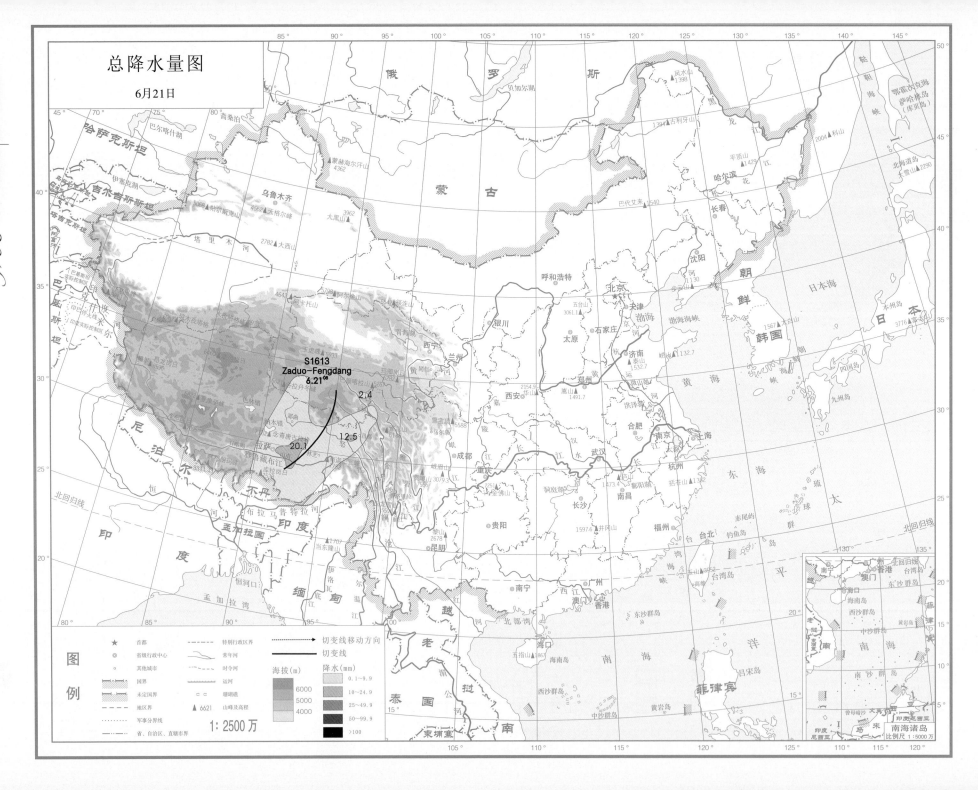

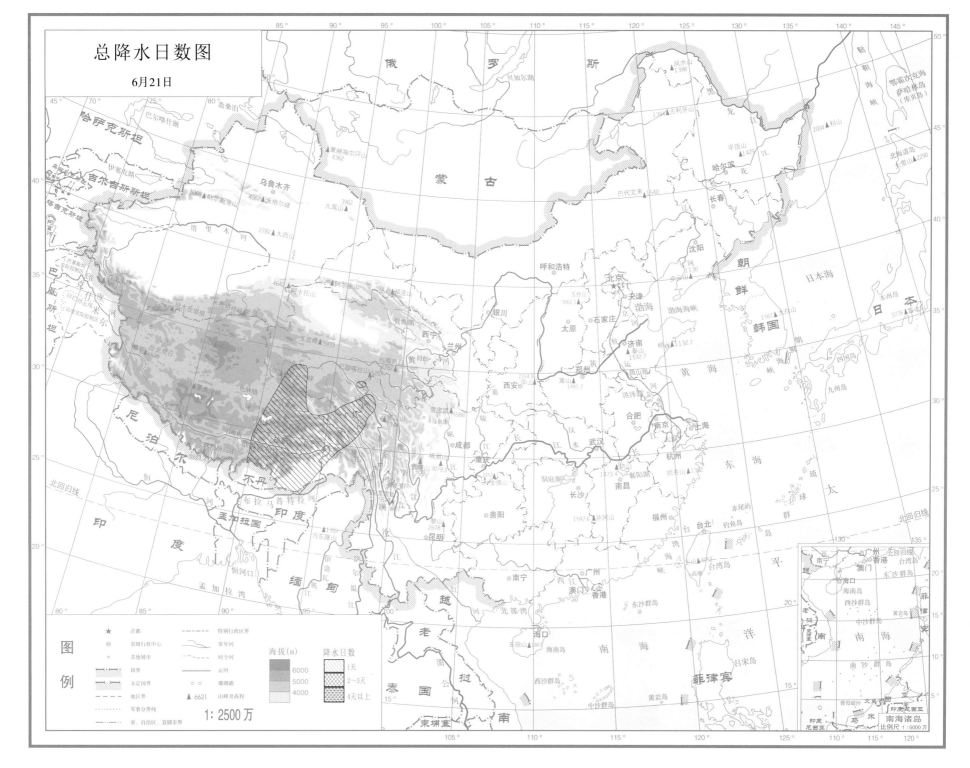

总降水日数图

6月21日

图例

	首都		特别行政区界
省级行政中心		常年河
其他城市		时令河
国界		运河
未定国界		湖泊及水库
地区界	▲6621	山峰及高程
军事分界线		
省、自治区、直辖市界		

海拔(m)
6000
5000
4000

降水日数
1天
2~3天
4天以上

1:2500 万

南海诸岛
比例尺 1:5000 万

高原切变线 第 2 部分

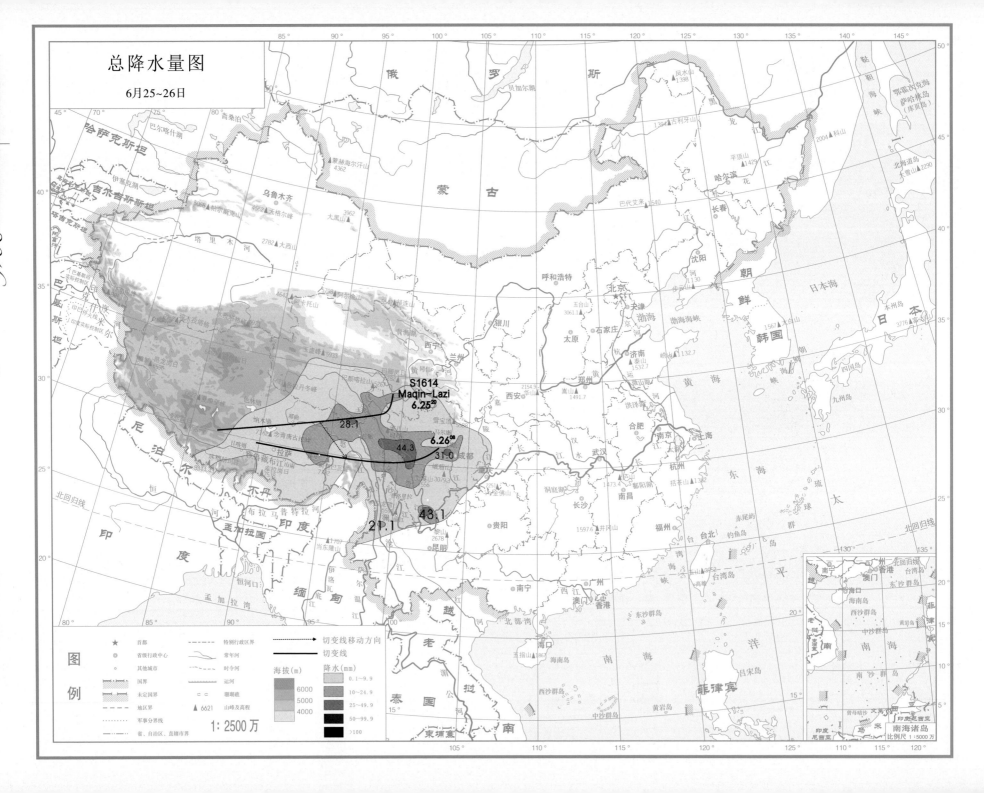

总降水量图

6月25~26日

S1614
Maqin–Lazi
6.25^{20}

28.1

44.3

6.26^{08}

31.0

43.1

2.1

图例

★	首都
◎	省级行政中心
○	其他城市

	国界
	未定国界
	地区界
	军事分界线
	省、自治区、直辖市界

	特别行政区界
	常年河
	时令河
	运河
	珊瑚礁
▲ 6621	山峰及高程

切变线移动方向
切变线

海拔(m)
6000
5000
4000

降水(mm)
0.1~9.9
10~24.9
25~49.9
50~99.9
>100

1：2500万

南海诸岛
比例尺 1：5000万

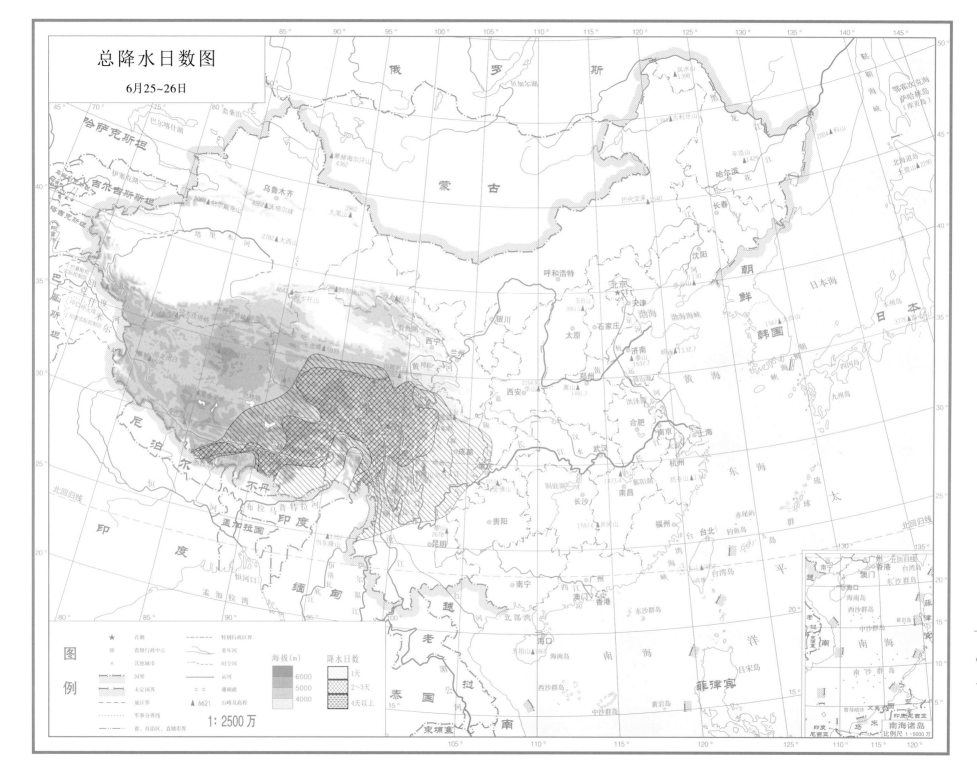

总降水日数图

6月25~26日

图例

★	首都		特别行政区界
◎	省级行政中心		常年河
○	其他城市		时令河
	国界		运河
	未定国界	○ ○	珊瑚礁
	地区界	▲ 6621	山峰及高程
	军事分界线		
	省，自治区，直辖市界		

海拔(m)
6000
5000
4000

降水日数
1天
2~3天
4天以上

1:2500万

比例尺 1:5000万
南海诸岛

高原切变线 第2部分

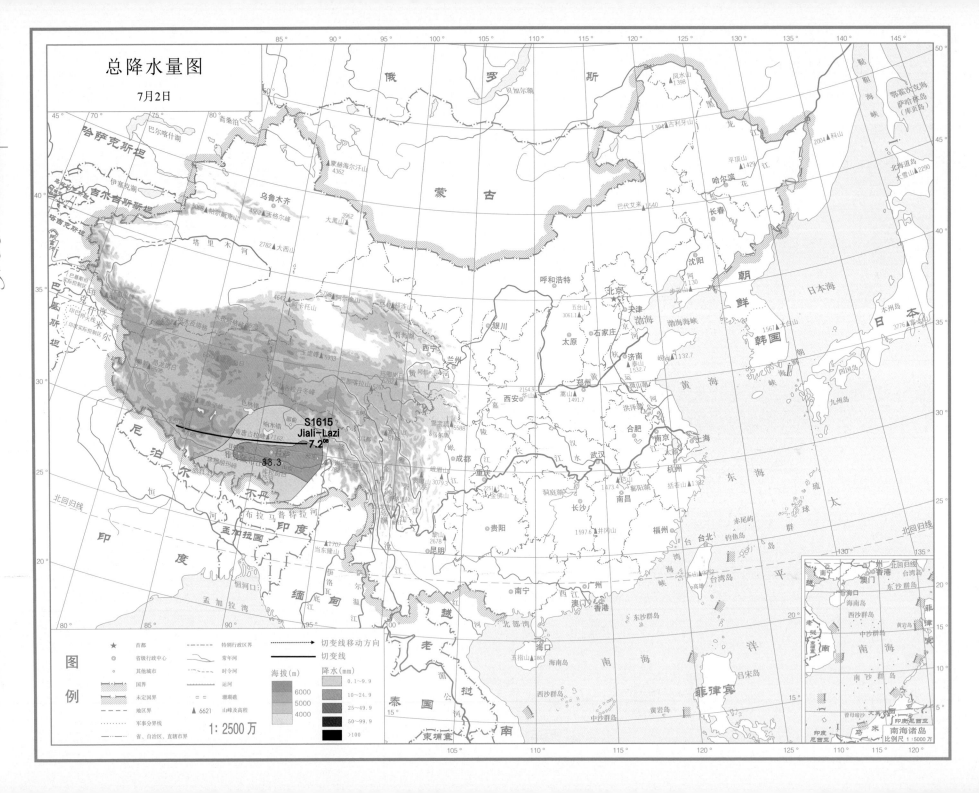

总降水量图

7月2日

1 : 2500 万

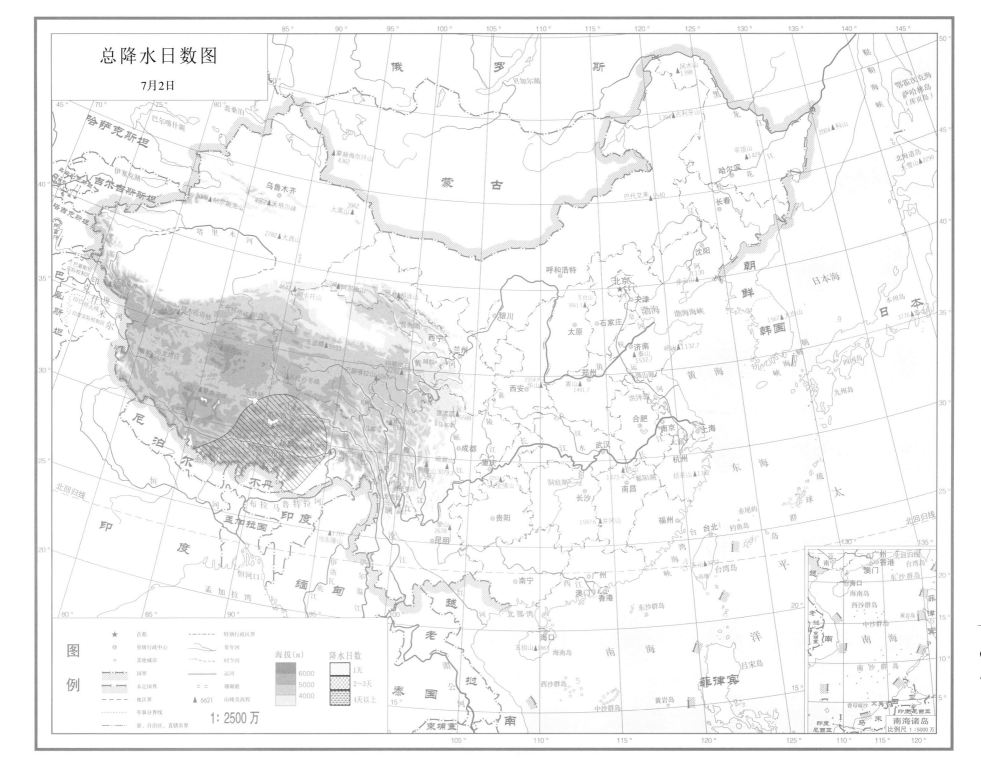

总降水日数图

7月2日

高原切变线 第2部分

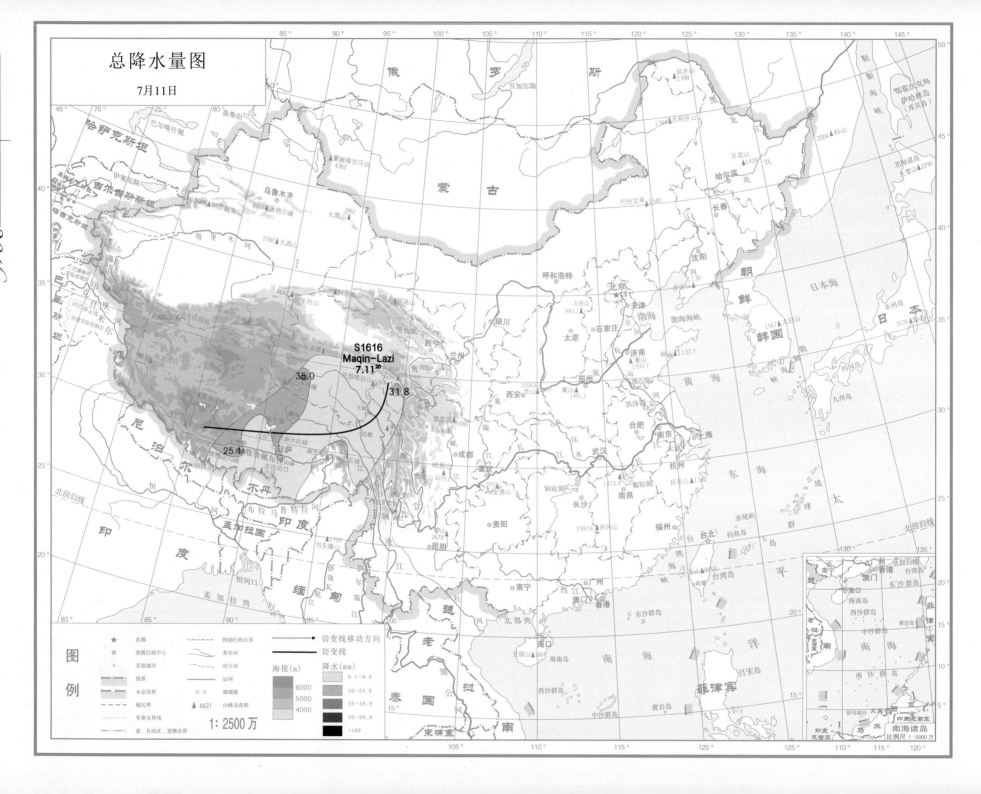

总降水量图
7月11日
S1616
Maqin–Lazi
7.11 20
35.0
31.8
25.1
图例
首都
省级行政中心
其他城市
国界
未定国界
地区界
军事分界线
省、自治区、直辖市界
特别行政区界
常年河
时令河
运河
珊瑚礁
6621 山峰及高程
切变线移动方向
切变线
海拔(m)
6000
5000
4000
降水(mm)
0.1~9.9
10~24.9
25~49.9
50~99.9
>100
1:2500万
南海诸岛
比例尺 1:5000万

总降水日数图

7月11日

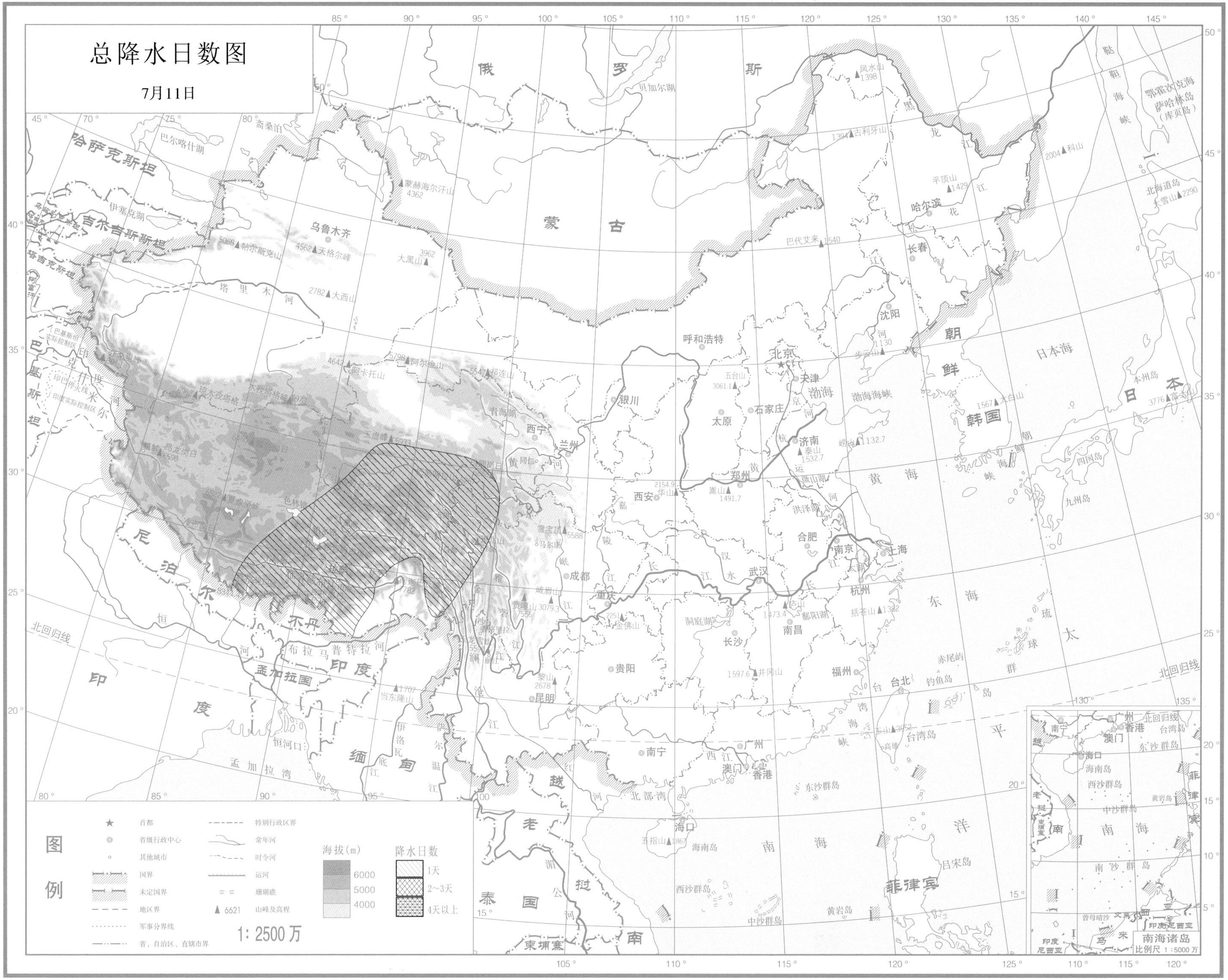

高原切变线 第2部分

1 : 2500 万

南海诸岛
比例尺 1 : 5000 万

图例

★ 首都
◎ 省级行政中心
○ 其他城市
国界
未定国界
地区界
军事分界线
省、自治区、直辖市界
特别行政区界
常年河
时令河
运河
珊瑚礁
▲ 6621 山峰及高程

海拔(m)
6000
5000
4000

降水日数
1天
2～3天
4天以上

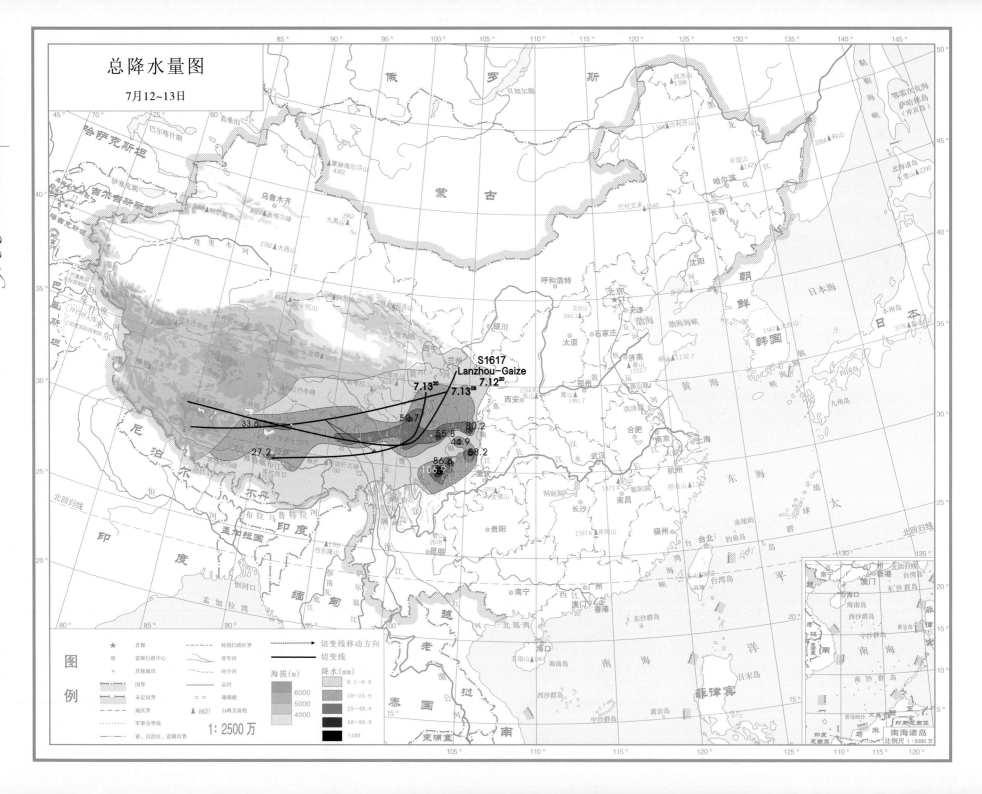

总降水量图

7月12~13日

S1617
Lanzhou-Gaize
7.12²⁰

7.13²⁰
7.13⁰⁸

50.7
33.6
27.2

80.2
55.8
44.9
58.2
86.4
106.9

图例

★ 首都
◎ 省级行政中心
○ 其他城市
国界
未定国界
地区界
军事分界线
省、自治区、直辖市界

特别行政区界
常年河
时令河
运河
珊瑚礁
▲6621 山峰及高程

切变线移动方向
切变线

海拔(m)
6000
5000
4000

降水(mm)
0.1~9.9
10~24.9
25~49.9
50~99.9
>100

1:2500万

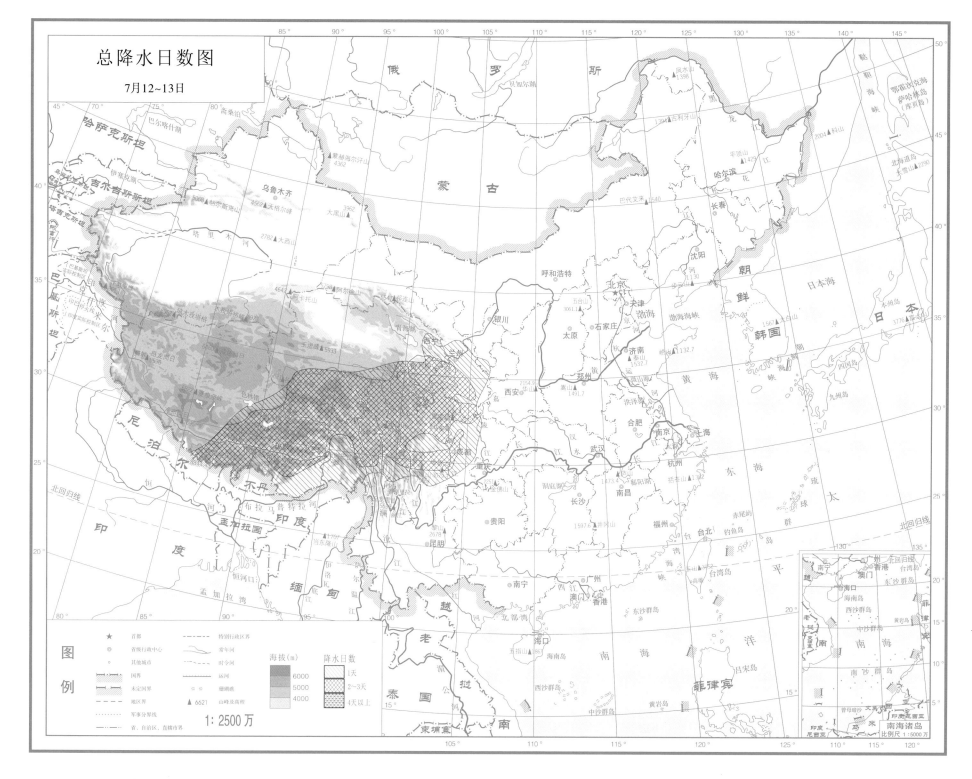

总降水日数图

7月12~13日

高原切变线 第2部分

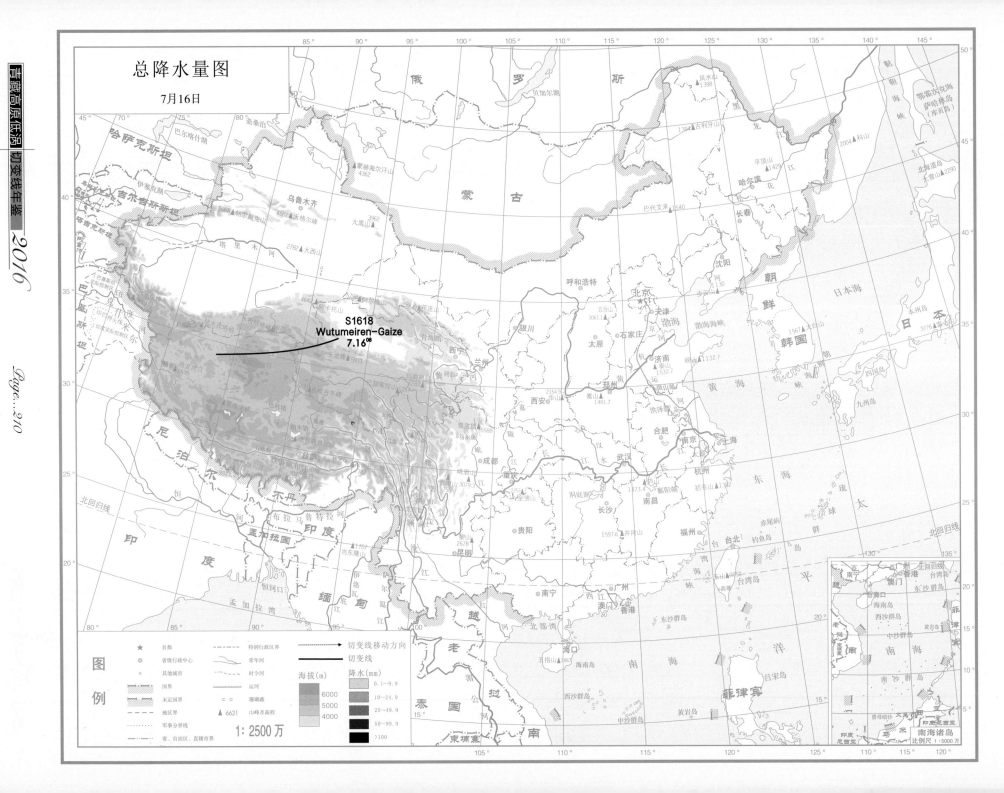

总降水量图

7月16日

S1618
Wutumeiren-Gaize
7.16⁰⁸

图例

★ 首都
◎ 省级行政中心
○ 其他城市
国界
未定国界
地区界
军事分界线
省、自治区、直辖市界
特别行政区界
常年河
时令河
运河
珊瑚礁
▲ 6621 山峰及高程
切变线移动方向
切变线

海拔(m)
6000
5000
4000

降水(mm)
0.1～9.9
10～24.9
25～49.9
50～99.9
>100

1：2500万

南海诸岛
比例尺 1：5000万

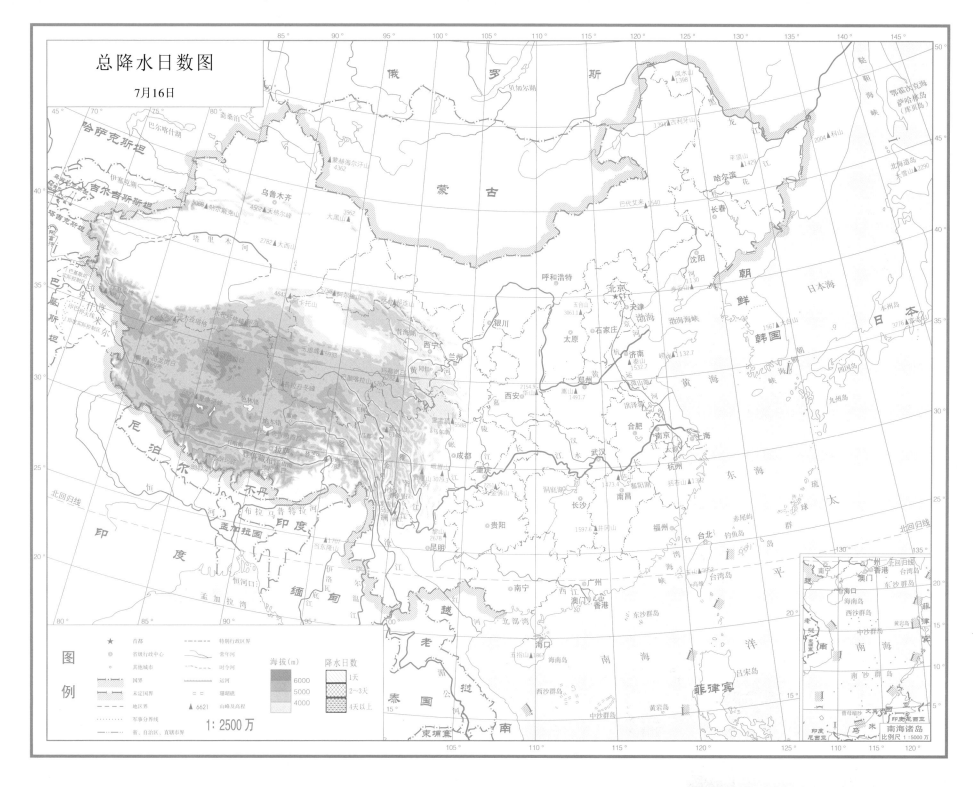

总降水日数图

7月16日

1：2500万

高原切变线 第2部分

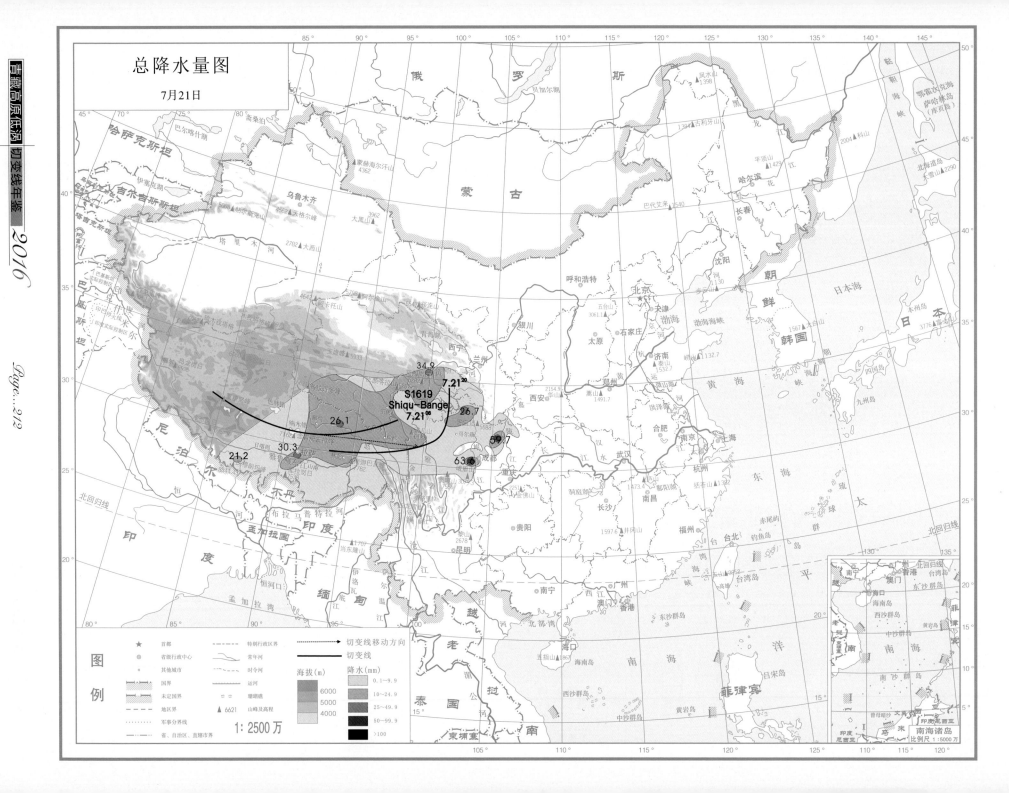

总降水量图

7月21日

S1619
Shiqu-Bange
7.21⁰⁸

7.21²⁰

34.9

26.1

26.7

30.3

21.2

59.7

63.6

图例

★ 首都
◎ 省级行政中心
○ 其他城市
国界
未定国界
地区界
军事分界线
省、自治区、直辖市界

特别行政区界
常年河
时令河
运河
珊瑚礁
▲6621 山峰及高程

切变线移动方向
切变线

海拔(m)
6000
5000
4000

降水(mm)
0.1～9.9
10～24.9
25～49.9
50～99.9
>100

1:2500万

南海诸岛
比例尺 1:5000万

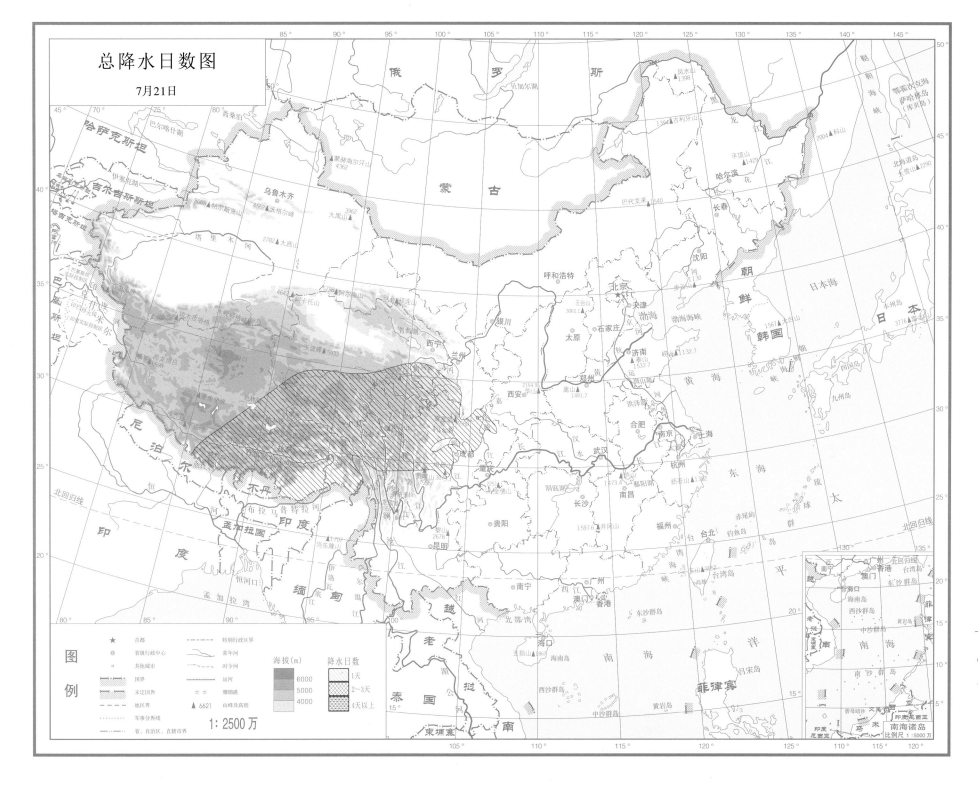

总降水日数图

7月21日

高原切变线 第2部分

图例

1：2500万

南海诸岛
比例尺 1：5000万

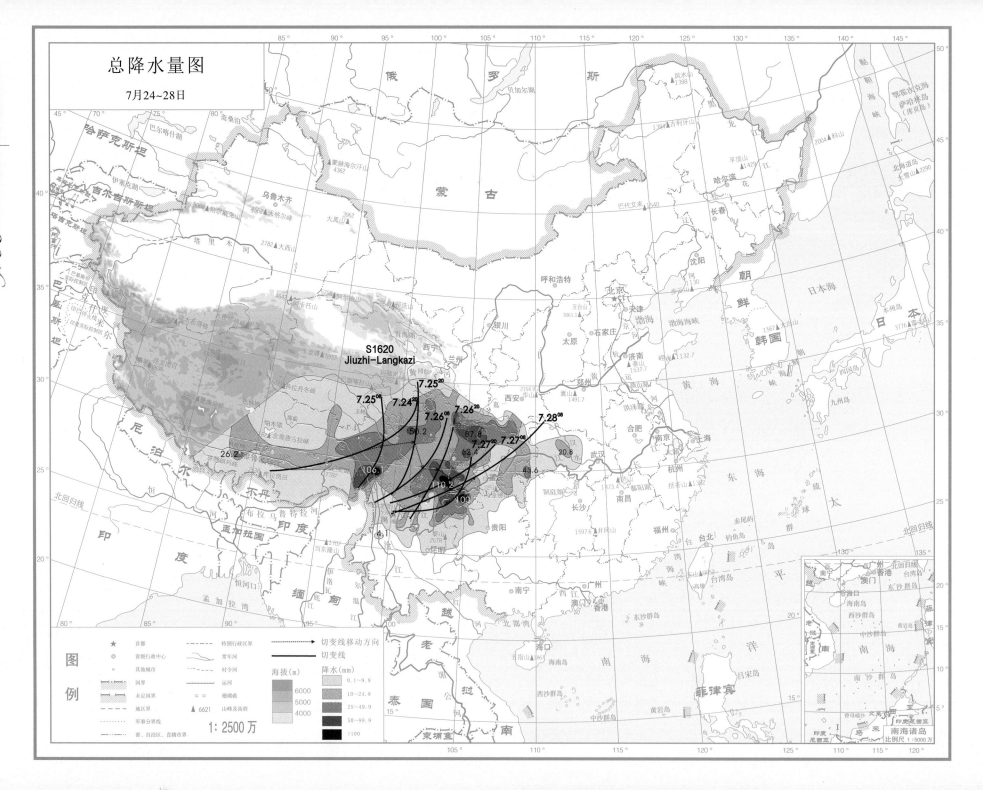

总降水量图

7月24~28日

S1620
Jiuzhi-Langkazi

总降水日数图

7月24~28日

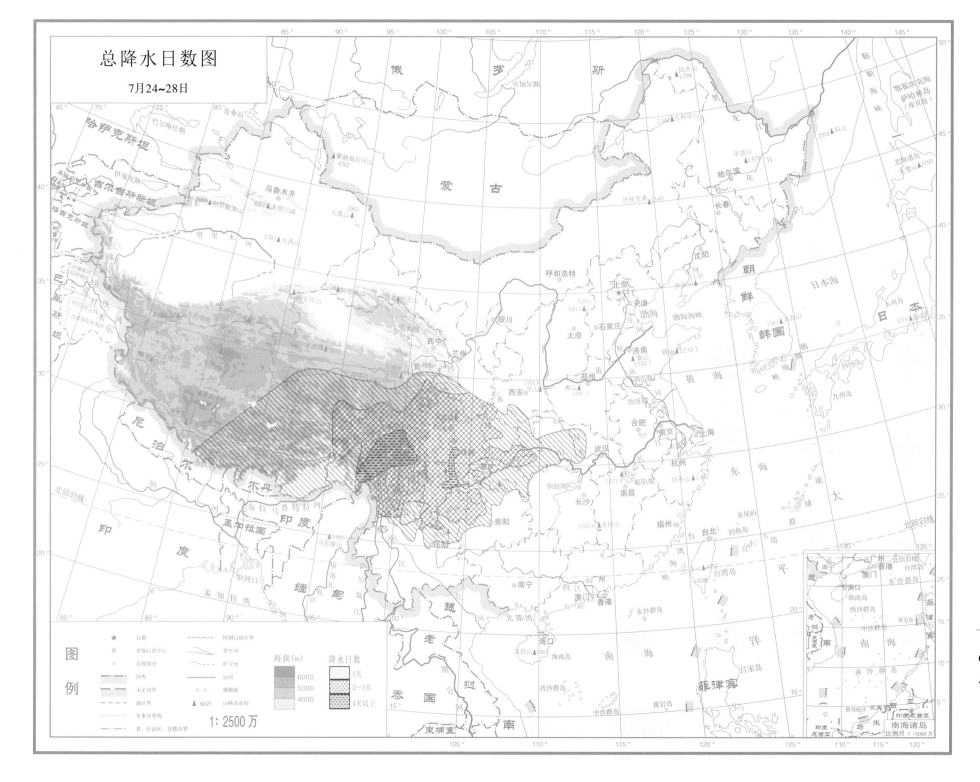

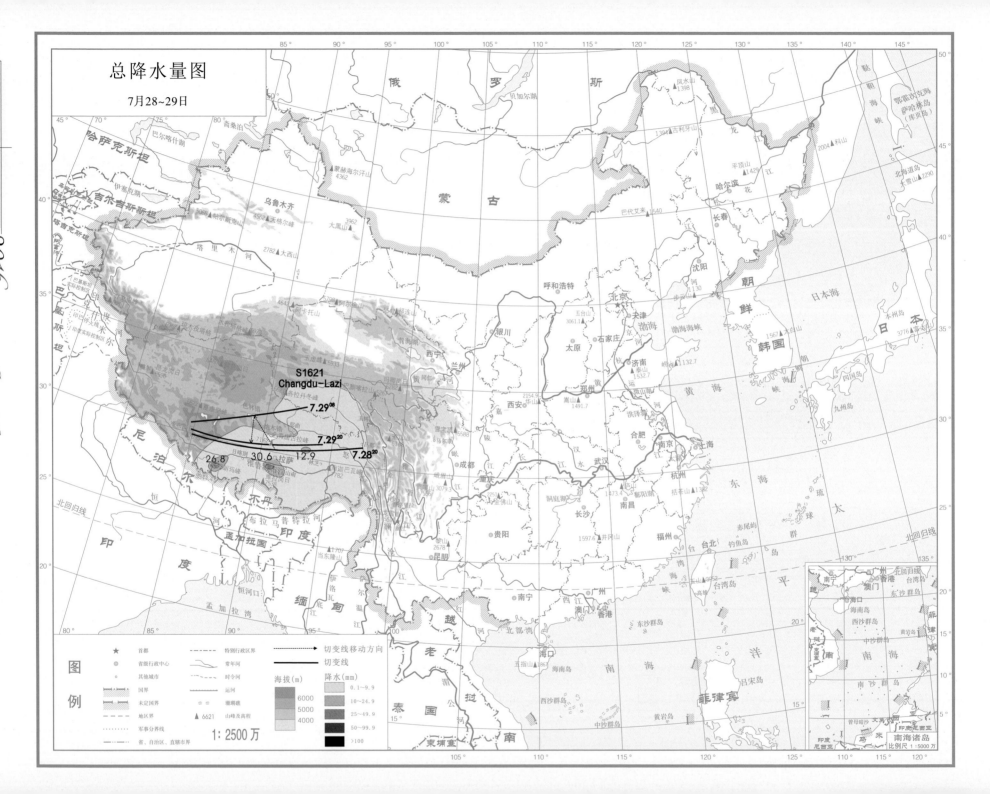

总降水量图

7月28~29日

S1621
Changdu-Lazi

7.29⁰⁸

7.29²⁰

7.28²⁰

26.8   30.6   12.9

1:2500万

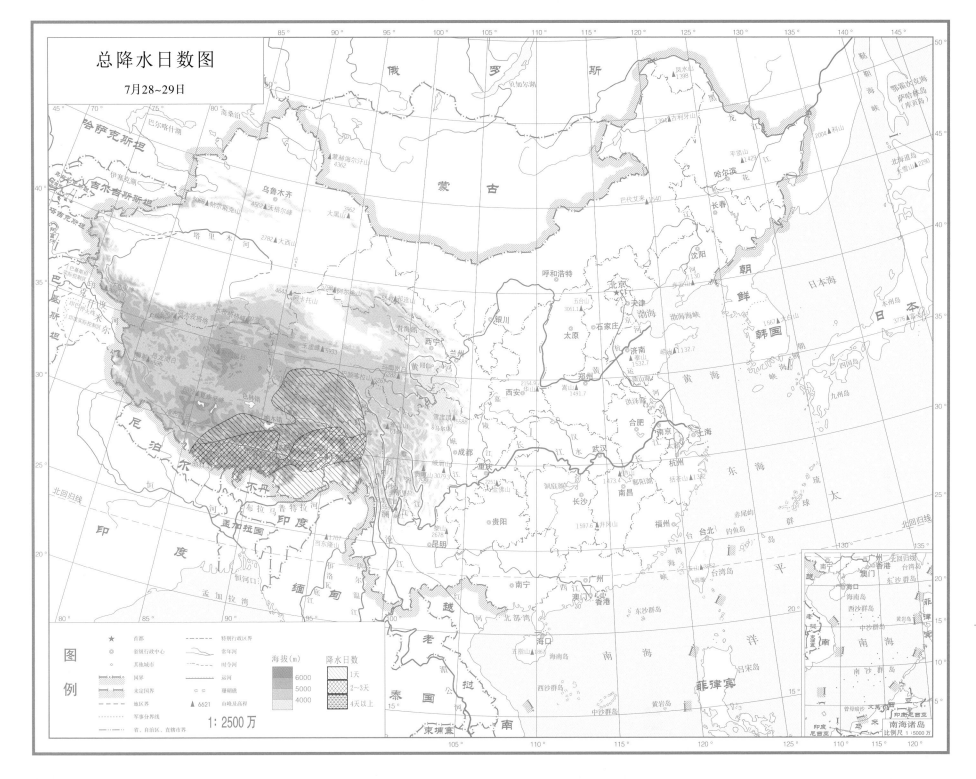

总降水日数图

7月28~29日

1:2500万

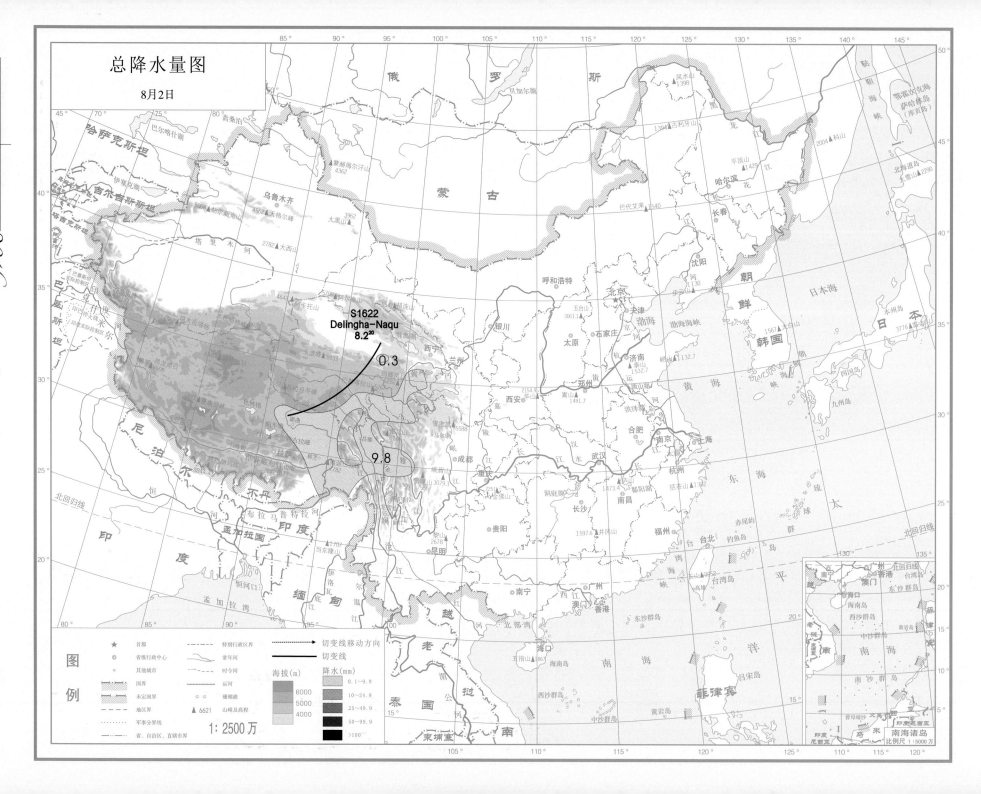

总降水量图

8月2日

S1622
Delingha-Naqu
8.2[20]

0.3

9.8

图例

★	首都	- - -	特别行政区界			⇢	切变线移动方向
◎	省级行政中心		常年河				
○	其他城市		时令河			——	切变线
	国界		运河				
	未定国界	□□	珊瑚礁	海拔(m)	降水(mm)		
- - -	地区界	▲6621	山峰及高程	6000	0.1~9.9		
⋯⋯	军事分界线			5000	10~24.9		
—·—	省、自治区、直辖市界			4000	25~49.9		
					50~99.9		
					>100		

1:2500万

南海诸岛

比例尺 1:5000万

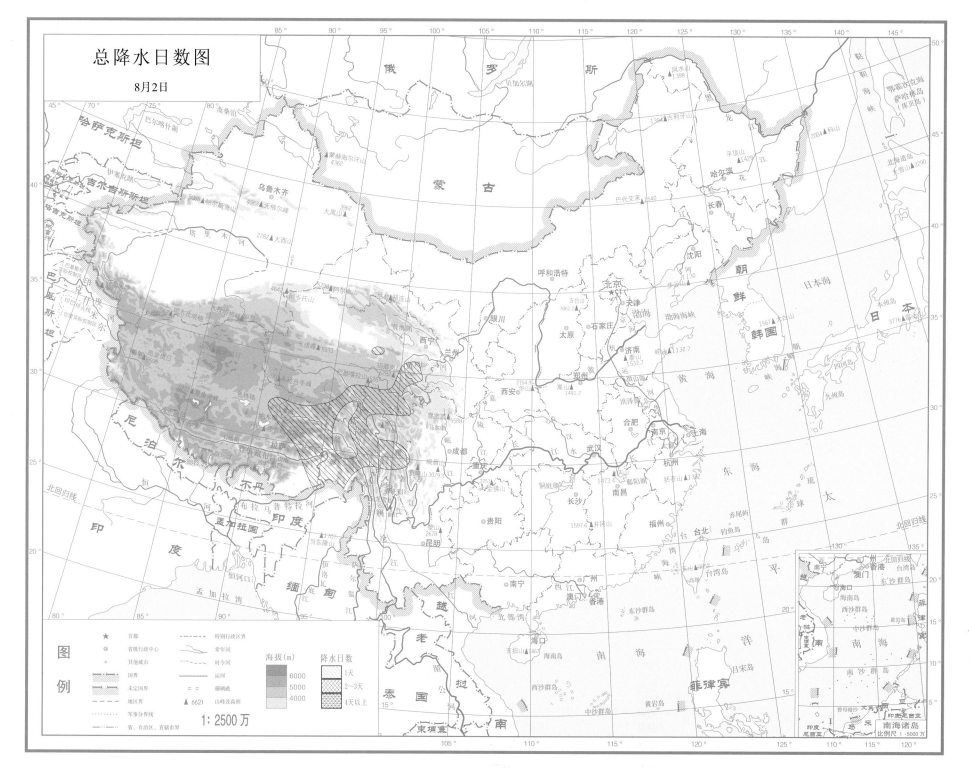

总降水日数图

8月2日

图例

★ 首都
◎ 省级行政中心
○ 其他城市

———— 特别行政区界
———— 常年河
———— 时令河
———— 运河
======= 珊瑚礁
▲ 6621 山峰及高程

国界
未定国界
地区界
军事分界线
省、自治区、直辖市界

海拔(m)
6000
5000
4000

降水日数
1天
2~3天
4天以上

1:2500万

南海诸岛
比例尺 1:5000万

高原切变线 第 2 部分

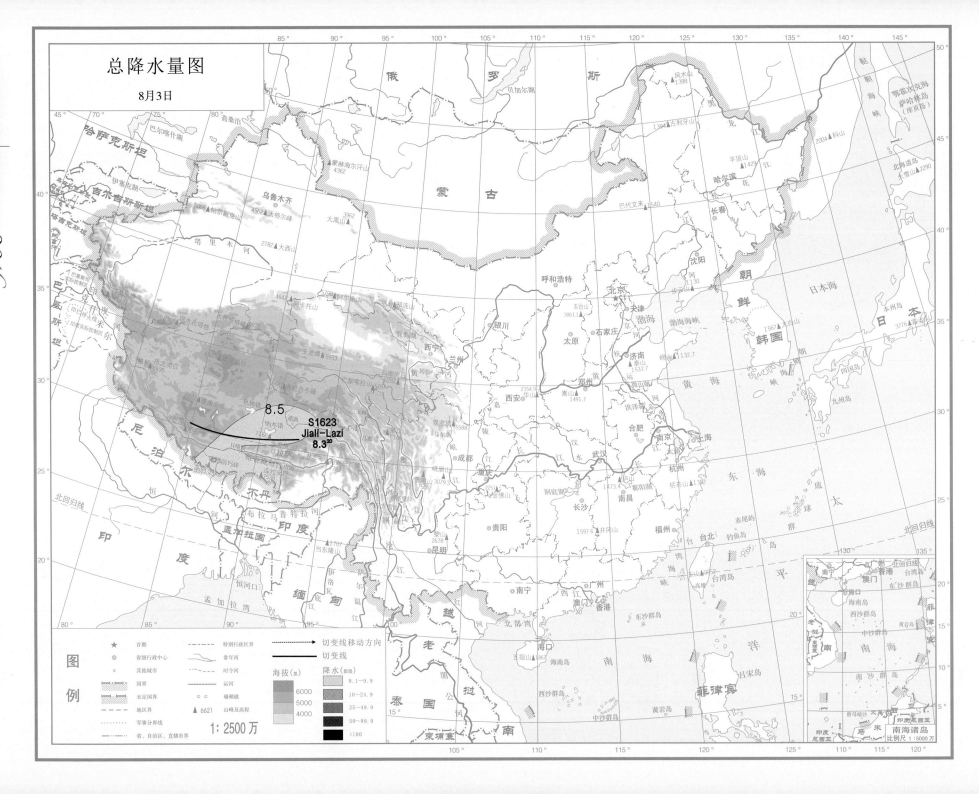

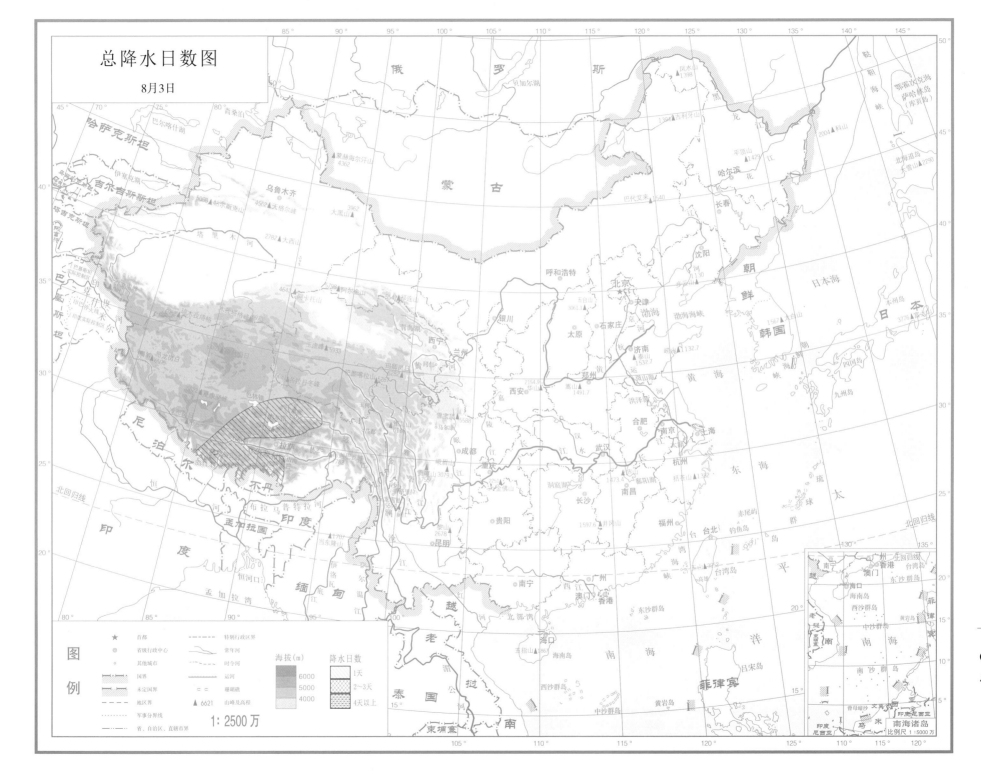

总降水日数图

8月3日

高原切变线　第2部分

图例

★ 首都
◎ 省级行政中心
○ 其他城市
国界
未定国界
地区界
军事分界线
省、自治区、直辖市界

特别行政区界
常年河
时令河
运河
珊瑚礁
▲ 6621 山峰及高程

海拔(m)
6000
5000
4000

降水日数
1天
2～3天
4天以上

1: 2500万

南海诸岛
比例尺 1: 5000万

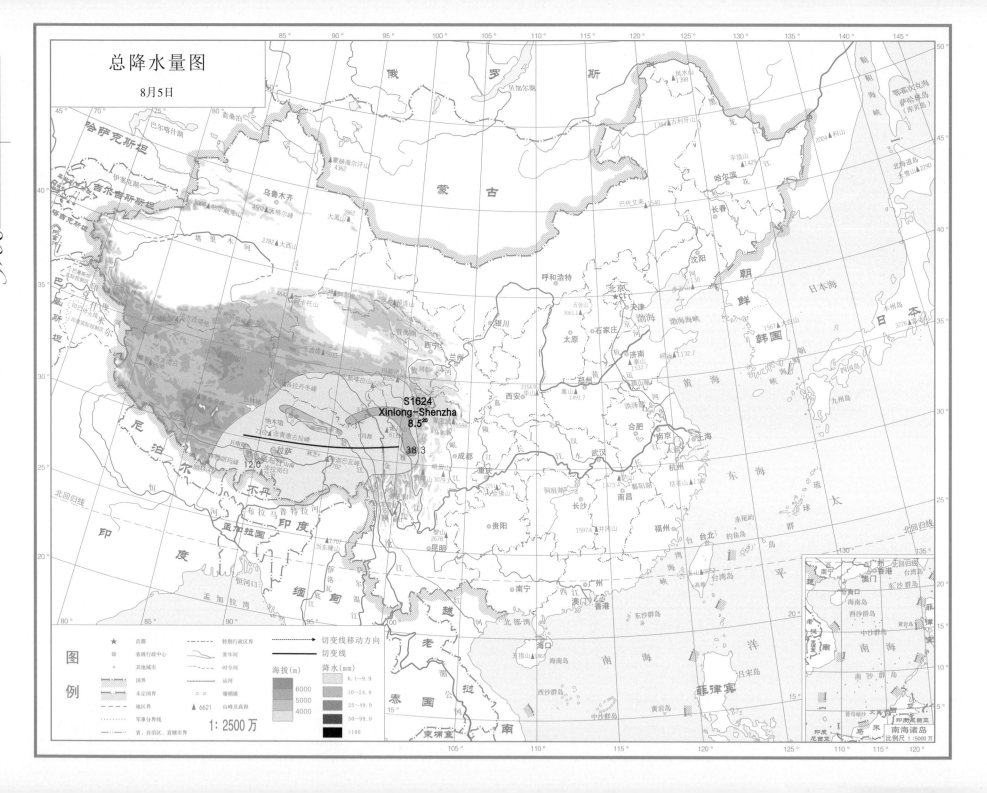

总降水量图

8月5日

S1624
Xinlong-Shenzha
8.5²⁰

38.3

12.0

图例

首都
省级行政中心
其他城市

国界
未定界
地区界
军事分界线
省、自治区、直辖市界

特别行政区界
常年河
时令河
运河
珊瑚礁

切变线移动方向
切变线

海拔(m)
6000
5000
4000

降水(mm)
0.1~9.9
10~24.9
25~49.9
50~99.9
>100

▲ 6621 山峰及高程

1:2500万

南海诸岛
比例尺 1:5000万

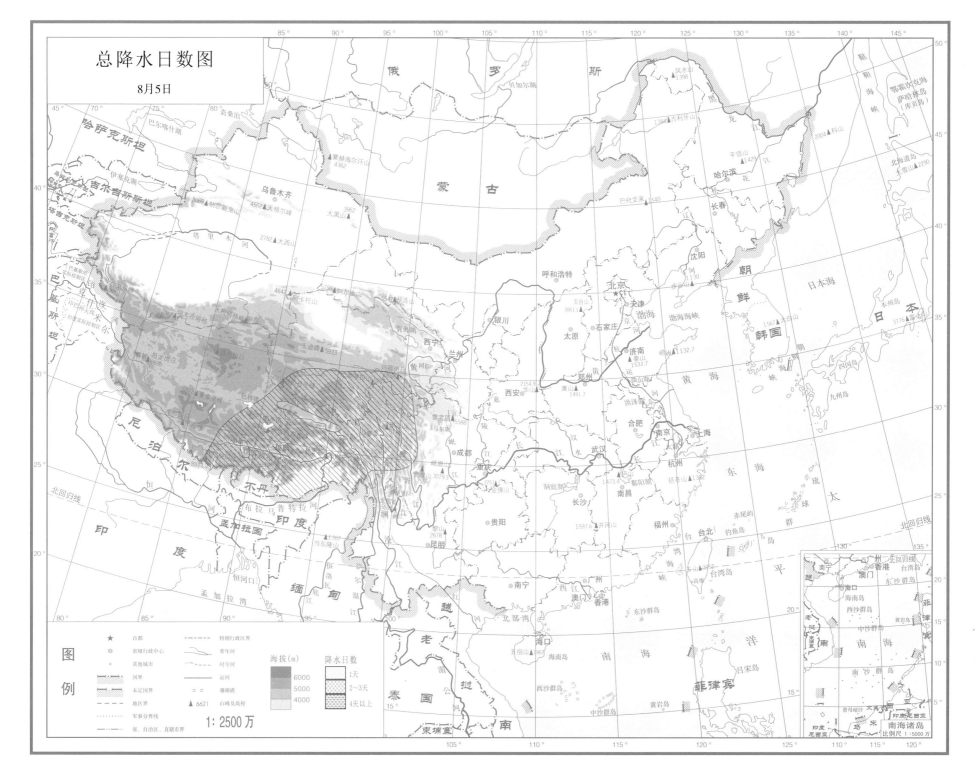

总降水日数图

8月5日

图例

首都	特别行政区界
省级行政中心	常年河
其他城市	时令河
国界	运河
未定国界	珊瑚礁
地区界	▲ 6621 山峰及高程
军事分界线	
省、自治区、直辖市界	

海拔(m)
6000
5000
4000

降水日数
1天
2~3天
4天以上

1:2500万

南海诸岛
比例尺 1:5000万

高原切变线 第2部分

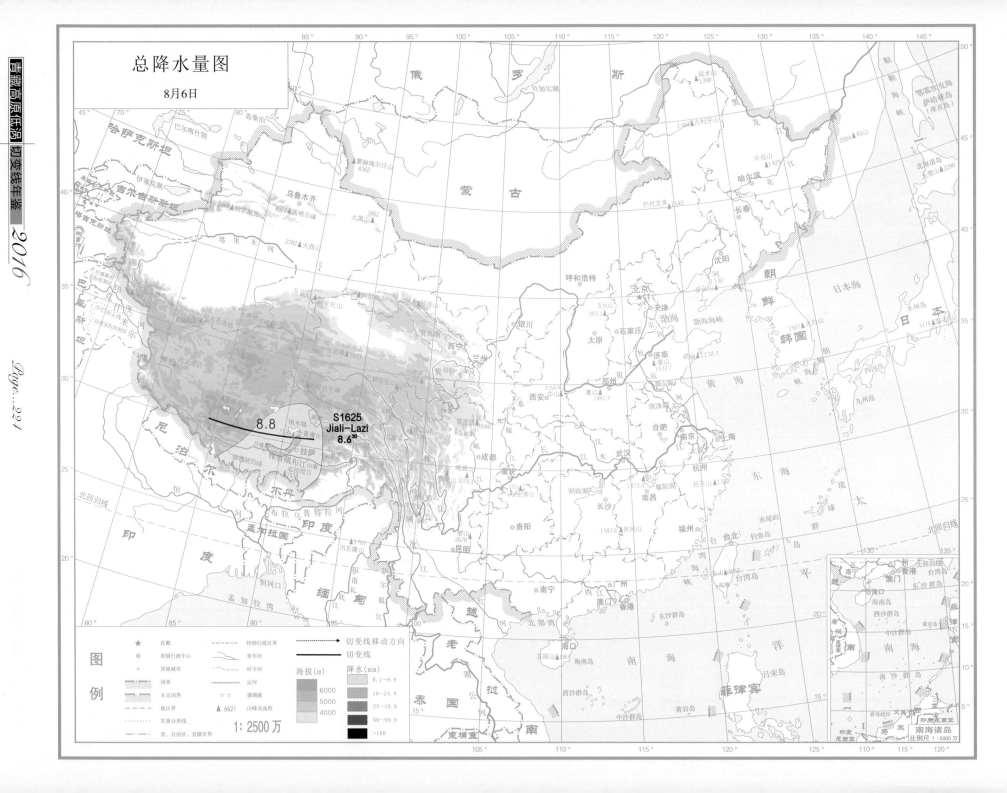

总降水量图

8月6日

1:2500万

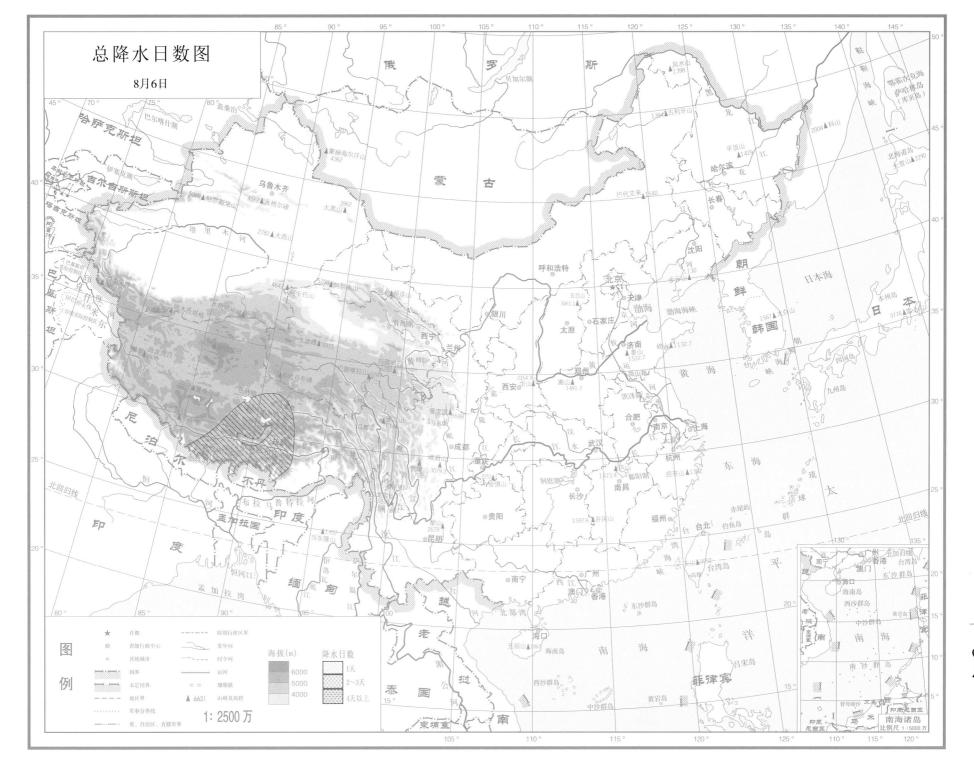

总降水日数图

8月6日

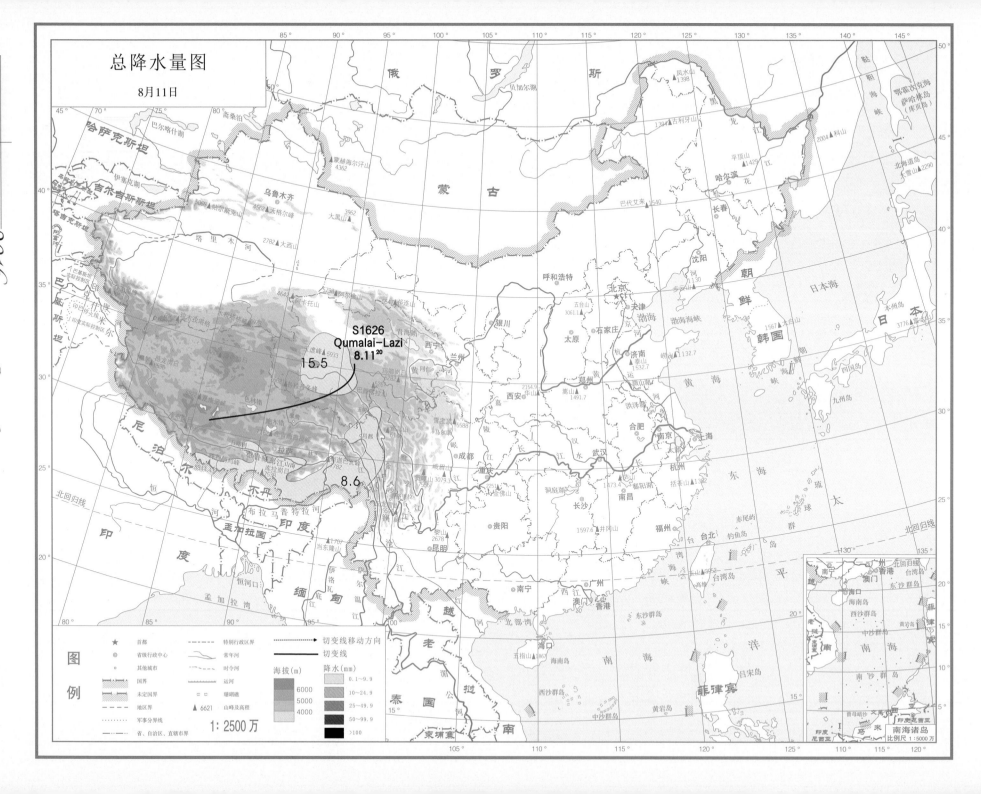

总降水量图

8月11日

S1626
Qumalai-Lazi
8.11[20]

15.5

8.6

1:2500万

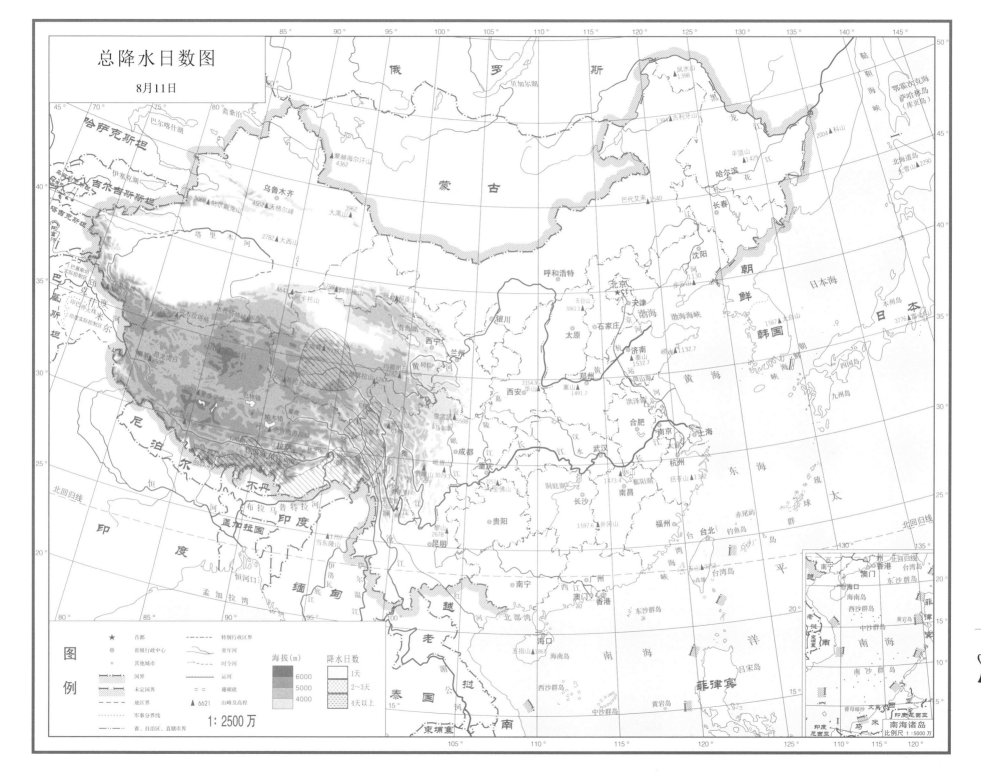

总降水日数图

8月11日

图例

★	首都
◎	省级行政中心
○	其他城市

国界
未定国界
地区界
军事分界线
省、自治区、直辖市界

特别行政区界
常年河
时令河
运河
珊瑚礁
▲ 6621 山峰及高程

海拔(m)
6000
5000
4000

降水日数
1天
2~3天
4天以上

1:2500万

南海诸岛
比例尺 1:5000万

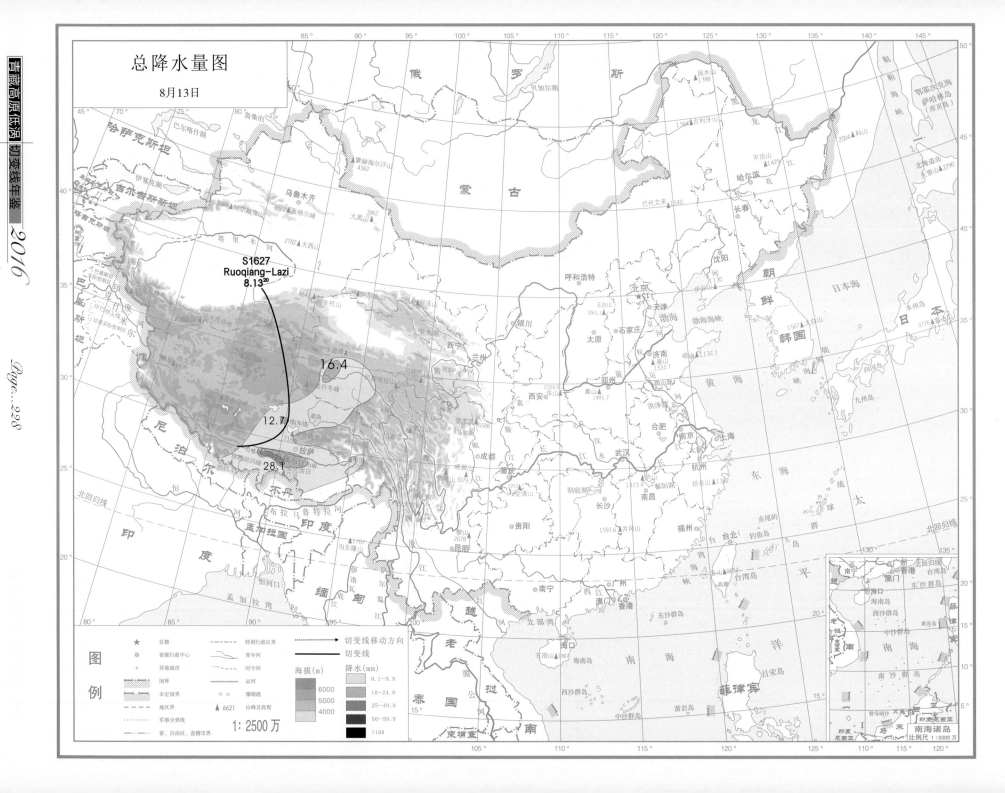

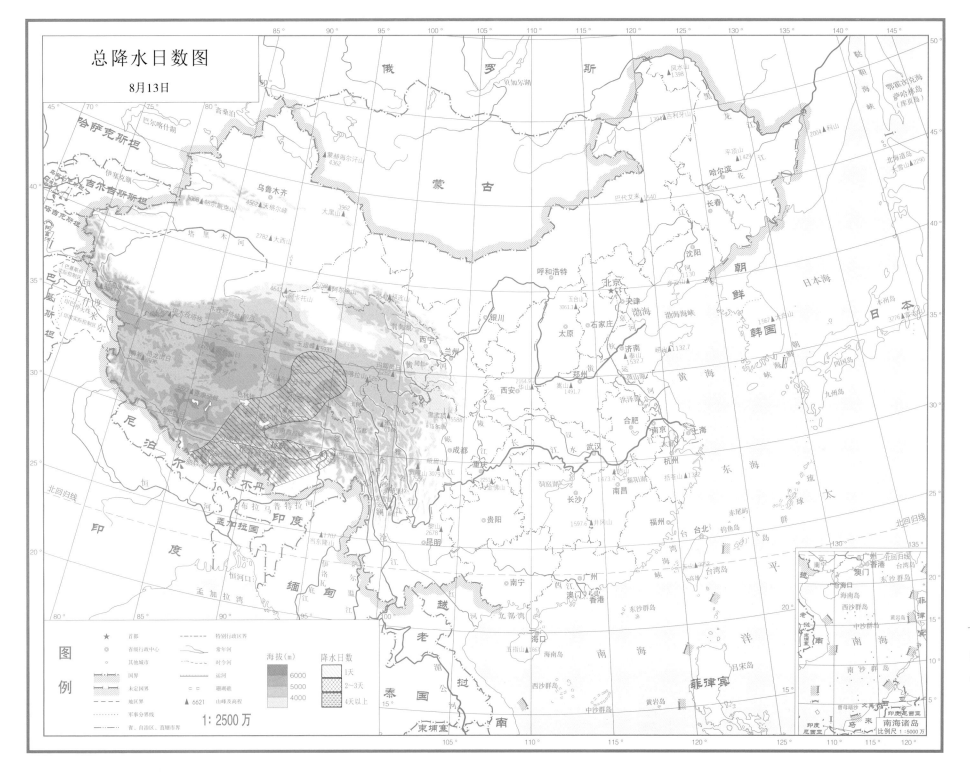

总降水日数图

8月13日

图例

首都
省级行政中心
其他城市
国界
未定国界
地区界
军事分界线
省、自治区、直辖市界

特别行政区界
常年河
时令河
运河
珊瑚礁
▲6621 山峰及高程

海拔（m）
6000
5000
4000

降水日数
1天
2～3天
4天以上

1:2500万

南海诸岛
比例尺 1:5000万

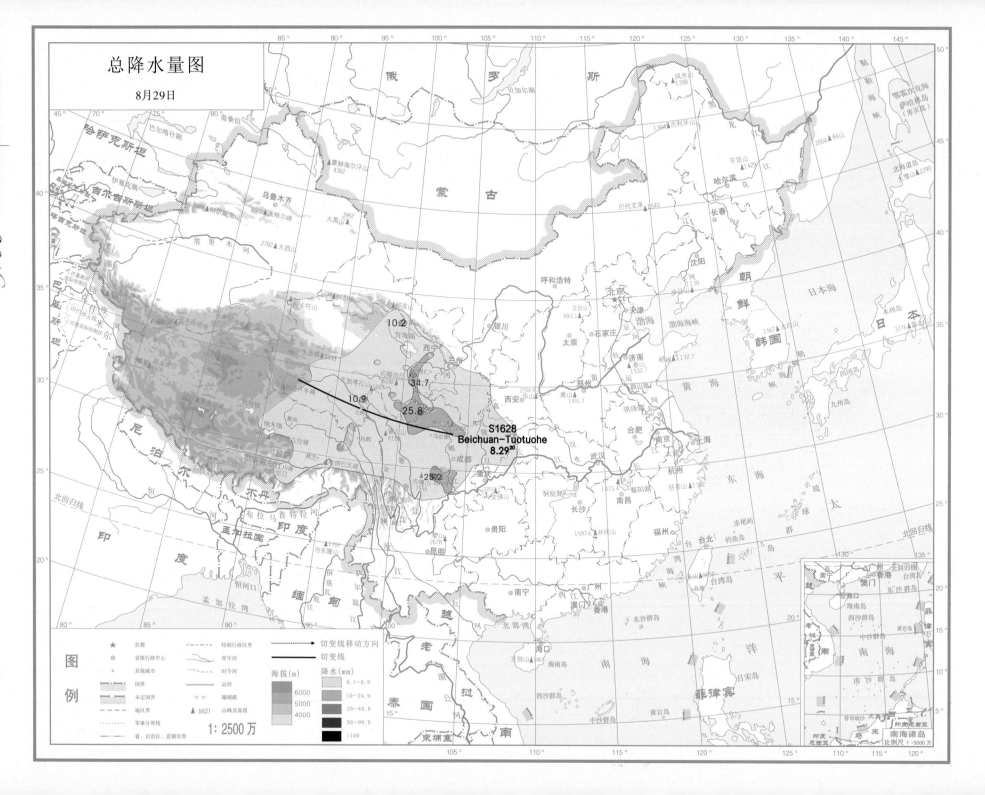

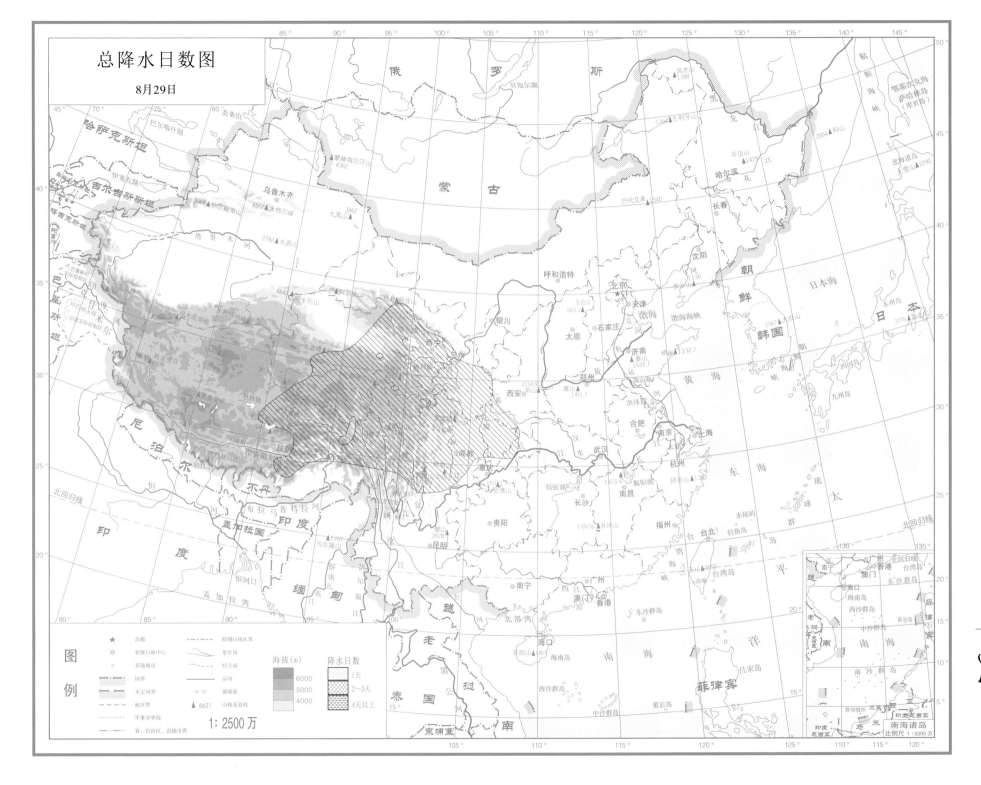

总降水日数图

8月29日

比例尺 1：2500万

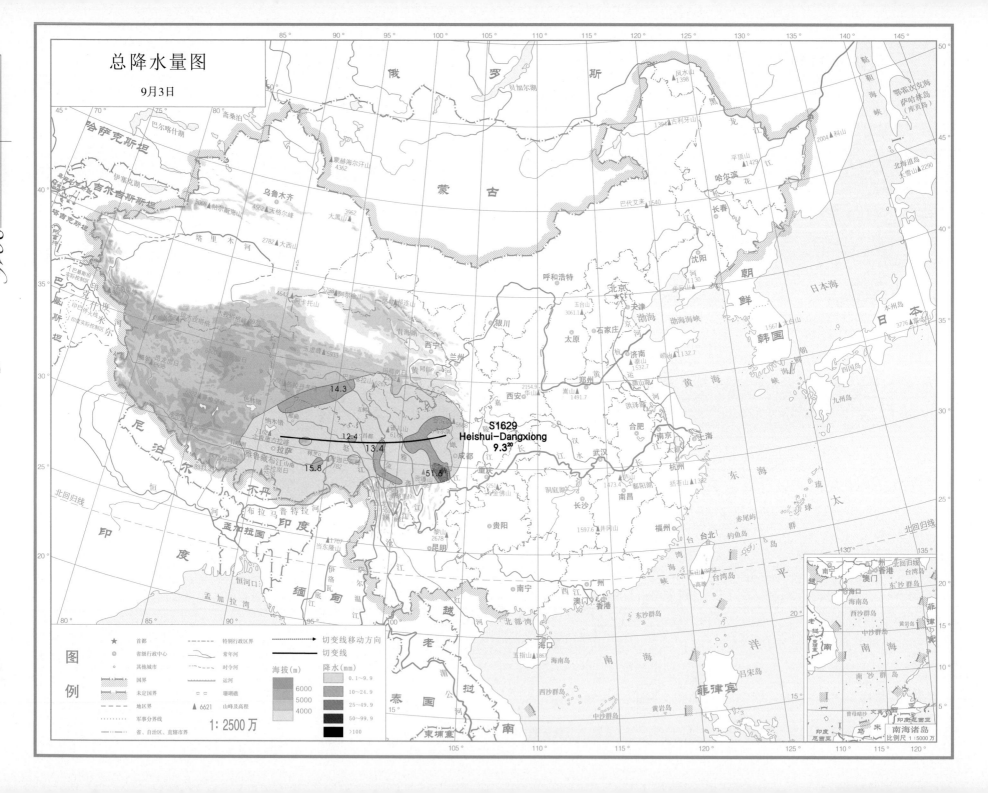

总降水量图

9月3日

S1629
Heishui-Dangxiong
9.3[20]

1 : 2500 万

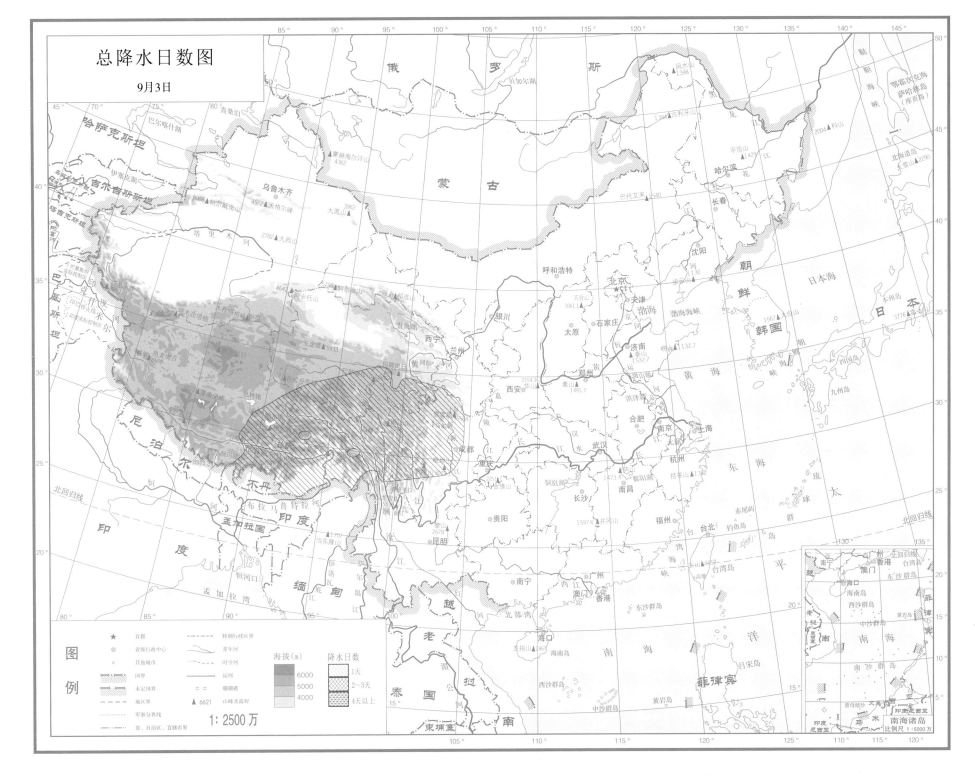

总降水日数图

9月3日

图例

★	首都
◎	省级行政中心
○	其他城市
	国界
	未定国界
	地区界
	军事分界线
	省、自治区、直辖市界

	特别行政区界
	常年河
	时令河
	运河
	珊瑚礁
▲ 6621	山峰及高程

海拔(m)
6000
5000
4000

降水日数
1天
2~3天
4天以上

1: 2500 万

南海诸岛
比例尺 1: 5000万

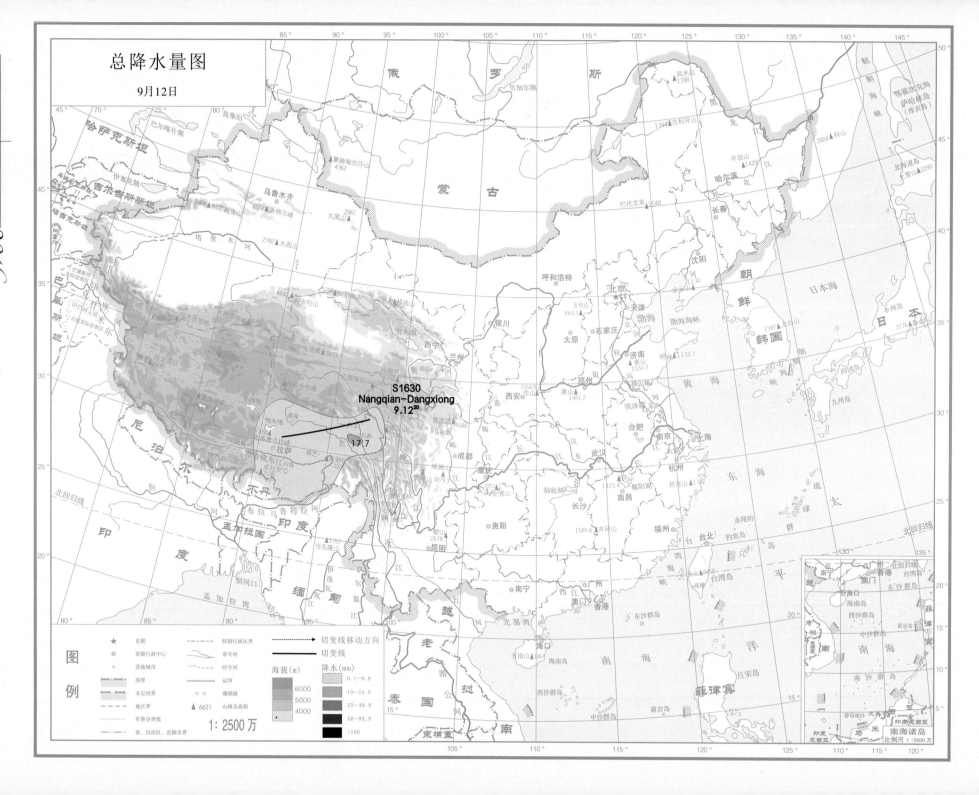

总降水量图

9月12日

S1630
Nangqian-Dangxiong
9.12[20]

17.7

图例

首都	特别行政区界	切变线移动方向
省级行政中心	常年河	切变线
其他城市	时令河	
国界	运河	
未定国界	珊瑚礁	
地区界	▲6621 山峰及高程	
军事分界线		
省、自治区、直辖市界		

海拔 (m)
6000
5000
4000

降水 (mm)
0.1~9.9
10~24.9
25~49.9
50~99.9
>100

1:2500万

南海诸岛
比例尺 1:5000万

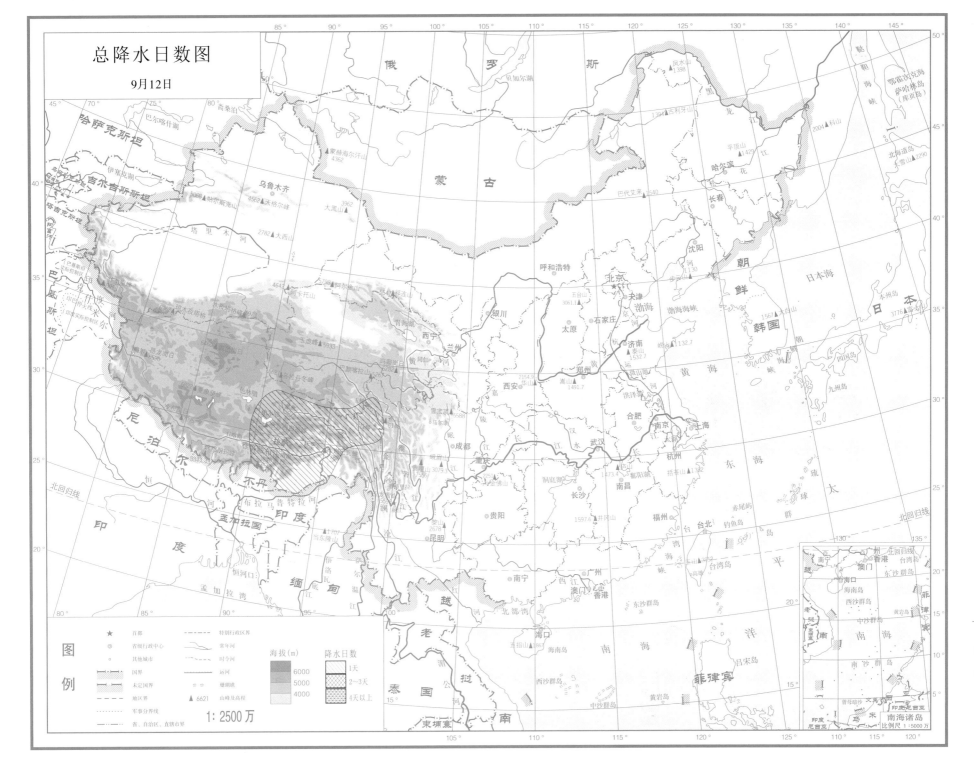

总降水日数图

9月12日

图例

首都	特别行政区界
省级行政中心	常年河
其他城市	时令河
国界	运河
未定国界	珊瑚礁
地区界	▲ 6621 山峰及高程
军事分界线	
省、自治区、直辖市界	

海拔(m)
6000
5000
4000

降水日数
1天
2~3天
4天以上

1: 2500万

南海诸岛
比例尺 1: 5000万

高原切变线 第2部分

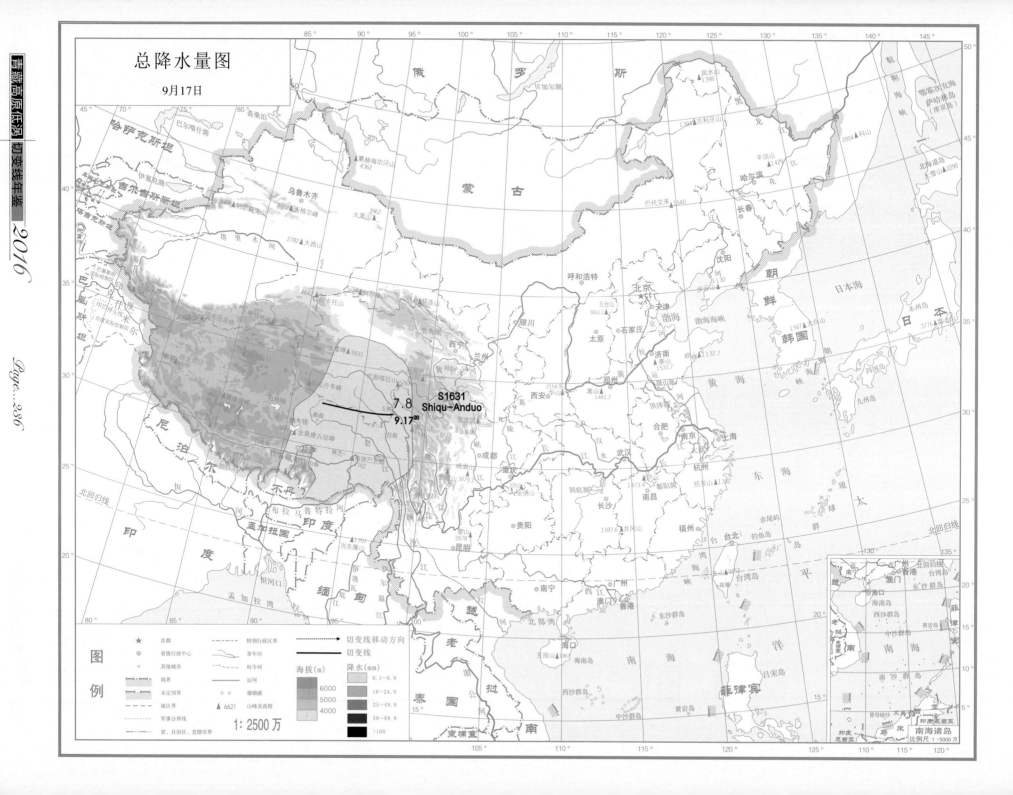

总降水日数图

9月17日

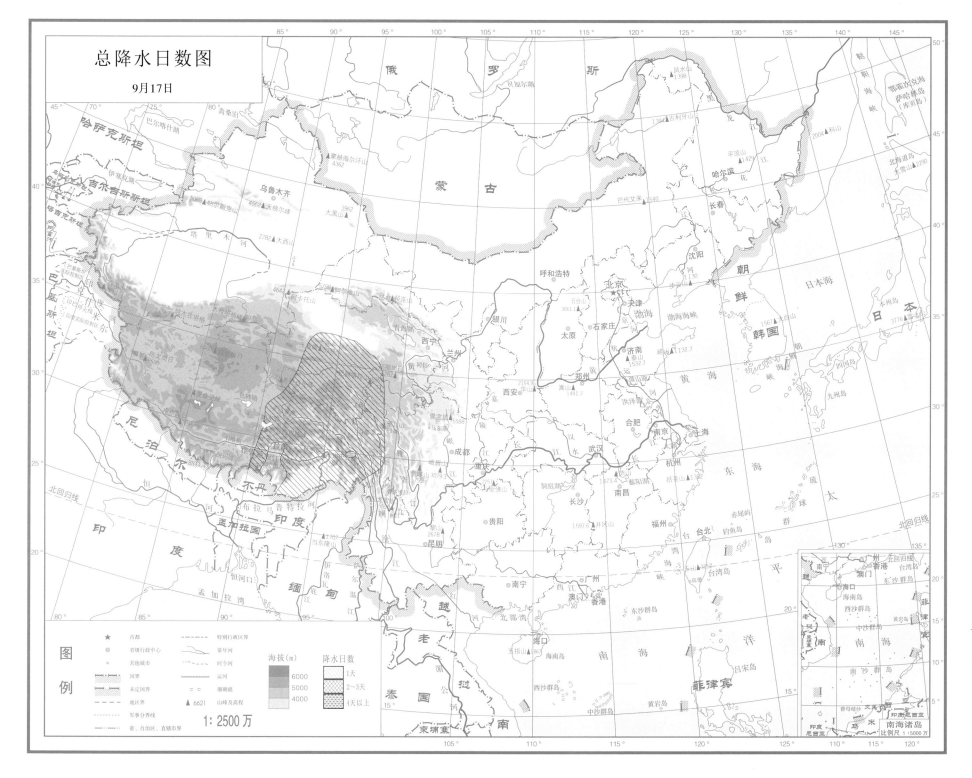

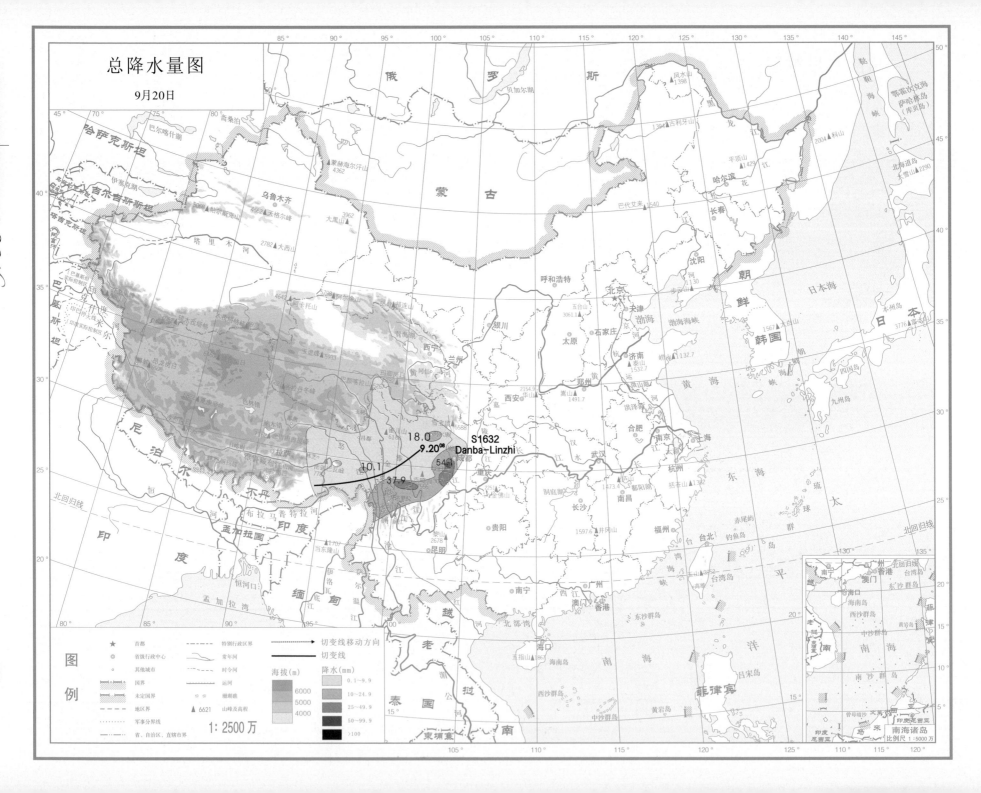

总降水量图

9月20日

S1632
Danba-Linzhi

图例

首都
省级行政中心
其他城市
国界
未定国界
地区界
军事分界线
省、自治区、直辖市界

特别行政区界
常年河
时令河
运河
珊瑚礁
▲6621 山峰及高程

切变线移动方向
切变线

海拔(m)
6000
5000
4000

降水(mm)
0.1～9.9
10～24.9
25～49.9
50～99.9
>100

1：2500 万

南海诸岛
比例尺 1：5000 万

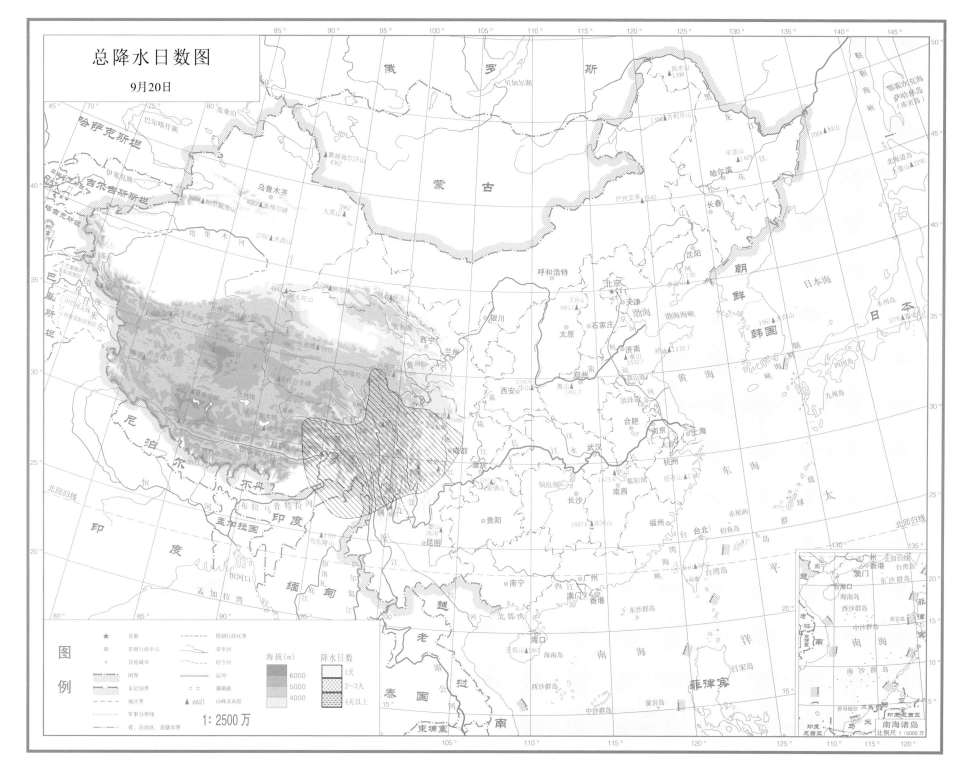

总降水日数图

9月20日

1 : 2500 万

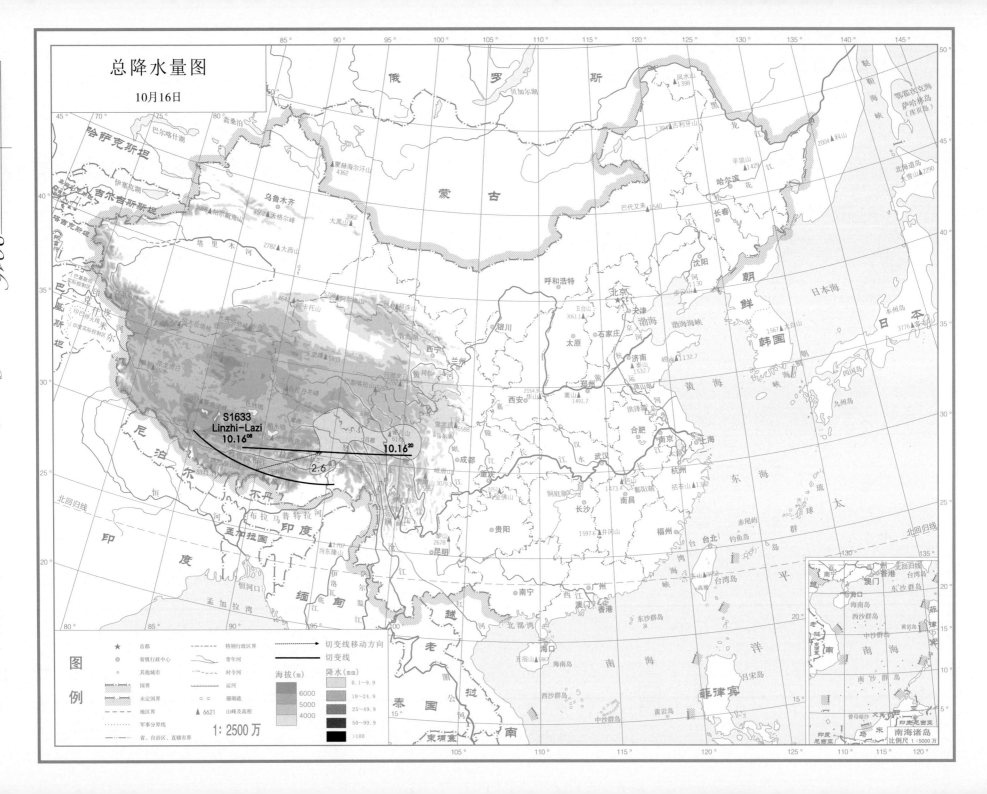

总降水量图

10月16日

S1633
Linzhi-Lazi
10.16⁰⁸

10.16²⁰

2.6

图例

★ 首都
◎ 省级行政中心
○ 其他城市
国界
未定国界
地区界
军事分界线
省、自治区、直辖市界

特别行政区界
常年河
时令河
运河
珊瑚礁
▲ 6621 山峰及高程

切变线移动方向
切变线

海拔(m)
6000
5000
4000

降水(mm)
0.1~9.9
10~24.9
25~49.9
50~99.9
>100

1:2500万

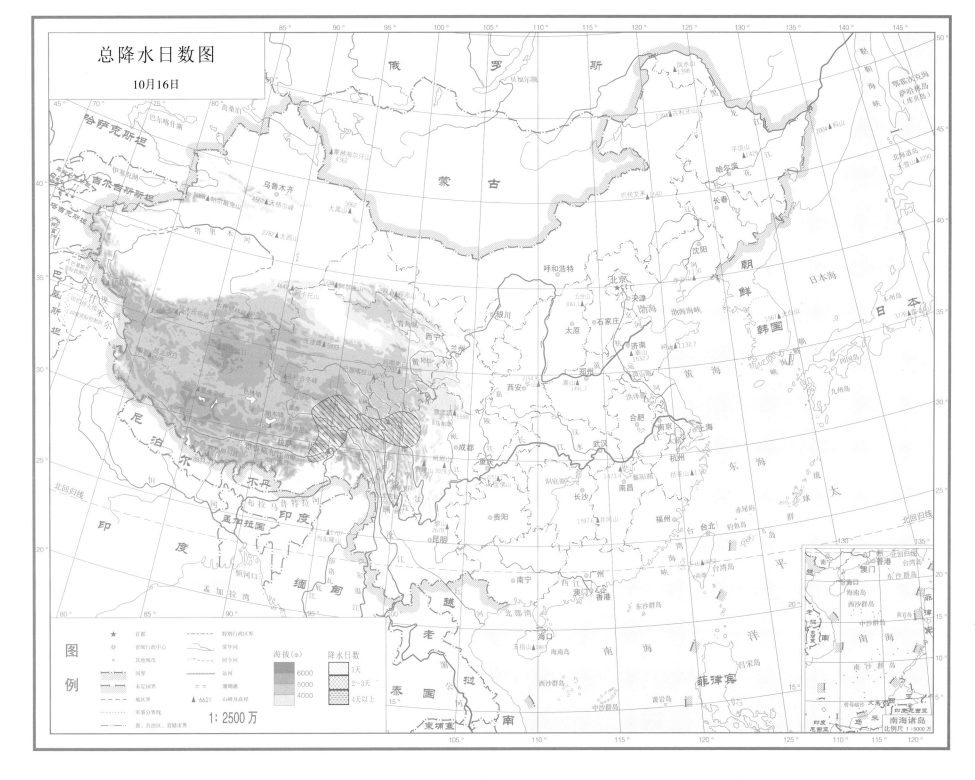

总降水日数图

10月16日

图例

★	首都
◎	省级行政中心
○	其他城市

国界
未定国界
地区界
军事分界线
省、自治区、直辖市界

特别行政区界
常年河
时令河
运河
珊瑚礁
▲ 6621 山峰及高程

海拔(m)
6000
5000
4000

降水日数
1天
2～3天
4天以上

1:2500万

南海诸岛
比例尺 1:5000万

总降水量图
12月26日
S1634
Lixian-Lasa
12.26[20]
3.8
图例
首都
省级行政中心
其他城市
国界
未定国界
地区界
军事分界线
省、自治区、直辖市界
特别行政区界
常年河
时令河
运河
珊瑚礁
山峰及高程
切变线移动方向
切变线
海拔(m)
6000
5000
4000
降水(mm)
0.1~9.9
10~24.9
25~49.9
50~99.9
>100
1:2500万
南海诸岛
比例尺 1:5000万

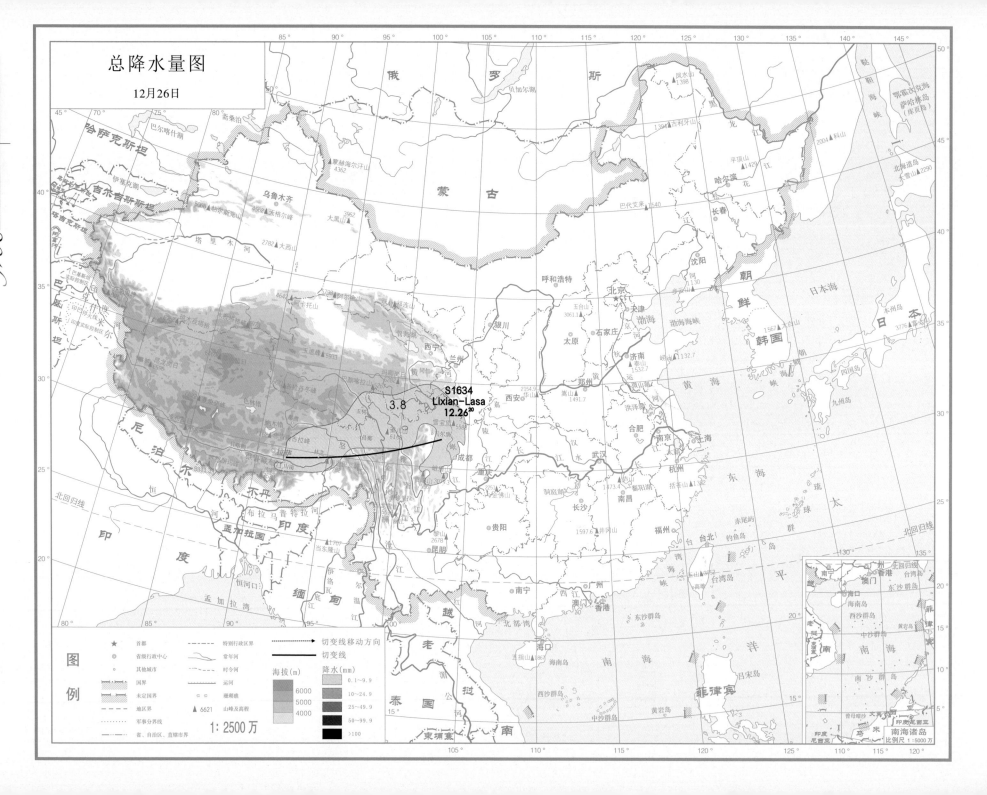

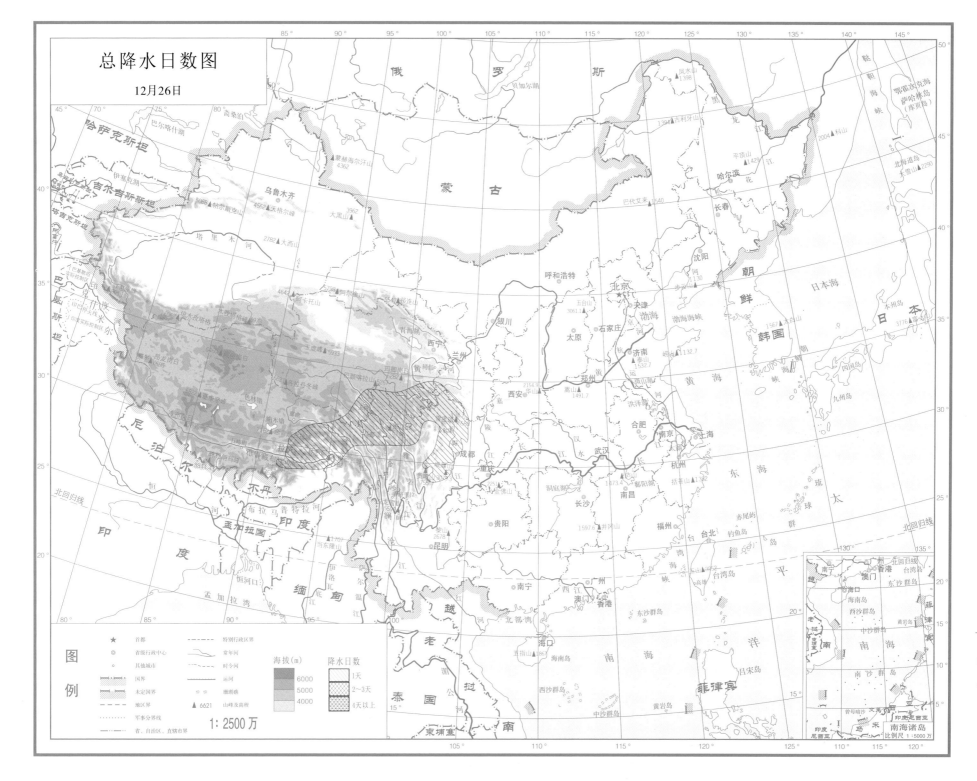

总降水日数图

12月26日

图例

★	首都
◎	省级行政中心
○	其他城市
	国界
	未定国界
	地区界
	军事分界线
	省、自治区、直辖市界

	特别行政区界
	常年河
	时令河
	运河
	珊瑚礁
▲ 6621	山峰及高程

海拔(m)
6000
5000
4000

降水日数
1天
2~3天
4天以上

1 : 2500 万

南海诸岛
比例尺 1 : 5000 万

高原切变线位置资料表

月	日	时	起点位置		中点位置		拐点位置		终点位置		切变线两侧最大风速	
			东经/(°)	北纬/(°)	东经/(°)	北纬/(°)	东经/(°)	北纬/(°)	东经/(°)	北纬/(°)	北侧 /(m/s)	南侧 /(m/s)
① 1月2日												
（S1601）色达-拉孜，Seda-Lazi												
1	20	20	100.0	32.8	93.6	31.0			86.9	29.8	10	24
消失												
② 2月22~25日												
（S1602）拉孜-当雄，Lazi-Dangxiong												
2	22	20	100.0	31.7	95.4	31.0			91.2	30.3	14	16
	23	08	100.0	32.6	95.8	31.4			91.2	30.3	10	16
		20	100.0	31.2	95.6	30.5			91.0	30.3	12	12
	24	08	100.0	32.9	95.6	31.5			91.2	30.5	6	12
		20	100.5	31.2	95.9	30.1			91.0	29.4	14	16
	25	08	99.4	30.6	95.8	29.4			91.6	28.1	10	28
消失												
③ 4月13日												
（S1603）新龙-林芝，Xinlong-Linzhi												
4	13	20	100.0	31.3	96.9	30.6			93.2	30.1	14	14
消失												

高原切变线位置资料表(续-1)

月	日	时	起点位置		中点位置		拐点位置		终点位置		切变线两侧最大风速	
			东经/(°)	北纬/(°)	东经/(°)	北纬/(°)	东经/(°)	北纬/(°)	东经/(°)	北纬/(°)	北侧 / (m/s)	南侧 / (m/s)
④ 4月27日												
（S1604）汶川-嘉黎，Wenchuan-Jiali												
4	27	20	103.7	31.7	98.6	31.4			93.0	30.5	12	8
消失												
⑤ 5月7日												
（S1605）泽库-安多，Zeku-Anduo												
5	7	08	102.4	35.5	97.0	34.0			91.5	33.0	4	10
		20	97.5	32.2	94.5	32.2			91.6	32.6	8	10
消失												
⑥ 5月23日												
（S1606）石渠-安多，Shiqu-Anduo												
5	23	20	99.0	32.6	95.7	32.6			92.0	32.7	14	6
消失												
⑦ 5月25日												
（S1607）曲麻莱-拉孜，Qumalai-Lazi												
5	25	08	95.6	34.1	91.3	31.7			85.8	29.7	12	18
		20	99.4	34.1	95.7	33.4			90.8	32.4	8	12
消失												

高原切变线位置资料表(续-2)

月	日	时	起点位置		中点位置		拐点位置		终点位置		切变线两侧最大风速	
			东经/(°)	北纬/(°)	东经/(°)	北纬/(°)	东经/(°)	北纬/(°)	东经/(°)	北纬/(°)	北侧/(m/s)	南侧/(m/s)
⑧ 5月28日												
（S1608）新龙-南木林，Xinlong-Nanmulin												
5	28	20	100.0	30.6	94.2	30.3			88.0	30.0	8	10
消失												
⑨ 6月9日												
（S1609）红原-林芝，Hongyuan-Linzhi												
6	9	20	103.0	33.0	99.9	31.1			96.1	29.6	10	6
消失												
⑩ 6月10~11日												
（S1610）巴塘-当雄，Batang-Dangxiong												
6	10	08	98.8	30.6	94.9	30.3			91.2	30.7	6	12
		20	103.7	31.6	95.9	30.5			87.7	30.0	10	8
	11	08	105.0	30.7	101.4	29.4			97.4	28.8	8	16
消失												
⑪ 6月13日												
（S1611）甘孜-安多，Ganzi-Anduo												
6	13	08	100.0	32.0	95.7	31.9			91.2	32.5	10	8
消失												

高原切变线位置资料表(续-3)

月	日	时	起点位置		中点位置		拐点位置		终点位置		切变线两侧最大风速	
			东经/(°)	北纬/(°)	东经/(°)	北纬/(°)	东经/(°)	北纬/(°)	东经/(°)	北纬/(°)	北侧 /(m/s)	南侧 /(m/s)
⑫ 6月17日												
（S1612）德令哈-五道梁，Delinha-Wudaoliang												
6	17	20	97.0	36.8	94.3	36.0			91.0	35.5	8	10
消失												
⑬ 6月21日												
（S1613）杂多-锋当，Zaduo-Fengdang												
6	21	08	95.0	33.8	94.3	31.0			92.1	28.7	4	6
消失												
⑭ 6月25~26日												
（S1614）玛沁-拉孜，Maqin-Lazi												
6	25	20	99.2	33.9	94.0	31.9	98.8	32.7	87.0	30.1	8	8
	26	08	102.8	31.0	96.3	29.9			89.8	29.9	10	12
消失												
⑮ 7月2日												
（S1615）嘉黎-拉孜，Jiali-Lazi												
7	2	08	93.5	30.6	88.8	30.1			84.0	30.0	8	12
消失												

高原切变线 第 2 部分

高原切变线位置资料表(续-4)

月	日	时	起点位置		中点位置		拐点位置		终点位置		切变线两侧最大风速	
			东经/(°)	北纬/(°)	东经/(°)	北纬/(°)	东经/(°)	北纬/(°)	东经/(°)	北纬/(°)	北侧 /(m/s)	南侧 /(m/s)
⑯ 7月11日												
（S1616）玛沁-拉孜，Maqin-Lazi												
7	11	20	98.8	34.4	93.5	30.9	98.1	32.5	86.0	30.0	8	4
消失												
⑰ 7月12~13日												
（S1617）兰州-改则，Lanzhou-Gaize												
7	12	20	103.9	35.8	96.0	31.2	101.0	31.5	84.4	31.5	10	8
	13	08	103.2	34.6	94.4	32.2			85.0	30.2	12	10
		20	101.6	34.5	98.5	30.7	101.0	31.8	91.1	29.4	12	6
消失												
⑱ 7月16日												
（S1618）乌图美仁-改则，Wutumeiren-Gaize												
7	16	08	92.5	36.8	88.2	35.4			83.7	34.3	10	10
消失												
⑲ 7月21日												
（S1619）石渠-班戈，Shiqu-Bange												
7	21	08	97.8	32.4	91.3	30.9			84.2	32.0	10	12
		20	101.5	34.6	99.6	31.0	100.7	31.5	93.3	30.1	10	8
消失												

高原切变线位置资料表(续-5)

月	日	时	起点位置		中点位置		拐点位置		终点位置		切变线两侧最大风速	
			东经/(°)	北纬/(°)	东经/(°)	北纬/(°)	东经/(°)	北纬/(°)	东经/(°)	北纬/(°)	北侧/(m/s)	南侧/(m/s)
⑳ 7月24~28日												
(S1620)久治-浪卡子，Jiuzhi-Langkazi												
7	24	20	101.1	33.8	97.4	30.7			91.1	28.6	8	8
	25	08	98.4	33.8	98.9	31.2			97.5	28.4	6	6
		20	101.0	35.0	101.2	31.5			99.9	28.3	12	10
	26	08	103.4	33.0	101.9	30.0			98.8	27.7	10	14
		20	104.0	33.0	102.9	30.0			101.3	27.0	10	10
	27	08	107.0	31.6	104.0	29.5			99.8	27.8	10	12
		20	105.4	30.8	103.8	28.0	103.8	28.0	100.0	27.3	8	6
	28	08	110.6	33.0	105.6	29.7			100.0	27.2	6	14
消失												
㉑ 7月28~29日												
(S1621)昌都-拉孜，Changdu-Lazi												
7	28	20	97.3	31.1	91.1	30.2			85.0	30.1	8	8
	29	08	92.8	33.0	89.1	31.9			84.8	30.7	6	10
		20	94.3	31.0	89.3	30.2			84.8	30.2	6	2
消失												

高原切变线位置资料表(续-6)

月	日	时	起点位置		中点位置		拐点位置		终点位置		切变线两侧最大风速	
			东经/(°)	北纬/(°)	东经/(°)	北纬/(°)	东经/(°)	北纬/(°)	东经/(°)	北纬/(°)	北侧 / (m/s)	南侧 / (m/s)
㉒ 8月2日												
（S1622）德令哈-那曲，Delingha-Naqu												
8	2	20	97.8	37.0	95.2	33.8			91.7	32.0	8	6
消失												
㉓ 8月3日												
（S1623）嘉黎-拉孜，Jiali-Lazi												
8	3	20	92.8	30.7	88.9	30.2			84.9	30.3	6	6
消失												
㉔ 8月5日												
（S1624）新龙-申扎，Xinlong-Shenzha												
8	5	20	100.0	31.0	94.1	30.4			88.2	30.2	10	4
消失												
㉕ 8月6日												
（S1625）嘉黎-拉孜，Jiali-Lazi												
8	6	20	92.2	30.5	88.3	30.3			84.4	30.4	8	4
消失												
㉖ 8月11日												
（S1626）曲麻莱-拉孜，Qumalai-Lazi												
8	11	20	96.0	35.4	92.4	32.6	95.7	34.3	86.1	30.5	6	4
消失												

高原切变线位置资料表(续-7)

月	日	时	起点位置		中点位置		拐点位置		终点位置		切变线两侧最大风速	
			东经/(°)	北纬/(°)	东经/(°)	北纬/(°)	东经/(°)	北纬/(°)	东经/(°)	北纬/(°)	北侧 / (m/s)	南侧 / (m/s)
㉗ 8月13日												
（S1627）若羌-拉孜，Ruoqiang-Lazi												
8	13	20	86.2	38.5	89.7	33.3	90.1	31.3	86.8	29.2	10	8
消失												
㉘ 8月29日												
（S1628）北川-沱沱河，Beichuan-Tuotuohe												
8	29	20	104.0	32.0	97.8	33.0			92.0	34.2	8	6
消失												
㉙ 9月3日												
（S1629）黑水-当雄，Heishui-Dangxiong												
9	3	20	103.2	31.8	97.8	31.0			91.4	30.5	12	8
消失												
㉚ 9月12日												
（S1630）囊谦-当雄，Nangqian-Dangxiong												
9	12	20	97.6	32.3	94.4	31.5			91.5	30.5	6	4
消失												
㉛ 9月17日												
（S1631）石渠-安多，Shiqu-Anduo												
9	17	20	97.5	32.6	95.0	32.5			92.2	32.6	6	10
消失												

高原切变线位置资料表(续-8)

月	日	时	起点位置		中点位置		拐点位置		终点位置		切变线两侧最大风速	
			东经/(°)	北纬/(°)	东经/(°)	北纬/(°)	东经/(°)	北纬/(°)	东经/(°)	北纬/(°)	北侧 / (m/s)	南侧 / (m/s)
㉜ 9月20日 （S1632）丹巴-林芝，Danba-Linzhi												
9	20	08	101.6	31.0	98.3	29.2			94.4	28.2	12	14
消失												
㉝ 10月16日 （S1633）林芝-拉孜，Linzi-Lazi												
10	16	08	95.5	28.5	90.0	28.6			85.0	30.0	4	16
		20	100.8	30.8	94.3	30.3			88.7	29.7	10	10
消失												
㉞ 12月26日 （S1634）理县-拉萨，Lixian-Lasa												
12	26	20	103.1	31.7	97.9	30.4			92.1	29.5	10	12
消失